高职高专计算机系列

基于MVC的Java Web开发项目式教程

Java Web Development Project Tutorial Based on MVC

伊雯雯 ◎ 主编
汤晓燕 胡霞 张伟华 ◎ 副主编
尹春晖 曹建 ◎ 参编

人民邮电出版社
北京

图书在版编目（CIP）数据

基于MVC的Java Web开发项目式教程 / 伊雯雯主编
. -- 北京 : 人民邮电出版社, 2014.12(2023.9重印)
工业和信息化人才培养规划教材. 高职高专计算机系
列
ISBN 978-7-115-37928-3

Ⅰ. ①基… Ⅱ. ①伊… Ⅲ. ①JAVA语言－程序设计－高等职业教育－教材 Ⅳ. ①TP312

中国版本图书馆CIP数据核字(2014)第286300号

内 容 提 要

本书以一个实际 Web 应用系统——在线电子数码商城项目贯穿全书，Java Web 开发概述、ED 电子商城概述、搭建 Java Web 开发环境、JSP+JavaBean 实现用户注册与登录、JDBC 数据库访问实现商品信息显示、JSP+Servlet+JavaBean 实现购物车、MVC 模式下的商品信息管理、Java Web 高级技术实现订单销售管理、应用开源组件实现网站升级共 9 个子项目，涵盖 Java Web 开发程序员岗位的基本知识与技能要求。

本书可作为高职高专计算机相关专业“Java Web 开发”类课程的教材，也可作为培训、自学用书。

◆ 主　　编　伊雯雯
　副 主 编　汤晓燕　胡　霞　张伟华
　责任编辑　桑　珊
　责任印制　杨林杰

◆ 人民邮电出版社出版发行　　北京市丰台区成寿寺路 11 号
　邮编　100164　　电子邮件　315@ptpress.com.cn
　网址　http://www.ptpress.com.cn
　三河市君旺印务有限公司印刷

◆ 开本：787×1092　1/16
　印张：20　　　　2014 年 12 月第 1 版
　字数：530 千字　　2023 年 9 月河北第 9 次印刷

定价：46.00 元

读者服务热线：(010)81055256　印装质量热线：(010)81055316
反盗版热线：(010)81055315
广告经营许可证：京东市监广登字 20170147 号

前　言

Java 以其跨平台、多线程、分布式等特点在应用程序开发，尤其是互联网应用开发上显示出了强大的优势，成为互联网上应用程序开发最热门和广泛使用的语言。与此同时，当前众多的软件企业对 Java Web 程序员的需求也很大。为了适应人才市场的需求，"Java Web 开发"已成为各本科、高职高专以及中专院校软件专业的必修核心课程。课程与实际岗位需求联系紧密，在软件专业的课程体系设置中起到了承上启下的重要作用，是针对 Java Web 开发程序员岗位能力培养而设置的一门主干核心专业课程。该课程主要培养学生的 Java Web 开发思想、实际动手能力、注重软件产品安全和性能的意识、注重用户体验的理念，以及相关技能、技巧和知识，这些都是成为 Java Web 程序员的必备要素。本书是江苏省示范性高职院校建设软件重点专业的核心骨干课程——"Web 应用程序开发（Java Web 开发）"的重要建设成果之一，是针对课程量身打造的一本项目实战教材。

本书特点

1．项目贯穿

全书贯穿了一个 Web 应用系统——在线电子数码商城（ED 电子商城），根据 Java Web 开发程序员的岗位要求和职业标准，系统地分为 9 个子项目，涵盖了 Java Web 开发程序员岗位的基本知识与技能要求。

2．任务驱动

9 个子项目共包含 39 个功能任务，每个任务的内容按照实际教学实施的步骤分为任务描述—任务目标—任务分析—任务实施—技术要点—拓展学习—技能训练 7 个环节。学生也可以在课后通过教材进行自学完成功能任务。任务设计的思路是：先"做中学"，通过完成功能掌握技能，学习知识；再"学中做"，通过掌握的技能与知识进行进一步的技能训练与拓展。

3．技能点与知识点紧密融合

每个任务的完成都需要知识点与技能点的支撑，学生在完成任务的同时也实现了对知识与技能点的内化，知识点与技能点已经融合在任务中，不可分割。

本书内容

项目 1——Java Web 开发概述，介绍 Java Web 开发所涉及的相关知识。内容包括动态网页的概念与特征、B/S 架构的特点与优势、Java Web 开发的主要技术，并对比几种主流的动态网站开发语言 JSP、ASP.NET 和 PHP，使读者对 Java Web 开发形成宏观的认知，有利于后续内容的学习。

项目 2——ED 电子商城概述，介绍了"ED 电子商城"项目的需求分析、概要设计以及数据库设计。概要设计和数据库设计是后续项目实施任务实现的关键。

项目 3——搭建 Java Web 开发环境，介绍了安装与配置 JDK、Tomcat、MyEclipse、MySQL 的详细过程，同时讲解了第一个 Java Web 项目的创建、部署与运行。

项目 4——JSP+JavaBean 实现用户注册与登录，通过实现电子商城的用户注册、登录以及信息显示等功能，详细讲解了 JSP 的组成及语法规则，包括 JSP 表达式和脚本、指令元素、JSP 内置对象、JavaBean 等。

项目 5——JDBC 数据库访问实现商品信息显示，通过实现商品信息的显示功能，介绍了 Java Web 开发中 JDBC 访问数据库的详细过程与具体实现。

项目 6——JSP+Servlet+JavaBean 实现购物车，通过添加、修改、显示购物车等功能的实现，了解 JSP+Servlet+JavaBean 的开发模式，熟悉 Java Web 开发中 Servlet、过滤器等相关知识，掌握 Servlet、Filter 过滤器的应用等技能。

项目 7——MVC 模式下的商品信息管理，MVC 开发模式使得互联网应用程序开发事半功倍，是学好 Java Web 开发的重要基石和核心内容，本项目通过对用户功能模块的详细设计讲解 MVC 开发模式，并基于 MVC 开发模式实现商品信息的管理。

项目 8——Java Web 高级技术实现订单销售管理，通过订单管理模块的实现，详细讲述了配置数据库连接池实现数据库高效访问、通过 JDBC 事务处理实现订单添加、通过调用存储过程实现订单排行的统计、利用 JSTL 标签+EL 表达式实现订单数据的显示，最后通过 JSP 自定义分页标签实现订单页面的数据分页。

项目 9——应用开源组件实现网站升级，开源组件的下载与使用是 Java Web 程序员需要掌握的一项高级也是非常重要的技能。本项目详细讲解了在线编辑器插件 CKEditor、在线上传插件 CKFinder、邮件发送插件 JavaMail、统计图形插件 JFreeChart、文件上传下载插件 jspSmartUpload 以及 Excel 读写插件 POI 等 Java 开源插件的配置与使用过程，实现了网站的升级。

附录——附录 1 MyEclipse 快捷键；附录 2 Java Web 开发常见错误与调试。

配套资源

本书是为江苏省示范性高职院校建设软件重点专业的核心骨干课程“Web 应用程序开发（Java Web 开发）”量身打造的，与本书配套的教学资源如下。

序号	资源名称	资源描述
1	课程标准	包含课程目标、设计思路、课程内容、学时分配、实施建议、教学条件、教学评价等内容，可供任教教师参考
2	授课计划	包含教师具体进行教学实施的详细计划，包括具体的教学内容、学时安排、授课方式等
3	PPT 课件	教学过程中为了演示而制作的 PPT 文件
4	考核方案	详细的过程考核方案，包括作品考核、平时考核以及理论考核，考核评价的具体实施及规则明细
5	题库	包括单项选择、多项选择、填空题等题型，用于对学生理论知识的掌握进行考核
6	教学平台网站	可校外访问的教学平台网站，一部分资源对外公开，可以直接下载使用
7	视频	包括教学录像、操作视频与微课视频
8	项目资源	课上教学案例项目 2 个，包含完整代码及配套文档
9	实验手册	在课程实施过程中重要任务配套的实验手册

致谢

本书主编为苏州工业职业技术学院的伊雯雯，副主编为汤晓燕、胡霞、张伟华。

本书编写过程中得到了苏州老账房金融信息服务有限公司技术总监尹春晖先生、苏州鹰眼信息技术有限公司经理曹建先生等一线企业高级工程师的大力帮助，他们对岗位需求、项目选择以及任务的实施提供了许多宝贵意见。编者在此表示诚挚的感谢。

由于编者水平有限，书中如有错误和不妥之处敬请读者不吝赐教。

编者

2014 年 7 月

目 录 CONTENTS

PART 1

项目1 Java Web开发概述

项目描述

本项目将介绍Java Web开发所涉及的相关知识。通过学习能够了解动态网页的概念与特征；B/S架构的特点与优势；了解Java Web开发的主要技术，包括Servlet、JSP、JDBC和JavaBean；对比几种主流的动网开发语言JSP、ASP.NET和PHP，了解它们的优劣势。通过以上内容的学习对Java Web开发形成宏观的认知，有利于后续内容的学习。

知识目标

- 了解动态网页概念；
- 熟悉B/S体系结构；
- 了解几种主流的动网开发技术；
- 熟悉Java Web开发的主要技术。

项目任务总览

任务编号	任务名称
任务1.1	认识动态网页
任务1.2	认识B/S体系结构
任务1.3	认识Java Web开发的主要技术
任务1.4	对比几种主流动网开发语言

任务1.1 认识动态网页

了解什么是静态网页，什么是动态网页。

1．什么是静态网页

静态网页是指没有后台数据库、不含服务器运行程序的网页。静态网页是HTML（标准通用标记语言的子集）代码格式组成的页面，所有的内容都包含在网页文件中。网页上也可以出现各种视觉动态效果，如GIF动画、FLASH动画、滚动字幕等，而网站主要是由静态化的页面和代码组成，一般文件名均以.htm、.html、.shtml等为后缀。

静态网页有如下特征：

- ✓ 静态网页每个网页都有一个固定的URL，且网页URL以.htm、.html、.shtml等常见形式为后缀；
- ✓ 网页内容一经发布到网站服务器上，无论是否有用户访问，每个静态网页都是保存在网站服务器上的，每个网页都是一个独立的文件；
- ✓ 静态网页的内容相对稳定，因此容易被搜索引擎检索；
- ✓ 静态网页没有数据库的支持，网站信息量很大时，完全依靠静态网页制作方式在网站制作和维护方面工作量较大，比较困难；
- ✓ 静态网页的交互性较差，在功能方面有较大的限制。

2． 什么是动态网页

所谓的动态网页，是指跟静态网页相对的一种网页编程技术。静态网页，随着HTML代码的生成，页面的内容和显示效果就基本上不会发生变化了，除非修改页面代码。而动态网页则不然，页面代码虽然没有变，但是显示的内容却是可以随着时间、环境或者数据库操作的结果而发生改变的。

动态网页有着如下特征：

- ✓ 动态网页显示的内容可以实时动态更新，随着数据库内容的更新而自动更新；
- ✓ 用户和网站可以进行交互式信息交流，动态网页的内容实际上并不是独立存在于服务器上的网页文件，只有当用户请求时服务器才返回一个完整的网页；
- ✓ 提供对数据库的管理和使用功能，可以通过动态网页更新数据库信息。

任务1.2　认识B/S体系结构

了解什么是B/S架构；

了解C/S与B/S架构的特点与优劣势。

1．什么是B/S架构

B/S（Browser/Server，浏览器/服务器模式）是Web兴起后的一种网络结构模式，Web浏览器是客户端最主要的应用软件。这种模式统一了客户端，将系统功能实现的核心部分集中到服务器上，简化了系统的开发、维护和使用。客户机上安装一个浏览器（Browser），如 Netscape Navigator 或 Internet Explorer，服务器安装 Oracle、Sybase、Informix 或 SQL Server 等数据库。B/S 结构如图 1-2-1 所示。浏览器通过 Web Server 同数据库进行数据交互。B/S 架构大大简化了客户端电脑载荷，减轻了系统维护与升级的成本和工作量，降低了用户的总体成本（TCO）。

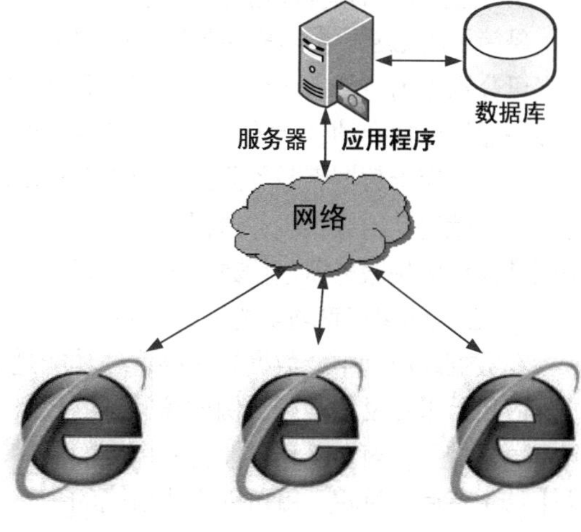

图 1-2-1 B/S 架构结构图

B/S 架构的特点如下。

- 优点：B/S 结构最大的优点就是可以在任何地方进行操作而不用安装专门的软件。只要有一台能上网的电脑就能使用，客户端零维护。系统的扩展性非常容易，只要能上网，再由系统管理员分配一个用户名和密码，就可以使用了。
- 缺点：B/S 架构在图形的表现能力上以及运行的速度上弱于 C/S 架构。还有一个致命弱点，就是受程序运行环境限制。由于 B/S 架构依赖浏览器，而浏览器的版本繁多，很多浏览器核心架构差别也很大，导致对于网页的兼容性有很大影响，尤其是在 CSS 布局、JavasCript 本执行等方面，会有很大影响。

2．C/S 和 B/S 比较

C/S 和 B/S 是当今世界开发模式技术架构的两大主流技术。C/S 是由美国 Borland 公司最早研发的，B/S 是由美国微软公司研发的。目前，这两项技术已被世界各国所掌握，国内公司以 C/S 和 B/S 技术开发出的产品也很多。

（1）C/S 架构软件的优势与劣势

C/S 架构的结构如图 1-2-2 所示。

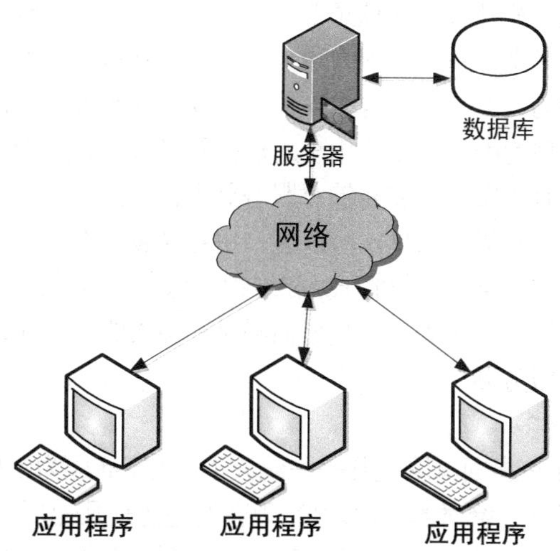

图 1-2-2 C/S 架构结构图

① 应用服务器运行数据负荷较轻

最简单的 C/S 体系结构的数据库应用由两部分组成，即客户应用程序和数据库服务器程序。二者可分别称为前台程序与后台程序。运行数据库服务器程序的机器，也称为应用服务器。一旦服务器程序被启动，就随时等待响应客户程序发来的请求；客户应用程序运行在用户自己的电脑上，对应于数据库服务器，可称为客户电脑，当需要对数据库中的数据进行任何操作时，客户程序就自动地寻找服务器程序，并向其发出请求，服务器程序根据预定的规则作出应答，送回结果，应用服务器运行数据负荷较轻。

② 数据的储存管理功能较为透明

在数据库应用中，数据的储存管理功能是由服务器程序和客户应用程序分别独立进行的，前台应用可以违反的规则，例如访问者的权限，编号可以重复，必须有客户才能建立定单的，所有这些规则，对于工作在前台程序上的最终用户，是“透明”的，他们无需过问（通常也无法干涉）背后的过程，就可以完成自己的一切工作。在客户服务器架构的应用中，前台程序把麻烦的事情都交给了服务器和网络。在 C/S 体系的下，数据库不能真正成为公共、专业化的仓库，它受到独立的专门管理。

③ C/S 架构的劣势是维护成本高昂且投资大

首先，采用 C/S 架构，要选择适当的数据库平台来实现数据库数据的真正“统一”，使分布于两地的数据同步完全交由数据库系统去管理，但逻辑上两地的操作者要直接访问同一个数据库才能有效实现，有这样一些问题，如果需要建立“实时”的数据同步，就必须在两地间建立实时的通信连接，保持两地的数据库服务器在线运行，网络管理工作人员既要对服务器进行维护管理，又要对客户端进行维护和管理，这需要高昂的投资和复杂的技术支持，维护成本很高，维护任务量大。

其次，传统的 C/S 结构的软件需要针对不同的操作系统开发不同版本的软件，由于产品的更新换代十分快，代价高和低效率已经不适应工作需要。在 Java 这样的跨平台语言出现之后，B/S 架构更是猛烈冲击 C/S，并对其形成威胁和挑战。

（2）B/S 架构软件的优势与劣势

① 维护和升级方式简单

目前，软件系统的改进和升级越来越频繁，B/S 架构的产品明显体现出更为方便的特性。对一个稍微大一点的单位来说，系统管理人员如果需要在几百甚至上千部电脑之间来回奔跑，效率和工作量是可想而知的，但 B/S 架构的软件只需要管理服务器就行了，所有的客户端只是浏览器，根本不需要做任何的维护。无论用户的规模有多大，有多少分支机构，都不会增加任何维护升级的工作量，所有的操作只需要针对服务器进行；如果是异地，只需要把服务器连接专网，即可实现远程维护、升级和共享。所以客户机越来越“瘦”，而服务器越来越“胖”是将来信息化发展的主流方向。今后，软件升级和维护会越来越容易，而使用起来会越来越简单，这对用户人力、物力、时间、费用的节省是显而易见和惊人的。因此，维护和升级革命的方式是“瘦”客户机，“胖”服务器。

② 成本降低且选择更多

大家都知道 Windows 在桌面电脑上几乎一统天下，浏览器成为了标准配置，但在服务器操作系统上 Windows 并不是处于绝对的统治地位。现在的趋势是凡使用 B/S 架构的应用管理软件，只需安装在 Linux 服务器上即可，而且安全性高。所以服务器操作系统的选择是很多的，不管选用哪种操作系统都可以让大部分人使用 Windows 作为桌面操作系统而电脑不受影响，这就使得最流行而且免费的 Linux 操作系统快速发展起来，Linux 除了操作系统是免费的以外，连数据库也是免费的，这种选择非常盛行。

③应用服务器运行数据负荷较重

由于 B/S 架构管理软件只安装在服务器端（Server），网络管理人员只需要管理服务器就行了，用户界面主要事务逻辑在服务器端完全通过 WWW 浏览器实现，极少部分事务逻辑在前端（Browser）实现，所有的客户端只有浏览器，网络管理人员只需要做硬件维护。但是，应用服务器运行数据负荷较重，一旦发生服务器“崩溃”等问题，后果不堪设想。因此，许多单位都备有数据库存储服务器，以防万一。

任务 1.3 认识 Java Web 开发的主要技术

了解 Java Web 开发的主要技术：Servlet、JSP、JDBC、JavaBean。

1. Servlet

Servlet 是在服务器端运行的程序。这个词是在 Java Applet 环境中创造的，Java Applet 是一种当作单独文件跟网页一起发送的小程序，它通常用于在客户端运行，为用户进行运算或者根据用户需要定位图形等服务。与运行在客户端的 Applet 不同，Servlet 是由 Web 服务器加载和执行的，服务器将客户端的请求发送给 Servlet，Servlet 执行相应的方法，再由服务器将结果通过响应的方式传递给客户端。各个用户请求被激活成单个程序中的一个线程，而无需创建单独的进程，这意味着服务器端处理请求的系统开销将明显降低。

Servlet 的主要功能在于交互式地浏览和修改数据，生成动态 Web 内容。这个过程为：

- ✓ 客户端发送请求至服务器端；
- ✓ 服务器将请求信息发送至 Servlet；
- ✓ Servlet 生成响应内容并将其传给服务器，响应内容动态生成，通常取决于客户端的请求；
- ✓ 服务器将响应返回给客户端。

一个 Servlet 就是 Java 编程语言中的一个类，它被用来扩展服务器的性能，服务器上驻留着可以通过“请求—响应”编程模型来访问的应用程序。虽然 Servlet 可以对任何类型的请求产生响应，但通常只用来扩展 Web 服务器的应用程序。

2. JSP

JSP（Java Server Page）是由 Sun（目前已被 Oracle 公司收购）公司倡导、许多公司参与一起建立的一种动态技术标准。在传统的网页 HTML 文件（*.htm，*.html）中加入 Java 程序片段（Scriptlet）和 JSP 标签，就构成了 JSP 网页 Java 程序片段，可以操纵数据库、重新定向网页以及发送 E-mail 等，实现建立动态网站所需要的功能。所有程序操作都在服务器端执行，网络上传送给客户端的仅是得到的结果，这样大大降低了对客户浏览器的要求，即使客户浏览器端不支持 Java，也可以访问 JSP 网页。

JSP 其根本是一个简化的 Servlet 设计，它实现了 Html 语法中的 Java 扩张（以 <%，%> 形式）。JSP 与 Servlet 一样，是在服务器端执行的。通常返回给客户端的就是一个 HTML 文本，因此客户端只要有浏览器就能浏览。Web 服务器在收到访问 JSP 网页的请求时，首先执行其中的程序段，然后将执行结果连同 JSP 文件中的 HTML 代码一起返回给客户端。插入的 Java 程序段可以操作数据库、重新定向网页等，以实现建立动态网页所需要的功能。通常 JSP 页面很少进行数据处理，只是用来实现网页的静态化页面，只提取数据，不会进行业务处理。

JSP 技术使用 Java 编程语言编写类 XML 的 Tag 和 Scriptlet，来封装产生动态网页的处理逻辑。网页还能通过 Tag 和 Scriptlet 访问存在于服务端的资源的应用逻辑。JSP 将网页逻辑与网页设计的显示分离，支持可重用的基于组件的设计，使基于 Web 的应用程序开发变得迅速和容易。JSP 是一种动态页面技术，它的主要目的是将表示逻辑从 Servlet 中分离出来。

JSP 页面由 HTML 代码和嵌入其中的 Java 代码组成。服务器在页面被客户端请求以后对这些 Java 代码进行处理，然后将生成的 HTML 页面返回给客户端的浏览器。Java Servlet 是 JSP 的技术基础，而且大型 Web 应用程序的开发需要 Java Servlet 和 JSP 配合才能完成。JSP 具备了 Java 技术的简单易用，完全的面向对象，具有平台无关性且安全可靠，主要面向因特网的所有特点。

自 JSP 推出后，众多大公司都支持 JSP 技术的服务器，如 IBM、Oracle 公司等，所以 JSP 迅速成为商业应用的服务器端语言。

3．JDBC 数据访问

JDBC（Java Data Base Connectivity，Java 数据库连接）是一种用于执行 SQL 语句的 Java API，可以为多种关系数据库提供统一访问，它由一组用 Java 语言编写的类和接口组成。JDBC 为工具/数据库开发人员提供了一个标准的 API，据此可以构建更高级的工具和接口，使数据库开发人员能够用纯 Java API 编写数据库应用程序。

有了 JDBC，向各种关系数据发送 SQL 语句就是一件很容易的事。换言之，有了 JDBC API，就不必为访问 Sybase 数据库专门写一个程序，为访问 Oracle 数据库又专门写一个程序，或为访问 Informix 数据库又编写另一个程序等，程序员只需用 JDBC API 写一个程序就够了，它可向相应数据库发送 SQL 调用。同时，将 Java 语言和 JDBC 结合起来使程序员不必为不同的平台编写不同的应用程序，只需写一遍程序就可以让它在任何平台上运行，这也是 Java 语言“编写一次，处处运行”的优势。

Java 数据库连接体系结构是用于 Java 应用程序连接数据库的标准方法。JDBC 对 Java 程序员而言是 API，对实现与数据库连接的服务提供商而言是接口模型。作为 API，JDBC 为程序开发提供标准的接口，并为数据库厂商及第三方中间件厂商实现与数据库的连接提供了标准方法。JDBC 使用已有的 SQL 标准并支持与其他数据库连接标准，如 ODBC 之间的桥接。JDBC 实现了所有这些面向标准的目标，并且具有简单、严格类型定义且高性能实现的接口。

JDBC 扩展了 Java 的功能。例如，用 Java 和 JDBC API 可以发布含有 Applet 的网页，而该 Applet 使用的信息可能来自远程数据库。企业也可以用 JDBC 通过 Intranet 将所有职员连到一个或多个内部数据库中。随着越来越多的程序员开始使用 Java 编程语言，对从 Java 中便捷地访问数据库的要求也在日益增加。

4．JavaBean 组件

Bean 的中文含义是“豆子”，顾名思义 JavaBean 是一段 Java 小程序。JavaBean 实际上是指一种特殊的 Java 类，它通常用来实现一些比较常用的简单功能，并可以很容易地被重用或者是插入其他应用程序中去。所有遵循一定编程原则的 Java 类都可以被称作 JavaBean。

JavaBean 是基于 Java 的组件模型，由属性、方法和事件 3 部分组成。在该模型中，Java Bean 可以被修改或与其他组件结合以生成新组件或完整的程序。它是一种 Java 类，通过封装成为具有某种功能或者处理某个业务的对象。因此，也可以通过嵌在 JSP 页面内的 Java 代码访问 Bean 及其属性。 Bean 的含义是可重复使用的 Java 组件。所谓组件就是一个由可以自行进行内部管理的一个或几个类所组成、外界不了解其内部信息和运行方式的群体。使用它的对象只能通过接口来操作。

JavaBean 优点如下。

✓ 提高代码的可复用性：对于通用的事务处理逻辑，数据库操作等都可以封装在 JavaBean 中，通过调用 JavaBean 的属性和方法可快速进行程序设计；

✓ 程序易于开发维护：实现逻辑的封装，使事务处理和显示互不干扰；

✓ 支持分布式运用：多用 JavaBean，尽量减少 Java 代码和 Html 的混编。

任务 1.4　对比几种主流动网开发语言

了解 JSP、ASP.NET、PHP 语言及其优劣势特点。

目前比较主流的动网开发语言包括：JSP、ASP.NET 和 PHP，下面将分别详细介绍。

1．JSP

JSP（全称 JavaServer Pages）是 Sun 公司（现已被 Oracle 公司所收购）推出的一种网络编程语言。JSP 技术是以 Java 语言作为脚本语言的，可以被内嵌在 HTML 代码中。

JSP 可以用来做大规模的应用服务，JSP 在响应第一个请求的时候被载入，一旦被载入，便处于已执行状态。对于以后其他用户的请求，它并不打开进程，而是打开一个线程（Thread），将结果发送给客户。由于线程与线程之间可以通过生成自己的父线程（Parent Thread）来实现资源共享，这样就减轻了服务器的负担。

- 强势

  ✓ 一次编写，到处运行。在这一点上 Java 比 PHP 更出色，除了系统之外，代码不用做任何更改；

  ✓ 系统的多平台支持。基本上可以在所有平台上的任意环境中开发，在任意环境中进行系统部署，在任意环境中扩展，相比 ASP/PHP 的局限性其优势是显而易见的；

  ✓ 强大的可伸缩性。从只有一个小的 Jar 文件就可以运行 Servlet/JSP，到由多台服务器进行集群和负载均衡，到多台 Application 进行事务处理，消息处理，一台服务器到无数台服务器，Java 显示了一个巨大的生命力；

  ✓ 多样化和功能强大的开发工具支持。Java 已经有了许多非常优秀的开发工具，其中许多可以免费得到，并且可以顺利地运行于多种平台之下。

- 弱势
  - ✓ Java 的一些优势正是它致命的问题所在。正是由于为了跨平台的功能，为了极度的伸缩能力，所以极大地增加了产品的复杂性；
  - ✓ Java 的运行速度是由 class 常驻内存决定的，所以它在一些情况下所使用的内存相比用户数量确实是“最低性能价格比”了，另一方面，它还需要硬盘空间来储存一系列的.java 文件和.class 文件，以及对应的版本文件。

2．ASP. NET

ASP .NET 的前身 ASP 技术，是在 IIS2.0 上首次推出（Windows NT 3.51），当时与 ADO 1.0 一起推出，在 IIS 3.0（Windows NT 4.0）发扬光大，成为服务器端应用程序的热门开发工具。ASP.NET 是 Microsoft.NET 的一部分，作为战略产品，不仅仅是 Active Server Page （ASP）的下一个版本，它还提供了一个统一的 Web 开发模型，其中包括开发人员生成企业级 Web 应用程序所需的各种服务。ASP.NET 的语法在很大程度上与 ASP 兼容，同时它还提供一种新的编程模型和结构，可生成伸缩性和稳定性更好的应用程序，并提供更好的安全保护。ASP.NET 是一个已编译的、基于 .NET 的环境，可以用任何与 .NET 兼容的语言（除了 C#以外，Visual Studio 还支持 Visual Basic、Visual C++、描述语言 VBScript 和 Jscript）开发应用程序。另外，任何 ASP.NET 应用程序都可以使用整个 .NET Framework。开发人员可以方便地获得这些技术的优点，其中包括托管的公共语言运行库环境、类型安全、继承等等。微软为 ASP. NET 设计了这样一些策略：易于写出结构清晰的代码、代码易于重用和共享、可用编译类语言编写等等，目的是让程序员更容易开发出 Web 应用，满足计算向 Web 转移的战略需要。

- 强势
  - ✓ 易于开发部署，易于写出结构清晰的代码，代码易于重用和共享，可用编译类语言编写；
  - ✓ 技术成熟，配套技术文档完善，众多开源或免费的文档或项目可供参考；
  - ✓ 拥有众多新技术，方便构建企业级应用；
  - ✓ 能与 Windows 平台紧密结合，最大限度利用系统功能；
  - ✓ 众多中间件（控件支持）。
- 劣势
  - ✓ 只能运行于 Windows 平台；
  - ✓ 效率低于本地化编译程序（C/C++）；
  - ✓ 开放性低于 Java，在超大规模应用中缺乏有力案例。

3．PHP

PHP（Hypertext Preprocessor）是一种 HTML 内嵌式的语言（类似于 IIS 上的 ASP）。而 PHP 独特的语法混合了 C、Java、Perl 以及 PHP 式的新语法。它可以比 CGI 或者 Perl 更快速地执行动态网页。PHP 能够支持诸多数据库，如 MS SQL Server、MySQL、Sybase、Oracle 等。它与 HTML 语言具有非常好的兼容性，使用者可以直接在脚本代码中加入 HTML 标签，或者在 HTML 标签中加入脚本代码从而更好地实现页面控制。PHP 提供了标准的数据库接口，数据库连接方便，兼容性强、扩展性强，可以进行面向对象编程。

- 强势
  - ✓ 一种能快速学习、跨平台、有良好数据库交互能力的开发语言。语法简单、书写容易、市面上有大量的书，同时 Internet 上也有大量的代码可以共享，对于初学者来说是一个很好的入手点；

- ✓ 与 Apache 及其他扩展库结合紧密，PHP 与 Apache 可以以静态编绎的方式结合起来，与其他的扩展库也可以用这样的方式结合。这种方式的最大好处就是最大化地利用了 CPU 和内存，同时极为有效地利用了 Apache 的高性能的吞吐能力。同时外部的扩展也是静态联编，从而达到了最快的运行速度，由于与数据库的接口也使用了这样的方式，所以使用的是本地化的调用，这也让数据库发挥了最佳效能；
- ✓ 良好的安全性，由于 PHP 本身的代码开放，所以它的代码在许多工程师手中进行了检测，同时它与 Apache 编绎在一起的方式也可以让它具有灵活的安全设定，所以 PHP 具有了公认的安全性能。

- 弱势
  - ✓ 数据库支持的极大变化，由于 PHP 所有的扩展接口都是独立团队开发完成的，同时在开发时为了形成相应数据的个性化操作，所以 PHP 虽然支持许多数据库，可是针对每种数据库的开发语言都完全不同。这样形成针对一种数据库的工发工作，在数据库进行升级后需要开发人员进行几乎全部的代码更改工作。
  - ✓ 安装复杂，由于 PHP 的每一种扩充模块并不是完全由 PHP 本身来完成，而是需要许多外部的应用库，如图形需要 gd 库、LDAP 需要 LDAP 库等，这样在安装完成相应的应用后，再联编进 PHP 中来。只有在这些环境下才能方便地编绎对应的扩展库。这些都是一般开发人员在使用 PHP 前所先要面对的问题，正是这样的问题让许多开发人员转而使用其他的开发语言，毕竟 UNIX 没有那么多的用户；
  - ✓ 缺少企业级的支持。没有组件的支持，那么所有的扩充就只能依靠 PHP 开发组所给出的接口，事实上这样的接口还不够多；
  - ✓ 缺少正规的商业支持，这也是自由软件一向的缺点；
  - ✓ 无法实现商品化应用的开发，由于 PHP 没有任何编绎性的开发工作，所有的开发都是基于脚本技术来完成的，所以无法实现商品化。

1. Java Web 开发的主要技术有哪些？
2. B/S 架构与 C/S 架构的优缺点是什么？
3. 常见的动态网页有哪几种？

PART 2 项目 2 ED 电子商城概述

项目描述

随着网络的普及，“网上购物”已经成为一种越来越重要的消费方式。本书选取了现阶段比较熟悉的网上数码商城“ED 电子商城”作为教学项目，结合相关知识点详细讲解了项目的设计过程，在本章节中重点介绍了“ED 电子商城”项目的需求分析、概要设计以及数据库设计，为后面的学习作好铺垫。

知识目标

- ☑ 熟悉 Web 项目需求分析；
- ☑ 理解概要设计的目的和主要方法；
- ☑ 熟悉系统详细设计的方法；
- ☑ 熟悉 Web 项目的数据库设计。

技能目标

- ☑ 能理解项目需求，按照规范完成项目需求分析；
- ☑ 能运用工具进行概要设计项目系统分析；
- ☑ 能完成系统各模块详细设计；
- ☑ 能熟练完成数据库设计。

项目任务总览

任务编号	任务名称
任务 2.1	ED 电子商城需求分析与功能设计
任务 2.2	ED 电子商城系统分析与设计
任务 2.3	ED 电子商城数据库设计

任务 2.1　ED 电子商城需求分析与功能设计

完成 ED 电子商城的功能需求及网站模块划分。

在本任务中，分析 ED 电子商城的主要功能，完成项目需求分析。

ED 电子商城主要角色有两类：前台用户和后台管理。用户能够方便地进行用户注册、查看商品，将满意的商品加入购物车中，可选取购物车中的商品生成订单，同时完成对订单的管理；后台管理人员可对商品信息进行维护与管理，可以对订单进行处理。

ED 电子商城系统主要包含两类用户角色：普通用户、管理员。在前台用户部分中，包括用户注册、用户登录、商品浏览和查询、购物车添加、修改及浏览、订单生成及查询、订单支付等操作；后台管理部分包括：用户登录、商品信息管理、用户订单状态管理、订单的统计等相关操作。网站模块结构如图 2-1-1 所示。

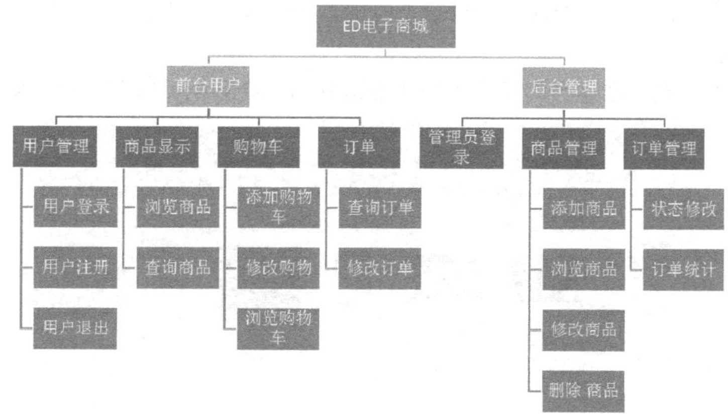

图 2-1-1　ED 项目需求模块

1．用户管理

用户管理主要包括以下功能：

（1）用户登录。用户进入网站后，可进行商品的浏览、商品的查询等操作，但如果需要进行商品购买、订单查询等操作，需进行身份验证后才可进行。已注册的用户可通过输入用户名、密码、验证码进入网站。如图 2-1-2 和图 2-1-3 所示。

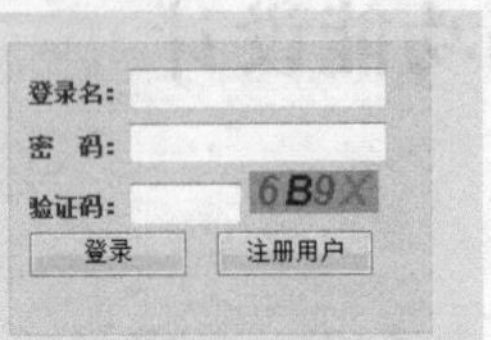

图 2-1-2　用户登录入口

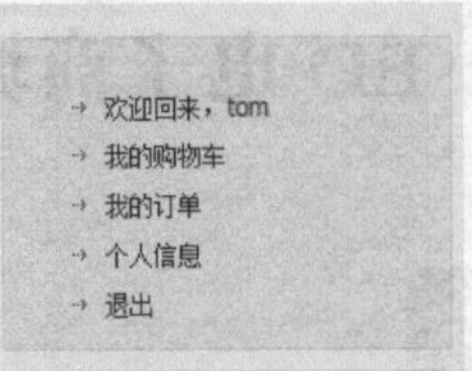

图 2-1-3　用户登录成功

（2）用户注册。首次进入网站的新用户可通过用户注册模块，填写用户相关的信息，其后标记“*”的项为必填项，如图 2-1-4 所示。填写完信息后，单击“提交”按钮，成为网站会员，即可进行用户登录。

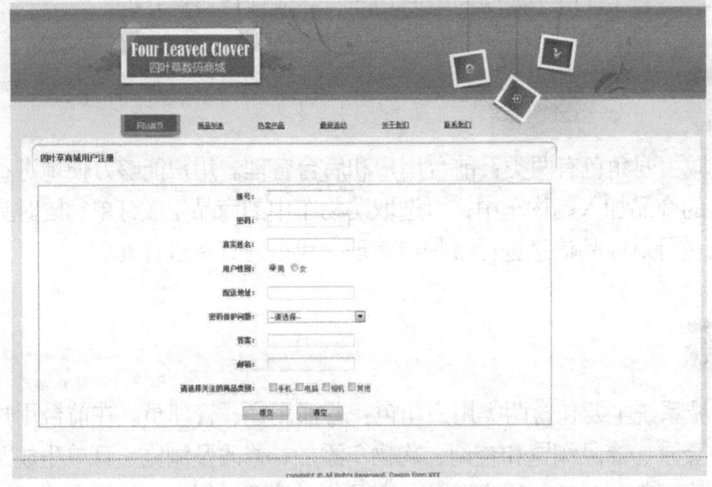

图 2-1-4　用户注册页面

（3）用户退出。当用户单击退出登录后不可查看购物车、订单等相关信息，返回登录页面。

2．商品显示

（1）商品浏览。网站商品列表页面列出当前网站中的商品相关概要信息，如图 2-1-5 所示。

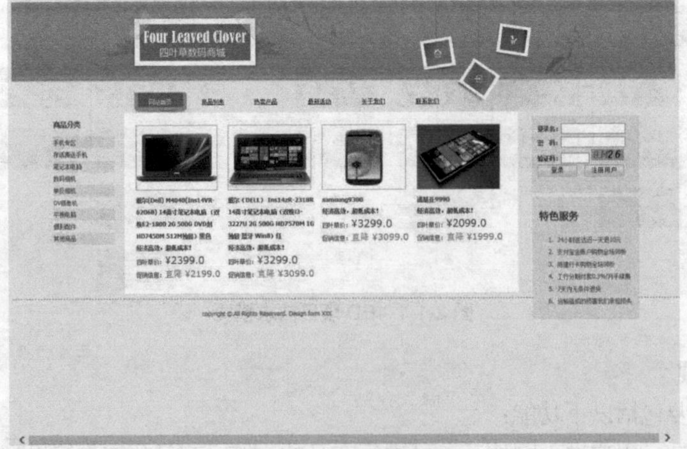

图 2-1-5　商品列表页面

（2）商品详细显示。当用户单击商品图片时，即可进入产品介绍页面查看产品详细信息，如图 2-1-6 所示。

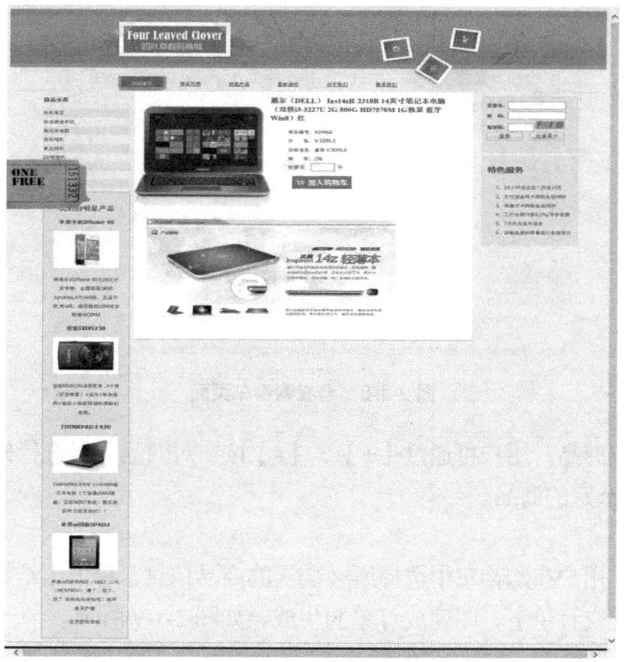

图 2-1-6　产品介绍页面

3．购物车

（1）添加购物车。当用户浏览商品时，单击“加入购物车”，可将当前商品添加到购物车中，如图 2-1-7 所示。

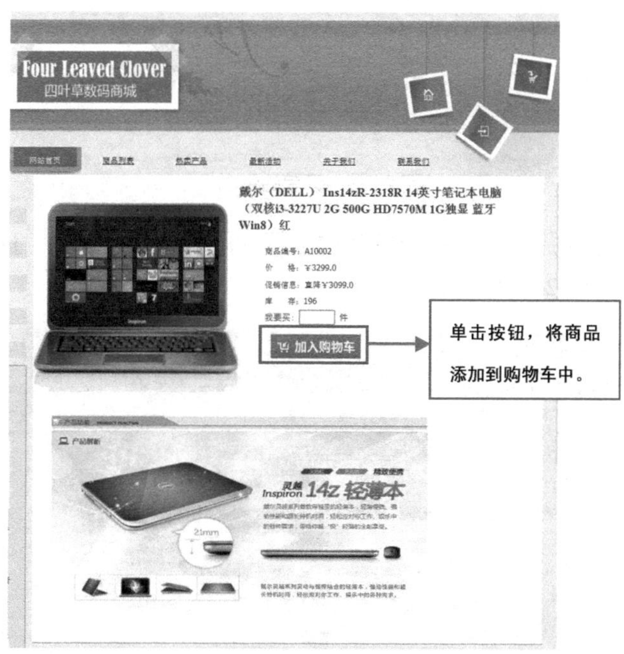

图 2-1-7　产品信息页面

（2）查看购物车。用户将商品添加到购物车后，可跳转至购物车，查看购物车中商品的信息；也可通过单击“我的购物车”，查看购物车中信息，如图 2-1-8 所示。

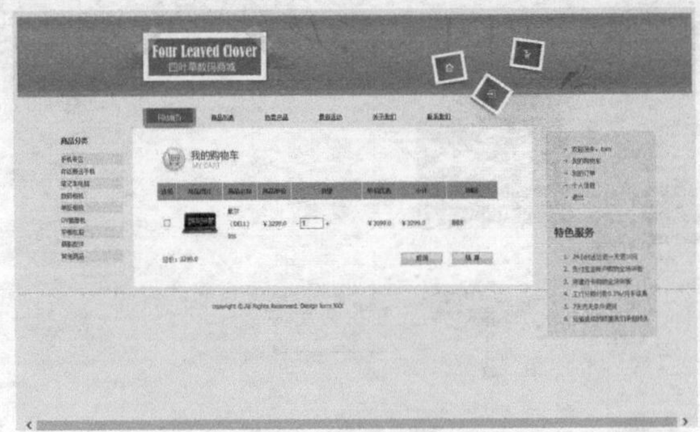

图 2-1-8　查看购物车页面

（3）修改购物车商品。用户可通过【+】、【-】按钮对商品数量进行修改，同时也可单击【删除】按钮，删除选定的商品。

4．订单

（1）生成订单。用户在购物车中选择所要购买的商品信息，单击【结算】按钮，进入结算页面；继续单击【提交订单】，即完成订单的生成，如图 2-1-9 所示。

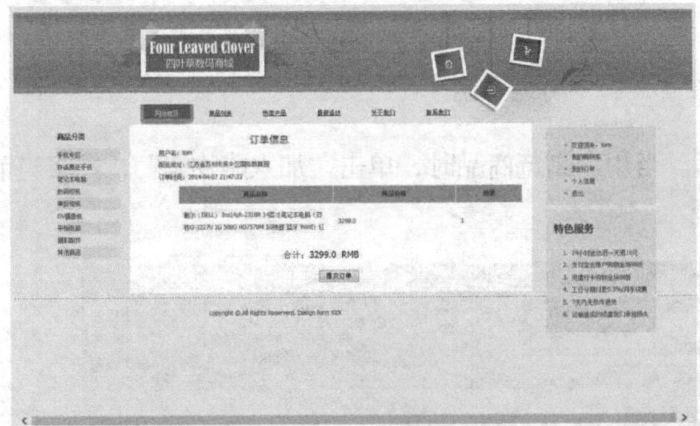

图 2-1-9　订单的生成

（2）查看订单。订单提交后可跳转到订单查看页面。用户也可通过“我的订单”链接查看当前用户订单情况，如图 2-1-10 所示。

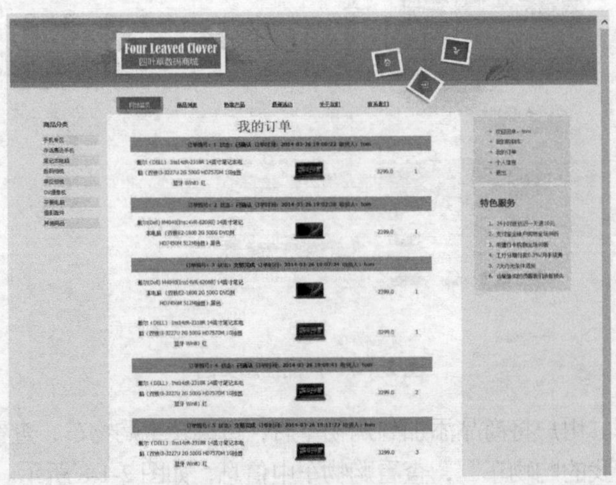

图 2-1-10　订单查看页面

5．管理员登录

管理员登录后可对用户信息、商品信息、订单信息等进行管理。管理员登录选择单独的页面，需提供管理员用户名和密码方可进行登录，如图 2-1-11 所示。

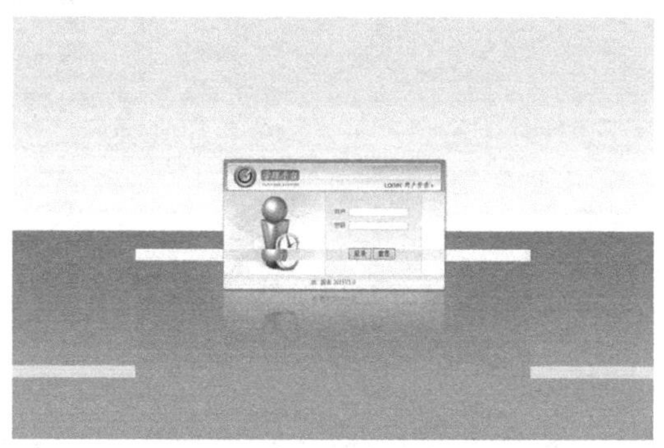

图 2-1-11　后台管理员登录

6．商品管理

（1）商品添加：添加商品，包括商品的相关信息及商品的图片上传等。

（2）商品修改：修改商品的相关信息，如图 2-1-12 所示。

（3）商品删除：完成对商品的删除。

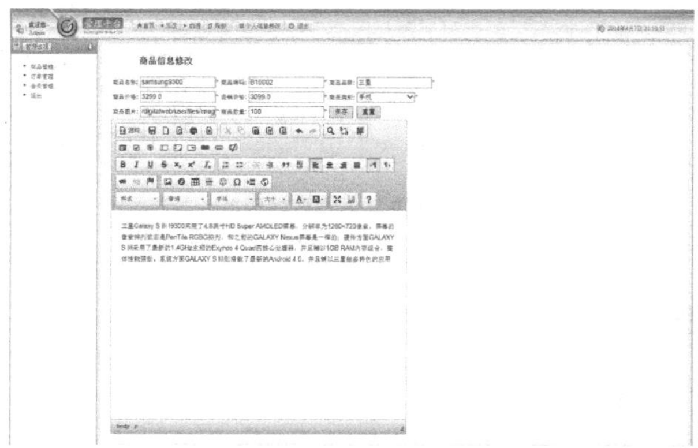

图 2-1-12　商品修改页面

（4）商品查询：可根据商品的名称、商品的种类、商品品牌完成对商品的查询，如图 2-1-13 所示。

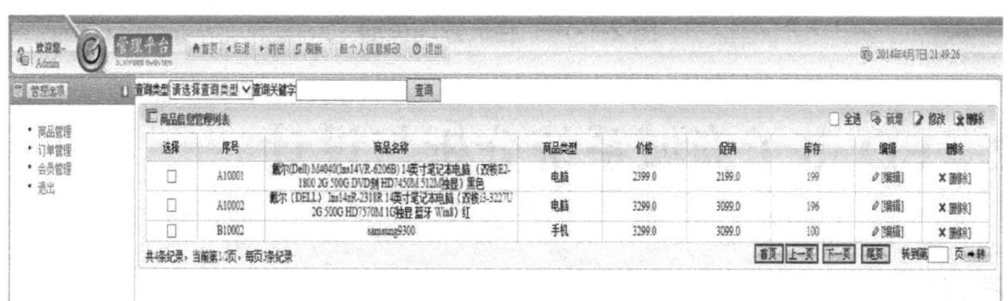

图 2-1-13　商品管理首页

7．订单管理

（1）订单统计。用户可根据用户名和交易状态查看相关订单的相关信息，如图 2-1-14 所示。

图 2-1-14　订单查看页面

（2）状态管理。管理员可对订单的状态进行设置，如接订单发货等，如图 2-1-15 所示。

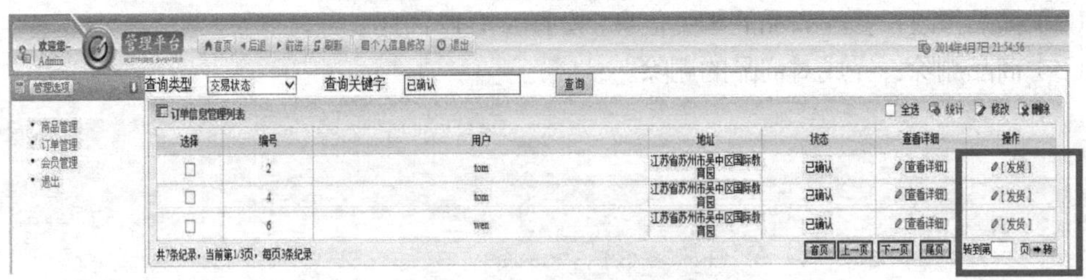

图 2-1-15　状态管理页面

8．会员管理

会员管理页面如图 2-1-16 所示。

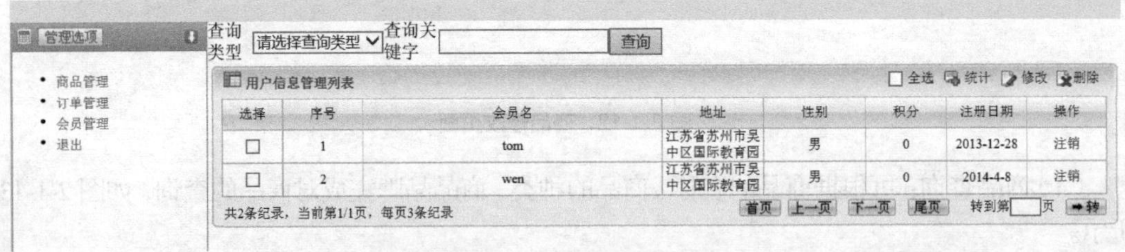

图 2-1-16　会员管理页面

任务 2.2　ED 电子商城系统分析与设计

完成数码商城的概要设计与系统分析。

在本任务中，根据需求分析，完成系统概要设计，完成系统用例图、类图、序列图。

系统是由 Web 服务器、数据服务器和浏览器客户端组成的多层 Web 计算机服务系统，采用 Servlet+JSP+JavaBean 架构，具有灵活性、可扩展性等特点。

系统分析

1．用例图

ED 电子商城的用例图如图 2-2-1 所示。

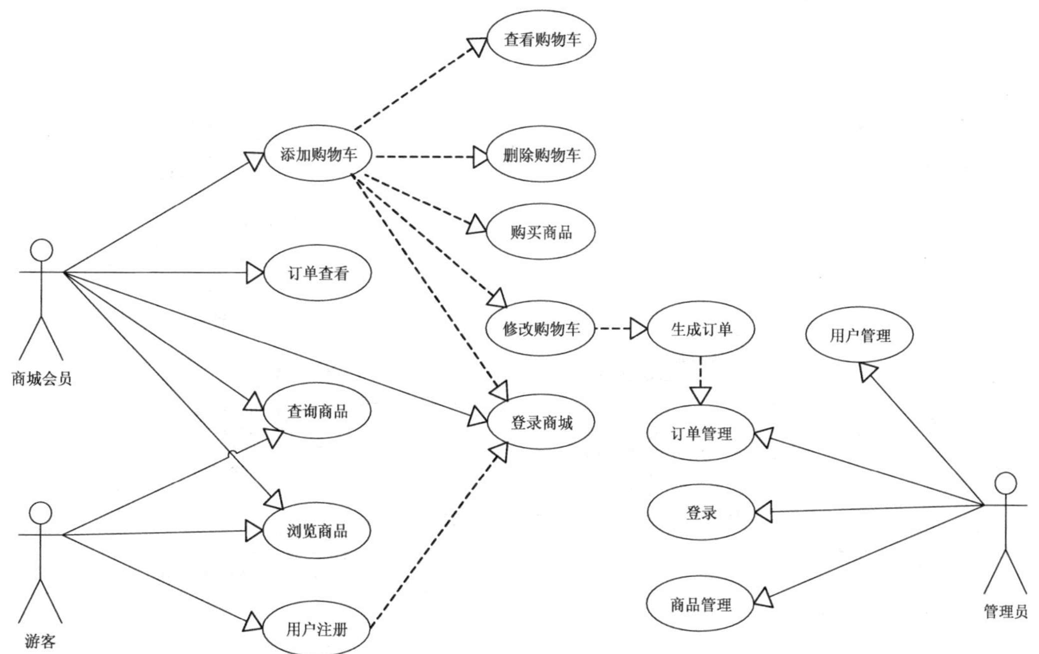

图 2-2-1　ED 电子商城用例图

2．类图

系统类图如图 2-2-2 所示。

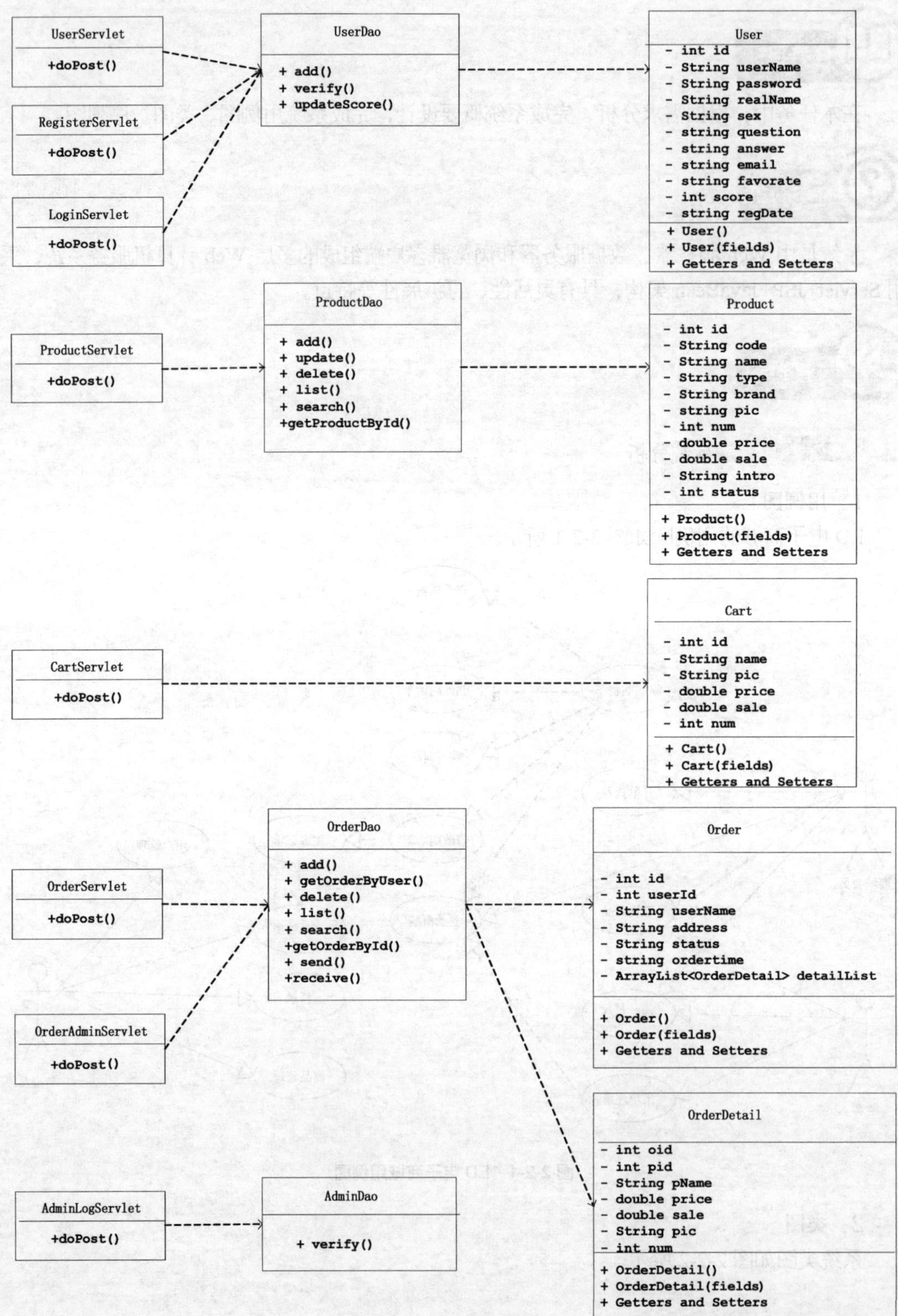
UserServlet
+doPost()
RegisterServlet
+doPost()
LoginServlet
+doPost()
UserDao
+ add()
+ verify()
+ updateScore()
User
- int id
- String userName
- String password
- String realName
- String sex
- string question
- string answer
- string email
- string favorate
- int score
- string regDate
+ User()
+ User(fields)
+ Getters and Setters
ProductServlet
+doPost()
ProductDao
+ add()
+ update()
+ delete()
+ list()
+ search()
+getProductById()
Product
- int id
- String code
- String name
- String type
- String brand
- string pic
- int num
- double price
- double sale
- String intro
- int status
+ Product()
+ Product(fields)
+ Getters and Setters
CartServlet
+doPost()
Cart
- int id
- String name
- String pic
- double price
- double sale
- int num
+ Cart()
+ Cart(fields)
+ Getters and Setters
OrderServlet
+doPost()
OrderAdminServlet
+doPost()
OrderDao
+ add()
+ getOrderByUser()
+ delete()
+ list()
+ search()
+getOrderById()
+ send()
+receive()
Order
- int id
- int userId
- String userName
- String address
- String status
- string ordertime
- ArrayList<OrderDetail> detailList
+ Order()
+ Order(fields)
+ Getters and Setters
OrderDetail
- int oid
- int pid
- String pName
- double price
- double sale
- String pic
- int num
+ OrderDetail()
+ OrderDetail(fields)
+ Getters and Setters
AdminLogServlet
+doPost()
AdminDao
+ verify()

图 2-2-2　系统类图

3．序列图

各序列图如图 2-2-3 至图 2-2-15 所示。

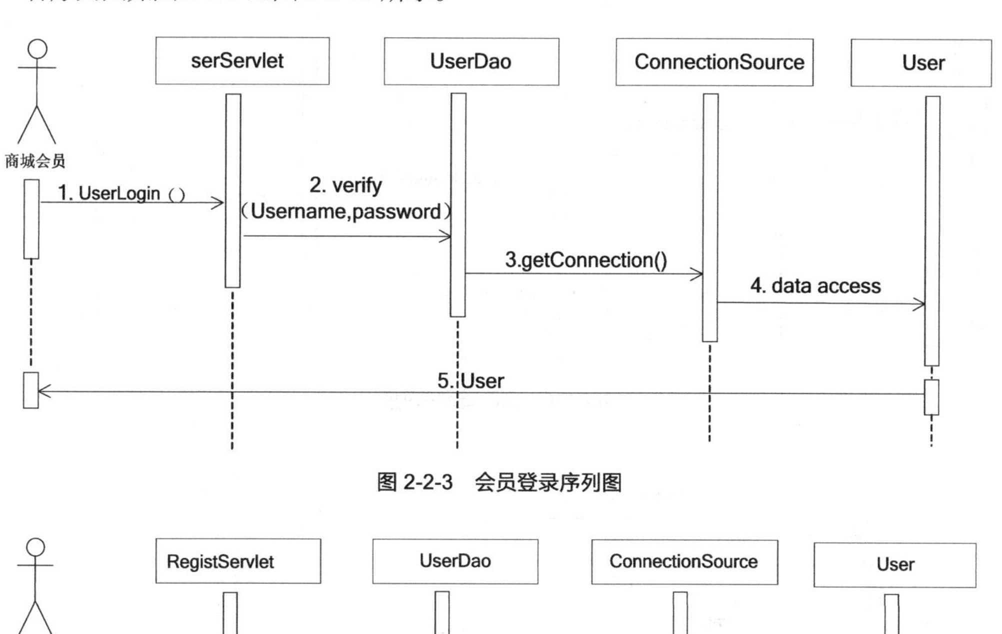

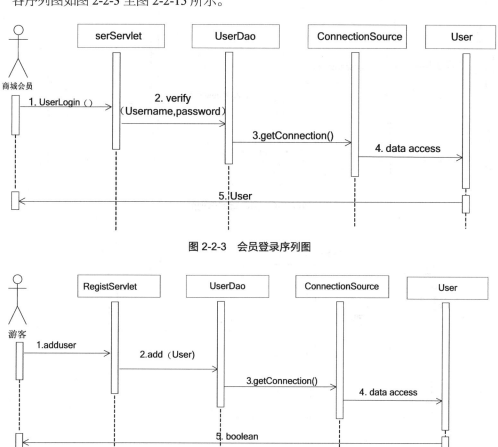

图 2-2-3　会员登录序列图

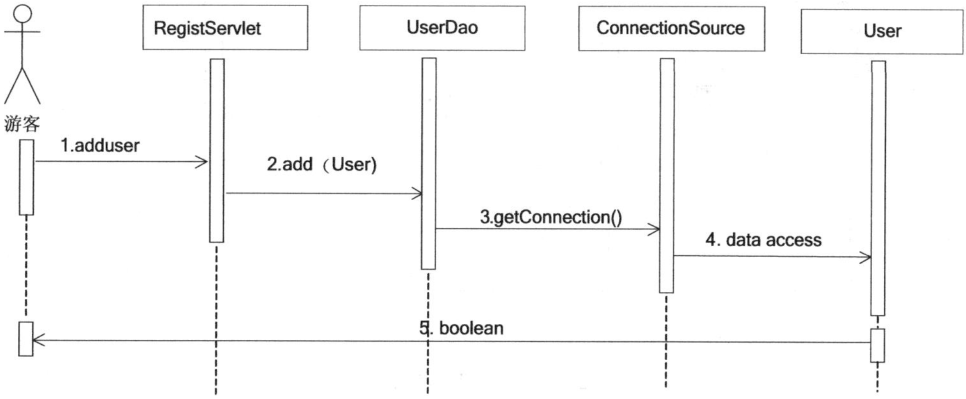

图 2-2-4　用户注册序列图

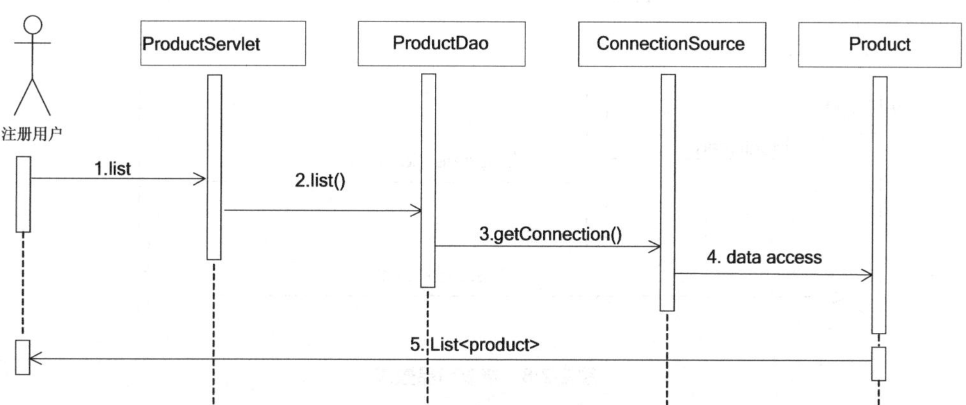

图 2-2-5　商品显示列表序列图

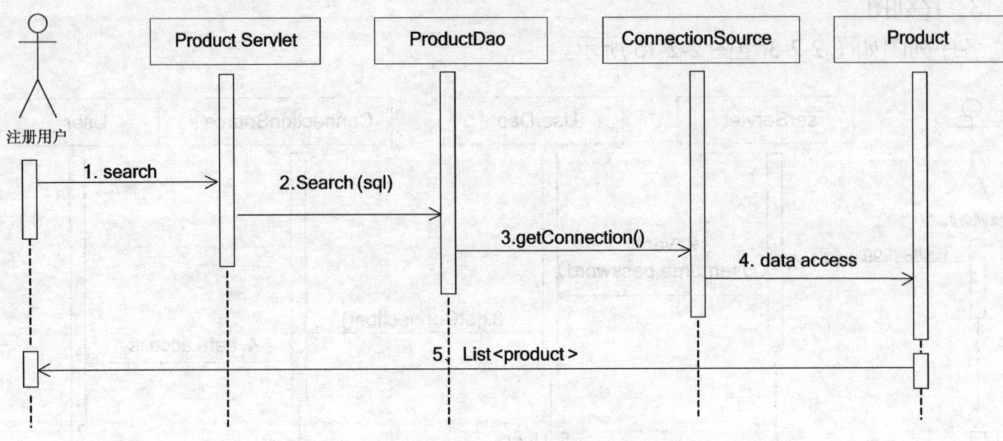

图 2-2-6 商品查询序列图

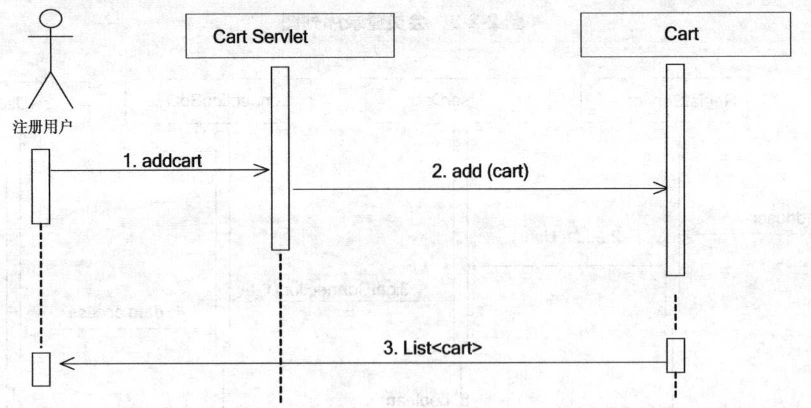

图 2-2-7 添加购物车

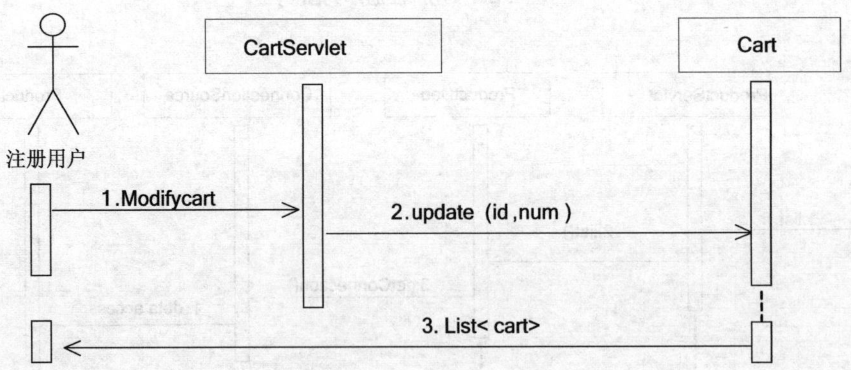

图 2-2-8 修改商品数量

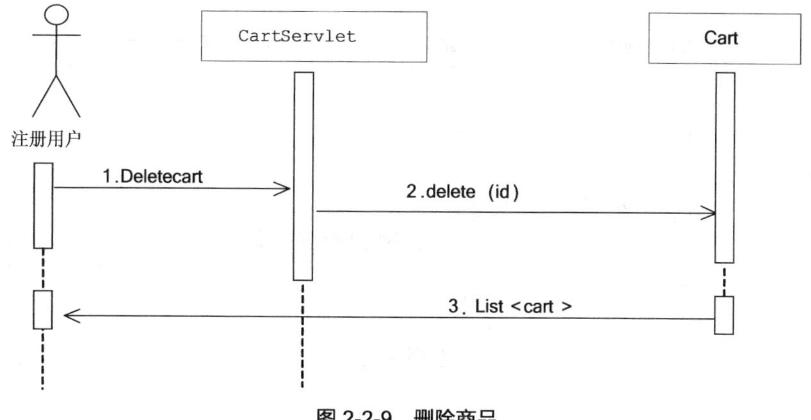

图 2-2-9　删除商品

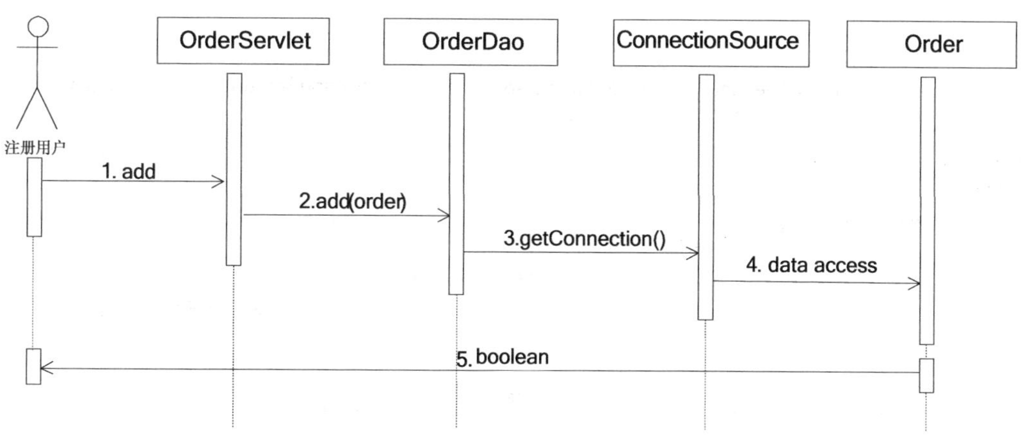

图 2-2-10　订单添加序列图

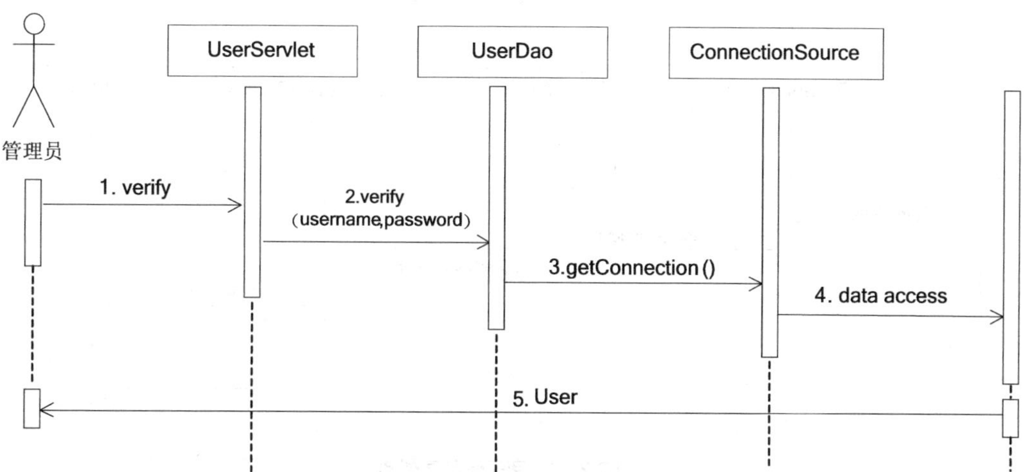

图 2-2-11　管理员登录序列图

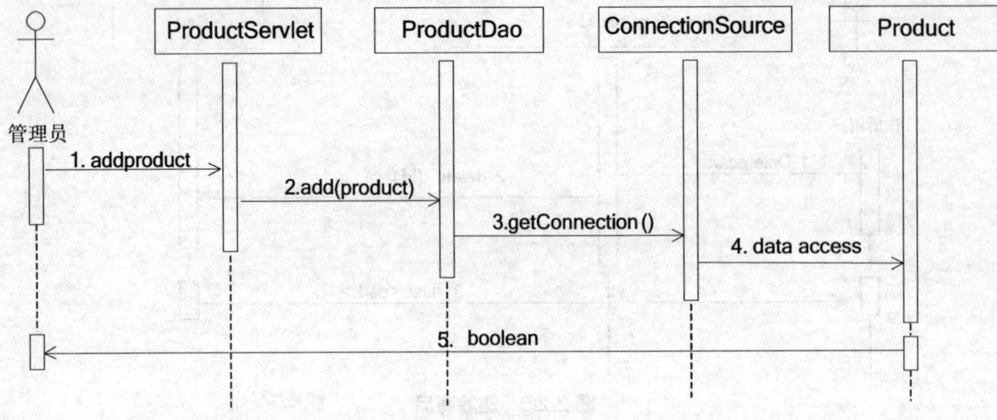

图 2-2-12　商品添加序列图

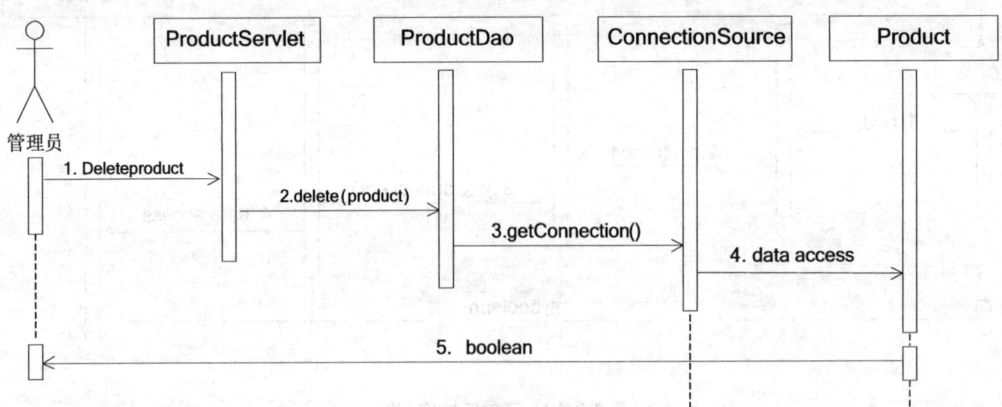

图 2-2-13　商品删除序列图

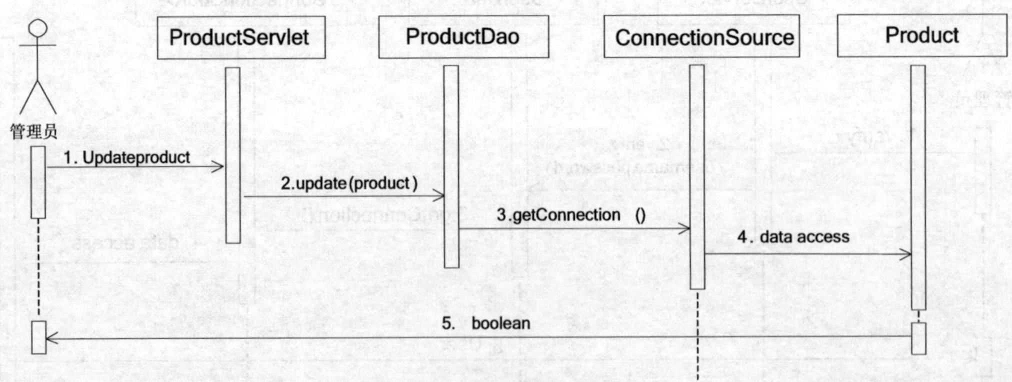

图 2-2-14　商品修改序列图

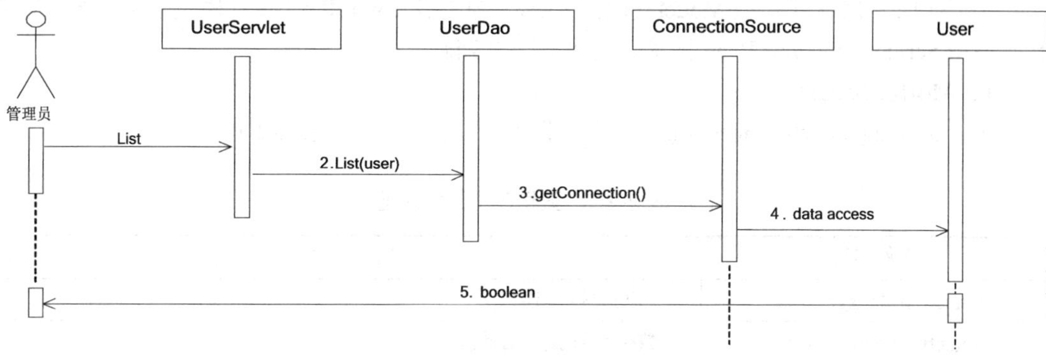

图 2-2-15　用户显示序列图

步骤二： 系统设计

ED 电子商城的整体逻辑结构如图 2-2-16 所示。

```
digital
  src
    com.digitalweb.connection
    com.digitalweb.dao
    com.digitalweb.impl
    com.digitalweb.model
    com.digitalweb.servlet
    com.digitalweb.util
  JRE System Library [MyEclipse 6.5]
  Java EE 5 Libraries
  WebRoot
    admin
      images
      tab
      add_product.html
      center.html
      down.html
      left.html
      list_order.jsp
      list_product.jsp
      list_user.jsp
      login.jsp
      main.html
      order_detail.jsp
      orderstat.jsp
      top.jsp
      update_product.jsp
    ckeditor
    WEB-INF
    aboutus.html
    index.jsp
    login.jsp
    message.jsp
    regist.jsp
    test.html
    updateUser.jsp
    userInfo.jsp
```

JSP 页面

图 2-2-16　项目整体逻辑结构图

本书使用了 MVC（模型 Model—视图 View—控制器 Controller）设计模式来完成项目的架构，使用 Servlet+JSP+JavaBean 技术来实现项目的功能。

1．Model 层设计

- com.digitalweb.connection 中放置数据库访问相应类，见表 2-2-1。

表 2-2-1　数据库访问相关类

文件名称	功　能
ConnectionManager.java	访问数据库连接类
ConnectionSource .java	数据库连接池处理类

- com.digitalweb.dao 放置各功能模块处理接口，见表 2-2-2。

表 2-2-2　数据库接口

文件名称	功　能
AdminDao.java	处理管理员登录验证功能接口
OrderDao.java	处理订单管理功能接口
ProductDao.java	处理商品管理相关功能接口
UserDao.java	处理用户管理相关功能接口

- com.digitalweb.impl 放置实现接口的数据处理类，见表 2-2-3。

表 2-2-3　实现接口数据处理类

文件名称	功　能
AdminDaoImpl.java	处理管理员登录验证功能
OrderDaoImpl.java	处理订单管理功能
ProductDaoImpl.java	处理商品管理相关功能
UserDaoImpl.java	处理用户管理相关功能
SuperOpr.java	所有操作类的父类，定义了操作类的公有属性

- com.digitalweb.model 放置处理的 javaBean，见表 2-2-4。

表 2-2-4　JavaBean 列表

文件名称	功　能
User.java	用户类
Product.java	商品类
Cart.java	购物车类
Order.java	订单类
OrderDetail.java	订单详细信息类

2．View 层设计

- Web 根目录下用于前端展现的 JSP 文件，见表 2-2-5。

表 2-2-5　其他类列表

文件名称	功　　能
Index.jsp	网站首页
login.jsp	用户登录页面
register.jsp	用户注册页面
updateUser.jsp	修改用户信息页面
List_product.jsp	商品显示列表页面
List_order.jsp	订单显示列表页面
Add_product.jsp	商品添加页面
Update_product.jsp	商品修改页面
Order_detail.jsp	订单详细显示页面
Orderstat.jsp	商品销售统计页面
List_user.jsp	用户列表页面
List_cart.jsp	购物车列表页面
Product_detail.jsp	商品详细显示页面

3.　Controller 设计

- com.digitalweb.servlet 放置处理请求的相关的类，见表 2-2-6。

表 2-2-6　其他类列表

文件名称	功　　能
LoginServlet.java	会员登录控制器
LogoutServlet.java	会员登出控制器
RegistServlet.java	用户注册控制器
VerifyCodeServlet.java	用户验证控制器
UserServlet.java	用户管理控制器
ProductServlet.java	商品管理控制器
Cartservlet.java	购物车管理控制器
EncodingFilter.java	编码过滤控制器
OrderServlet.java	订单操作控制器
orderAdminServlet.java	后台订单处理控制器
AdminLogServlet.java	管理员登录控制器

任务 2.3 ED 电子商城数据库设计

设计并创建 ED 电子商城数据库设计。

在本任务中，根据系统功能描述和实际业务分析，选择数据库管理系统，创建数据库。

1.根据系统功能分析，完成数据库的设计

2.选择 MySQL 数据库管理系统，完成 ED 商城的数据库创建。

步骤一：数据库设计

1．User_info 表（用户信息表，见表 2-3-1）

表 2-3-1 User_info 表

序号	字段名	数据类型	可否为空	主外键	描述
1	Id	Int(4)	N	PK	会员 ID 标识，自动递增
2	username	Varchar(16)	N		会员账号
3	Password	Varchar(50)	N		会员密码
4	realName	Varchar(8)	Y		真实姓名
5	Sex	Varchar(4)	Y		会员性别
6	Address	Varchar(200)	Y		联系地址
7	Question	Varchar(50)	Y		验证问题
8	Answer	Varchar(50)	Y		验证问题的答案
9	Email	Varchar(50)	Y		Email 地址
10	Favorate	Varchar(50)	Y		个人爱好
11	Score	Int(4)	Y		等级
12	regDate	Varchar(50)	Y		注册时间
13	Status	Int(4)	Y		状态

2．Product_info 表（商品信息表，见表 2-3-2）

表 2-3-2 Product_info 表

序号	字段名	数据类型	可否为空	主外键	描述
1	Id	Int(4)	N	PK	商品 Id 标识，自动递增
2	Name	Varchar(255)	N		商品名称
3	Code	Varchar（16）	N		商品编号
4	Type	Varchar(16)	Y		商品类别
5	Brand	Varchar(16)	Y		品牌
6	Pic	Varchar(255)	Y		商品图片
7	Num	Int(4)	Y		商品数量
8	Price	Float	Y		商品价格
9	Sale	Float	Y		商品折扣价
10	Intro	Text	Y		商品介绍
11	Status	Int(4)	Y		商品状态

3．Order_info 表（订单表，见表 2-3-3）

表 2-3-3 Order_info 表

序号	字段名	数据类型	可否为空	主外键	描述
1	Id	Int(4)	N	PK	订单标识
2	Userid	Int(4)	N		用户编号
3	Status	Varchar(16)	Y		订单状态
4	Ordertime	Varchar(50)	Y		下单时间

4． Order_detail 表（订单详细表，见表 2-3-4）

表 2-3-4 Order_detail 表

序号	字段名	数据类型	可否为空	主外键	描述
1	O_id	Int(4)	N	PK	订单编号
2	P_id	Int(4)	N	PK	商品编号
3	Num	Int(4)	Y		商品数量

5． Admin_info 表（管理员信息表，见表 2-3-5）

表 2-3-5 Admin_info 表

序号	字段名	数据类型	可否为空	主外键	描述
1	Id	Int(4)	N	PK	管理员标识 ID,自动增加
2	Name	Varchar(16)	Y		管理员姓名
3	Pwd	Varchar(50)	Y		管理员密码
4	Role	Int(4)	Y		权限

步骤二：创建数据库和表的 SQL 语句

```
CREATE Database digital1
--user_info表
CREATE TABLE user_info(
    [id] [int] IDENTITY(1,1) NOT NULL,
    [userName] [varchar](16) NOT NULL,
    [password] [varchar](50) NOT NULL,
    [realName] [varchar](8) NULL,
    [sex] [varchar](4) NULL,
    [address] [varchar](200) NULL,
    [question] [varchar](50) NULL,
    [answer] [varchar](50) NULL,
    [email] [varchar](50) NULL,
    [favorate] [varchar](50) NULL,
    [score] [int] NULL,
    [regDate] [varchar](50) NULL,
    [status] [int] NULL,
 CONSTRAINT [PK_user_info] PRIMARY KEY CLUSTERED
(
    [id] ASC
)WITH (PAD_INDEX  = OFF, STATISTICS_NORECOMPUTE  = OFF, IGNORE_DUP_KEY = OFF,
ALLOW_ROW_LOCKS  = ON, ALLOW_PAGE_LOCKS  = ON) ON [PRIMARY]
) ON [PRIMARY]

--[product_info]表
CREATE TABLE product_info(
    [id] [int] IDENTITY(1,1) NOT NULL,
    [code] [varchar](16) NOT NULL,
    [name] [varchar](255) NOT NULL,
    [type] [varchar](16) NULL,
    [brand] [varchar](16) NULL,
    [pic] [varchar](255) NULL,
    [num] [int] NULL,
    [price] [float] NULL,
    [sale] [float] NULL,
    [intro] [text] NULL,
    [status] [int] NULL,
 CONSTRAINT [PK_product_info] PRIMARY KEY CLUSTERED
(
```

```
    [id] ASC
)WITH (PAD_INDEX  = OFF, STATISTICS_NORECOMPUTE  = OFF, IGNORE_DUP_KEY = OFF,
ALLOW_ROW_LOCKS  = ON, ALLOW_PAGE_LOCKS  = ON) ON [PRIMARY]
) ON [PRIMARY] TEXTIMAGE_ON [PRIMARY]
--order_info表
CREATE TABLE order_info(
    [id] [int] IDENTITY(1,1) NOT NULL,
    [userId] [int]  NOT NULL,
    [status] [varchar](16) NULL,
    [ordertime] [varchar](50) NULL
) ON [PRIMARY]
--order_detail表
CREATE TABLE order_detail(
    [o_id] [int] NOT NULL,
    [p_id] [int] NOT NULL,
    [num] [int] NULL,
 CONSTRAINT [PK_order_detail] PRIMARY KEY CLUSTERED
(
    [o_id] ASC,
    [p_id] ASC
)WITH (PAD_INDEX  = OFF, STATISTICS_NORECOMPUTE  = OFF, IGNORE_DUP_KEY = OFF,
ALLOW_ROW_LOCKS  = ON, ALLOW_PAGE_LOCKS  = ON) ON [PRIMARY]
) ON [PRIMARY]

--admin_info表
CREATE TABLE admin_info(
    [id] [int] IDENTITY(1,1) NOT NULL,
    [name] [varchar](16)  NOT NULL,
    [pwd] [varchar](50) NULL,
    [role] [int] NULL,
 CONSTRAINT [PK_admin_info] PRIMARY KEY CLUSTERED
(
    [id] ASC
)WITH (PAD_INDEX  = OFF, STATISTICS_NORECOMPUTE  = OFF, IGNORE_DUP_KEY = OFF,
ALLOW_ROW_LOCKS  = ON, ALLOW_PAGE_LOCKS  = ON) ON [PRIMARY]
  ) ON [PRIMARY]
```

PART 3 项目 3 搭建 Java Web 开发环境

项目描述

正确搭建开发环境是 Java Web 开发的第一步，本项目将带领读者一起安装和配置 Java Web 应用程序的开发环境，包括 Java 开发包 JDK（Java Development Kit）的安装、应用服务器软件 Tomcat、MySql 以及集成开发环境 MyEclipse 的安装及配置。本项目中，我们还将在搭建好的开发环境中创建第一个 Java Web 工程，并进行代码编写、运行和调试，初步了解 Java Web 应用程序的框架和一些关于 Java Web 开发的基础知识。

知识目标

- ☑ 了解 Java Web 开发环境；
- ☑ 掌握 JDK 的下载、安装与配置方法；
- ☑ 掌握 Tomcat 的下载、安装与配置方法；
- ☑ 掌握 MyEclipse 集成开发环境的安装与配置方法；
- ☑ 掌握 MySql 数据库管理软件的安装方法；
- ☑ 了解 Java Web 项目的基本结构；
- ☑ 掌握在 MyEclipse 中创建、发布、运行 Java Web 项目的方法。

技能目标

- ☑ 会安装并配置 JDK、Tomcat、MySql、MyEclipse，搭建 Java Web 开发环境；
- ☑ 能使用 MyEclipse 创建、发布并运行 Java Web 项目。

项目任务总览

任务编号	任务名称
任务 3.1	安装与配置 JDK
任务 3.2	安装与配置 Tomcat
任务 3.3	安装与配置 MyEclipse 集成开发环境
任务 3.4	MySQL 数据库的安装与配置
任务 3.5	创建第一个 Java Web 项目

任务 3.1　安装与配置 JDK

JDK（Java Development Kit，Java 开发包）是整个 Java 的核心，包括了 Java 运行环境、Java 工具和 Java 基础类库。JDK 作为 JAVA 开发的环境，不管是做 JAVA 开发还是做安卓开发，都必须在电脑上安装 JDK。在本任务中，将完成 JDK 的安装与配置，如图 3-1-1 所示。

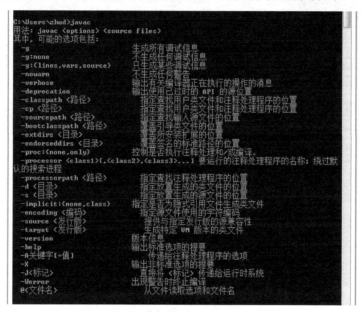

```
C:\Users\zhud>javac
用法: javac <options> <source files>
其中, 可能的选项包括:
  -g                         生成所有调试信息
  -g:none                    不生成任何调试信息
  -g:{lines,vars,source}     只生成某些调试信息
  -nowarn                    不生成任何警告
  -verbose                   输出有关编译器正在执行的操作的消息
  -deprecation               输出使用已过时的 API 的源位置
  -classpath <路径>            指定查找用户类文件和注释处理程序的位置
  -cp <路径>                   指定查找用户类文件和注释处理程序的位置
  -sourcepath <路径>           指定查找输入源文件的位置
  -bootclasspath <路径>        覆盖引导类文件的位置
  -extdirs <目录>              覆盖所安装扩展的位置
  -endorseddirs <目录>         覆盖签名的标准路径的位置
  -proc:{none,only}          控制是否执行注释处理和/或编译。
  -processor <class1>[,<class2>,<class3>...] 要运行的注释处理程序的名称; 绕过默
认的搜索进程
  -processorpath <路径>        指定查找注释处理程序的位置
  -d <目录>                    指定放置生成的类文件的位置
  -s <目录>                    指定放置生成的源文件的位置
  -implicit:{none,class}     指定是否为隐式引用文件生成类文件
  -encoding <编码>             指定源文件使用的字符编码
  -source <发行版>              提供与指定发行版的源兼容性
  -target <发行版>              生成特定 VM 版本的类文件
  -version                   版本信息
  -help                      输出标准选项的提要
  -A关键字[=值]                  传递给注释处理程序的选项
  -X                         输出非标准选项的提要
  -J<标记>                     直接将 <标记> 传递给运行时系统
  -Werror                    出现警告时终止编译
  @<文件名>                     从文件读取选项和文件名
```

图 3-1-1　JDK 运行界面

- 知识目标
  - ✓ 了解 JDK 的作用；
  - ✓ 掌握 JDK 的下载、安装与配置方法。
- 技能目标
  - ✓ 能够正确安装与配置 JDK。

安装 JDK 是搭建 Java Web 开发环境的第一步。首先要准备好 JDK 的安装文件，接着就可以根据安装向导的提示进行安装了。JDK 安装完毕后，还需要对其进行配置，最后通过测试，检验 JDK 的安装与配置的正确性。

步骤一： 下载 JDK 安装文件。

如果没有 JDK 安装文件，可以在 Oracle 公司的官方网站（http://www.oracle.com/technetwork/java/javase/downloads/index.html）上下载，下载界面如图 3-1-2 所示，下载后的安装文件如图 3-1-3 所示。目前最新的 JDK 版本为 JDK 8，本书中介绍使用的是 JDK 7 的版本，读者可以根据实际情况自行选择。

图 3-1-2　JDK 下载界面

jdk-7u45-windo
ws-i586.exe

图 3-1-3　JDK 7 安装文件

步骤二： 安装 JDK。

（1）双击运行下载好的 jdk-7u45-windows-i586.exe 文件，这时将出现如图 3-1-4 所示的安装欢迎界面，接下来只要按照安装向导的提示进行操作即可。

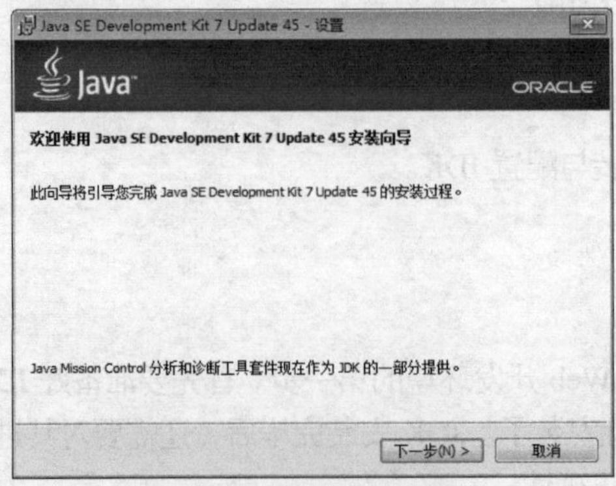

图 3-1-4　JDK 安装欢迎界面

（2）在如图 3-1-5 所示的界面中，用户可以根据需要选择安装路径和安装内容。请注意，在设置 JDK 安装路径时，建议放在 C:\jdk1.7 或 D:\jdk1.7 这样的没有空格字符的目录文件夹下，避免在以后编译、运行时因文件路径而出错。这里安装到 D:\JDK1.7 目录下。

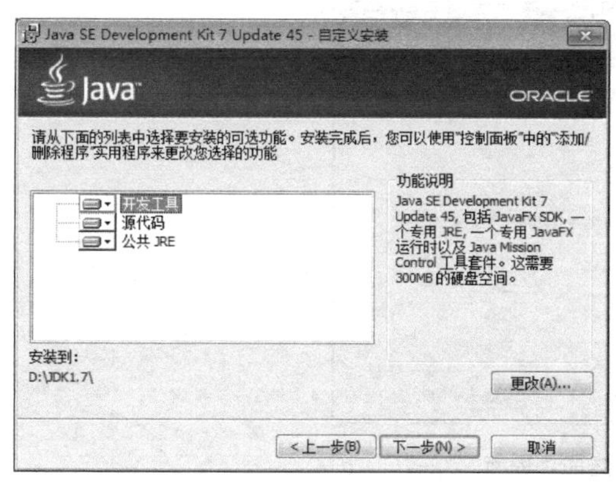

图 3-1-5 选择 JDK 安装路径

（3）安装 JDK 快结束时，会出现安装 JRE 的对话框，和安装 JDK 一样，用户也可以自行设置 JRE 的安装路径进行安装，如图 3-1-6 所示。建议像图 3-1-7 所示的那样，将 JDK 和 JRE 都安装在同一个文件夹中的不同子文件夹中（不要都安装在同一个文件夹的根目录下，否则会出错）。最后单击【下一步】按钮进行安装，如图 3-1-8 所示。

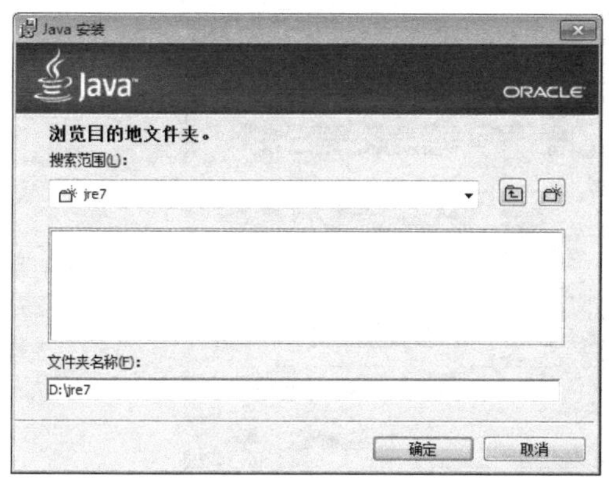

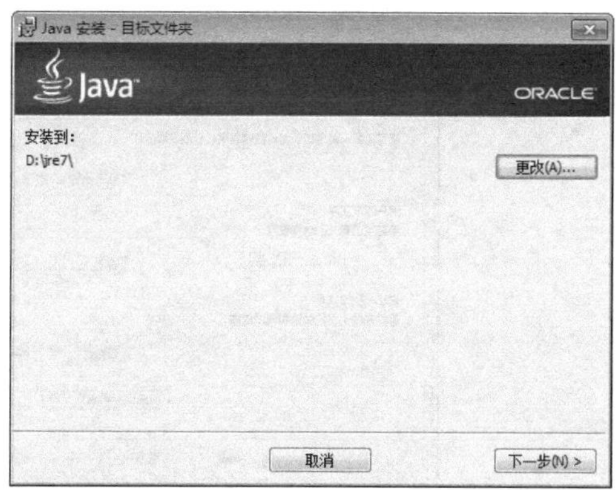

图 3-1-6 选择 JRE 安装路径

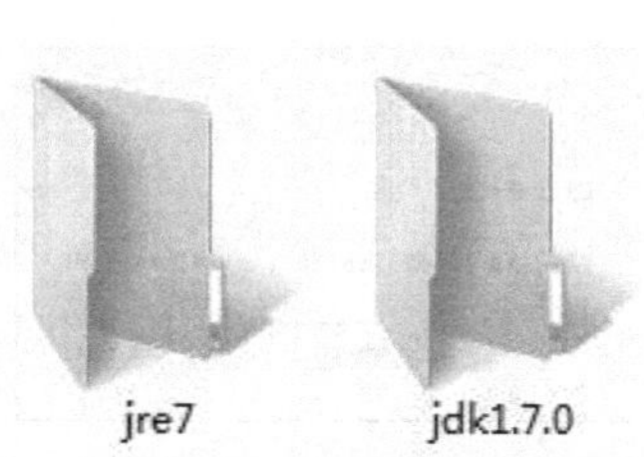

图 3-1-7 JDK 和 JRE 安装在不同的文件夹中

图 3-1-8 正在安装界面

当出现如图 3-1-9 所示的界面时，JDK 的安装已经完成，单击【关闭】按钮退出。要使用 JDK 来开发，还要进行环境变量的配置，具体见步骤三。

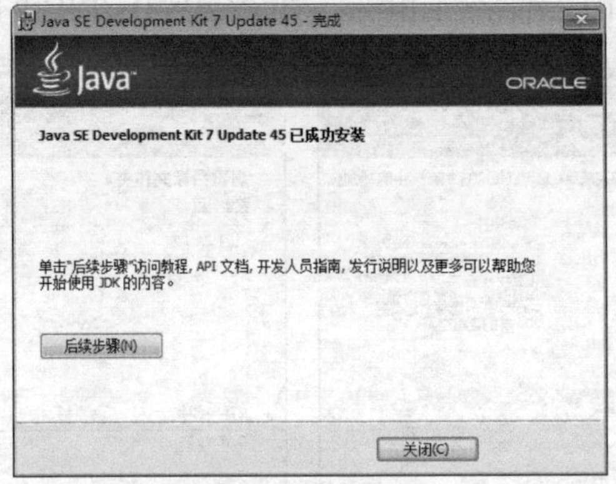

图 3-1-9　安装成功界面

步骤三：配置 JDK 环境变量。

JDK 安装完成后，需要配置环境变量，在 Windows 7 操作系统中的具体操作方法如下：

（1）右击桌面图标【计算机】，选择“属性→高级系统设置→高级→环境变量”对话框命令，打开【环境变量】对话框，如图 3-1-10 所示。

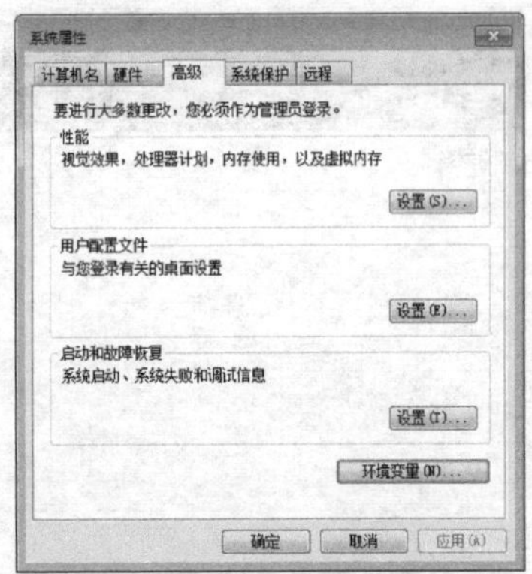

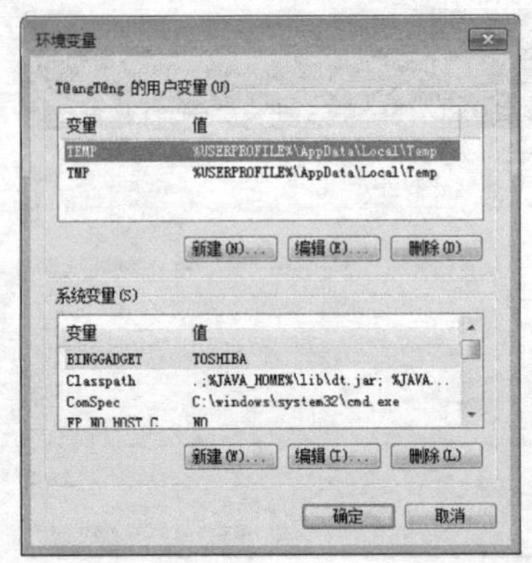

图 3-1-10　环境变量设置界面

（2）单击【环境变量】对话框【系统变量】选项区域中的【新建】按钮，新建名为“JAVA_HOME”的系统变量，变量的值为 JDK 的实际安装路径；用同样的方法，再新建名为“ClassPath”、值为“.;%JAVA_HOME%\lib\dt.jar; %JAVA_HOME%\lib\tools.jar”的系统变量，如图 3-1-11 所示。

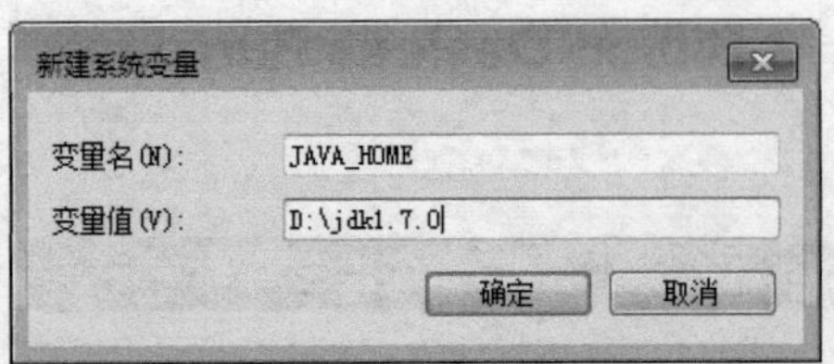

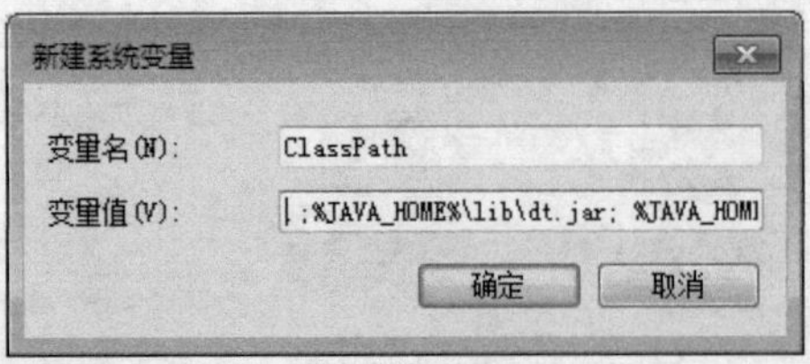

图 3-1-11　新建系统变量

（3）在【系统变量】选项区域中双击“Path”变量，在弹出的【编辑系统变量】对话框中为 Path 变量添加值“%JAVA_HOME%\bin;”，如图 3-1-12 所示。

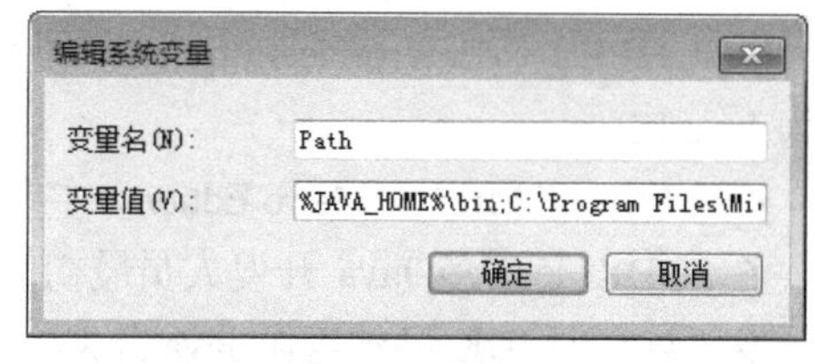

图 3-1-12　编辑系统变量 Path

测试配置是否成功。

设置好 JDK 的环境变量后，在开始菜单中，选择“附件→命令提示符”命令，在屏幕中输入“java –version”指令，若出现如图 3-1-13 所示的显示版本信息，则说明 JDK 安装和配置成功,系统环境变量被更新，下面就可以进行 Web 服务器的安装配置了。如果显示的内容与图 3-1-13 所示不同，则需要重新安装。

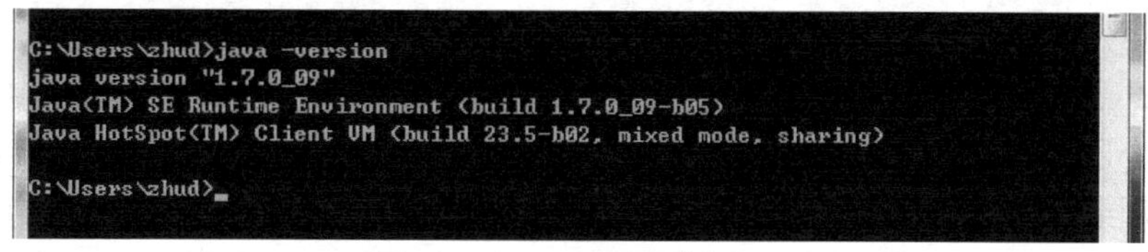

图 3-1-13　JDK 配置测试界面

技术要点

1. JDK 简介

JDK（Java Development Kit，Java 开发包，Java 开发工具）是一个编写 Java 的 Applet 和应用程序的开发环境。它由一个处于操作系统层之上的运行环境以及开发者编译、调试和运行 Java 语言开发的 Applet 和应用程序所需的工具组成。

自从 Java 推出以来，JDK 已经成为使用最广泛的 Java SDK（Software development kit 软件开发工具）。

它包括以下几个基本组件。

✓ javac：编译器，将 Java 源程序转成字节码。

✓ java：解释器，直接从类文件执行 Java 应用程序字节代码。

✓ jar：打包工具，将相关的类文件打包成一个文件。

✓ javadoc：文档生成器，从源码注释中提取文档。

✓ jdb：Java 调试器，是一个查错工具，可以逐行执行程序，设置断点和检查变量。

✓ appletviewer：小程序浏览器，一种执行 HTML 文件上的 Java 小程序的 Java 浏览器。

✓ Javah：用于从 Java 类中调用 C/C++语言代码。

✓ Javap：Java 反汇编器，显示编译类文件中的可访问功能和数据，显示字节代码含义。

此外，JDK 中还包括完整的 JRE（Java Runtime Environment，Java 运行环境），也被称为 private runtime。包括了用于产品环境的各种库类，以及给开发员使用的补充库，如国际化的库、IDL 库等。

✓ JDK 随着 Java（J2EE、J2SE 以及 J2ME）版本的升级而升级。目前，JDK 一般有以下 3 种版本。

✓ SE（J2SE），Standard Edition，标准版，是通常使用的一个版本，从 JDK 5.0 开始，改名为 Java SE。

EE（J2EE），Enterprise Edtion，企业版，用来开发 J2EE 应用程序，从 JDK 5.0 开始，改名为 Java EE。

✓ ME（J2ME），Micro Edtion，主要用于移动设备、嵌入式设备上的 Java 应用程序开发。

✓ JDK 是许多 Java 开发人员最初使用的开发环境。尽管许多编程人员已经使用第三方的开发工具，但 JDK 仍被当作 Java 开发的重要工具在使用。

2．环境变量

在本任务的步骤三中，对 JDK 环境变量进行了配置。所谓环境变量，是指在操作系统中一个具有特定名字的对象，它包含了一个或者多个应用程序所将使用到的信息。例如，Windows 操作系统中的 Path 环境变量，当要求系统运行一个程序而没有告诉它程序所在的完整路径时，系统除了在当前目录下面寻找此程序外，还会到 Path 指定的路径中去寻找。用户通过设置环境变量，可以更好地运行进程。

那么，Java 需要什么样的环境变量，这些环境变量有什么作用呢？在步骤三中，我们设置了 3 个环境变量，其中，JAVA_HOME 指向的是 JDK 的安装路径，Path 和 ClassPath 是保证 Java 程序能够顺利编译的两个环境变量。先说说 Path，在 Windows 环境中，每条能用的指令都保存在硬盘的“某个角落”，例如，C:\WINNT 目录下的记事本指令 NOTEPAD，我们可以在 DOS 命令提示符下直接输入 NOTEPAD，即可打开记事本软件，而一旦将 C:\WINNT 目录下的可执行文件 NOTEPAD.EXE 移到 D 盘，就必须先转到 D:\根目录下再运行，也就是说，在直接输入 NOTEPAD 的时候，其默认路径是 C:\WINNT。同样，每当要运行 Java 程序时，必须将文件移动到 JDK 的 bin 目录下，在 DOS 命令提示符中将当前路径改到 bin 目录下后再执行，这样的操作相当麻烦。Windows 提供了一个 Path 环境变量，当运行程序时，系统除了在当前目录下寻找此程序外，还会到 Path 指定的路径中去寻找。我们只要将 bin 目录的路径赋给 Path，不用在 DOS 命令提示符下修改当前目录，也能够在 Path 变量中找到 bin 目录下的 Java 指令，相当方便。Path 环境变量原来 Windows 里面就有，只需修改一下，使它指向 JDK 的 bin 目录，设置方法是保留原来 Path 的内容，并在其中加上“%JAVA_HOME%\bin”，这里的“%JAVA_HOME%”是引用上一步设定好的环境变量 JAVA_HOME。

下面讨论 ClassPath 环境变量。ClassPath 的作用是指定类搜索路径，要使用已经编写好的类，前提是能够找到它们，Java 虚拟机是通过 ClassPath 来寻找类的。我们需要把 JDK 安装目录下的 lib 子目录中的 dt.jar 和 tools.jar 设置到 CLASSPATH 中，当然，当前目录“.”也必须加入到该变量中。

下载、安装并配置 JDK 标准版。

任务 3.2　安装与配置 Tomcat

Tomcat 是 Java Web 项目运行的常用应用服务器软件之一。在本任务中，将完成应用服务

器软件 Tomcat 的安装与测试，如图 3-2-1 所示。

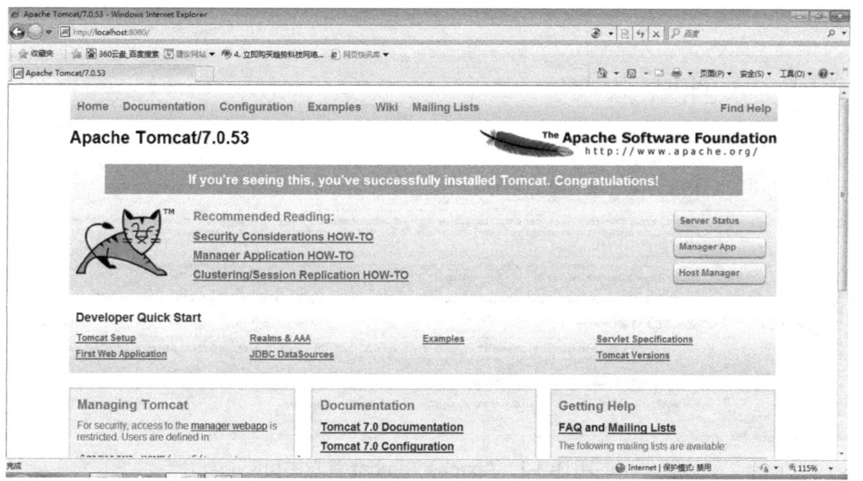

图 3-2-1 Tomcat 默认主页

- 知识目标
  - ✓ 了解 Web 服务器的作用及常用的 Web 服务器；
  - ✓ 掌握 Tomcat 的下载、安装与配置方法；
  - ✓ 了解 Tomcat 目录构成及作用；
  - ✓ 掌握在 Tomcat 中发布 JSP 网站的方法。
- 技能目标
  - ✓ 能够正确安装与配置 Tomcat。

Tomcat 服务器是一个免费的开放源代码的 Web 应用服务器。安装 Tomcat 服务器软件，先要下载 Tomcat 安装文件，接着按照一般软件安装方法进行安装，最后通过测试检验 Tomcat 是否安装成功。本书将使用 Tomcat 7.0 版本来进行安装。

步骤一： 下载 Tomcat 7.0 应用服务器软件软件。

访问网址 http://tomcat.apache.org/，进入 Apache Tomcat 官方主页，如图 3-2-2 所示。在官网中可以下载到不同版本的 Tomcat，本书所用的 Tomcat 版本为 7.0.53。单击左侧导航栏中“Download”中的“Tomcat 7.0”，在主页面中单击“32-bit/64-bit Windows Service Installer”链接进行下载，如图 3-2-3 所示。

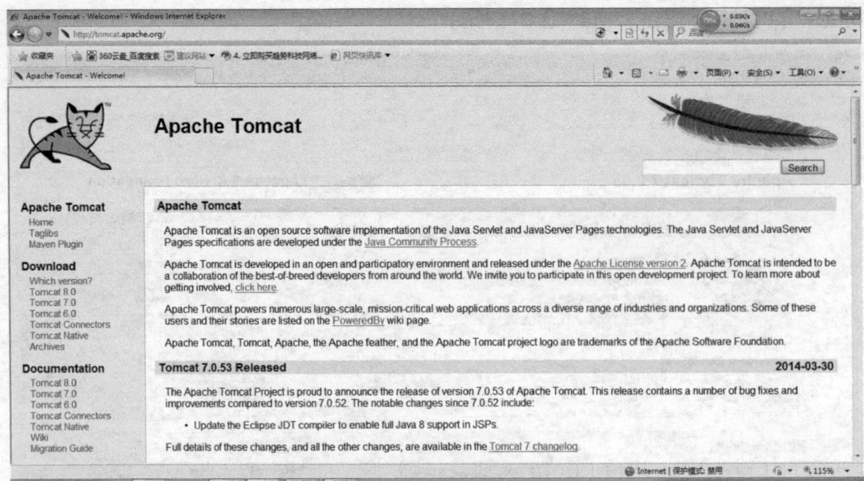

图 3-2-2　Apache Tomcat 官方主页

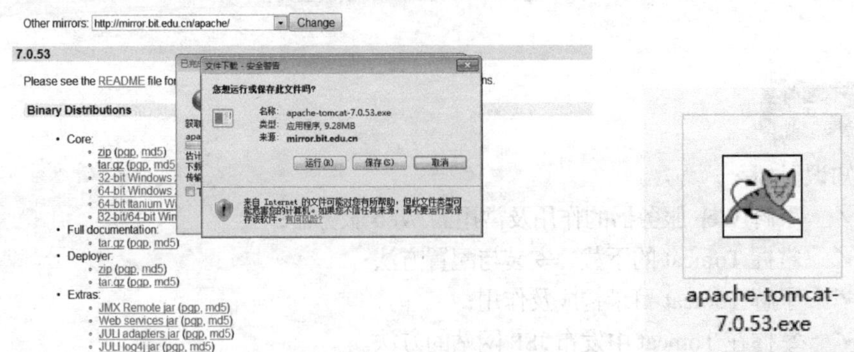

图 3-2-3　Tomcat 7.0 下载页面及安装文件

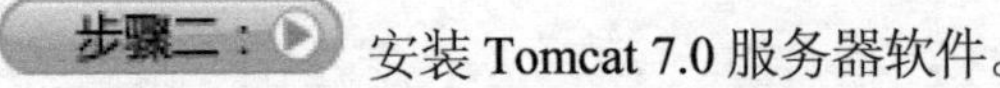

安装 Tomcat 7.0 服务器软件。

双击“apache-tomcat-7.0.53.exe”可执行文件，启动 Tomcat 的安装过程。欢迎界面如图 3-2-4 所示。单击【Next】按钮，进入下一步。

在图 3-2-5 所示的界面中，单击【I Agree】按钮，进入下一步。

图 3-2-4　Tomcat 7.0 安装欢迎界面

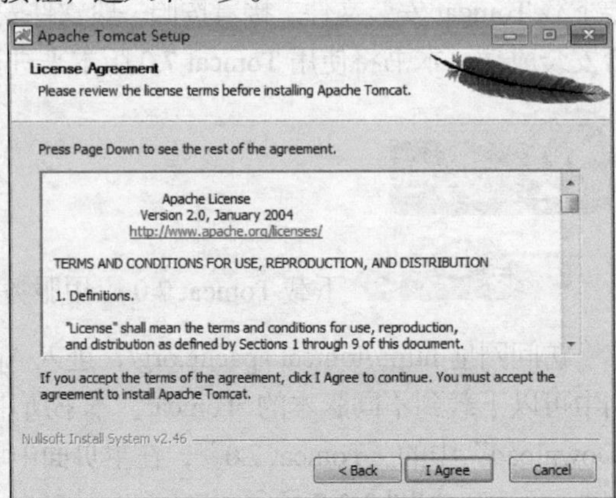

图 3-2-5　安装许可协议

在图 3-2-6 所示的界面中，可以选择安装组件，如 Documentation、Manager 等，这里保持默认设置即可，单击【Next】按钮进入下一步。

在图 3-2-7 所示的界面中，进行参数设置，包括端口、账号设置等，其中 HTTP/1.1 Connector Port 是设置访问端口号，默认为 8080，Server Shutdown Port 设置 Tomcat 监听 Shutdown（终止运行）命令端口，在这里我们不做任何更改，直接单击【Next】按钮继续进入下一步。

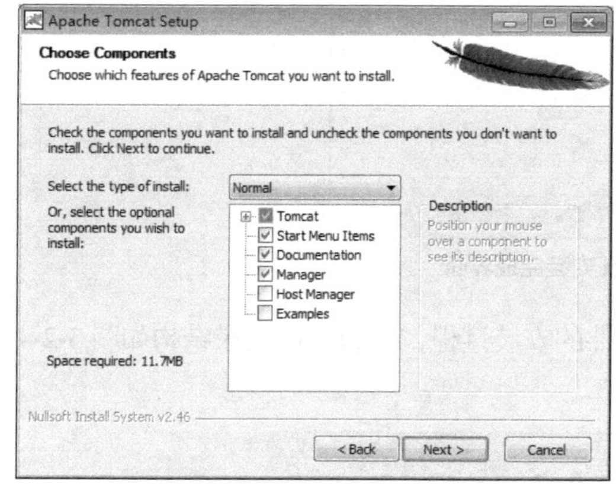

图 3-2-6　安装授权界面

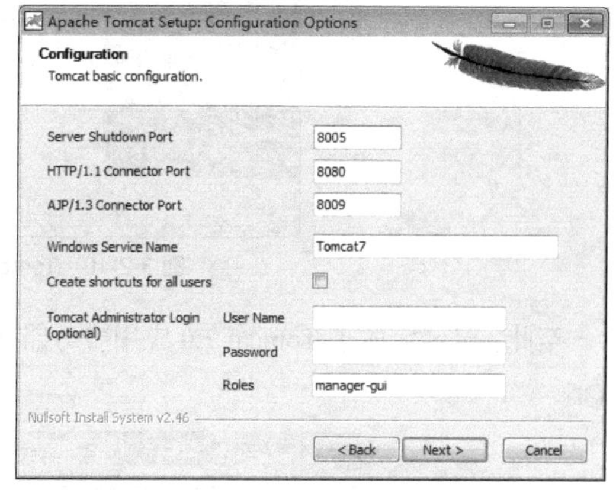

图 3-2-7　Tomcat 参数设置

接下来，在图 3-2-8 所示的界面中，选择 JRE 的安装路径，在安装过程中，安装程序会自动搜寻 JDK 和 JRE 的位置，并将安装路径显示在文本框中，一般不需要更改。单击【Next】按钮进入下一步。

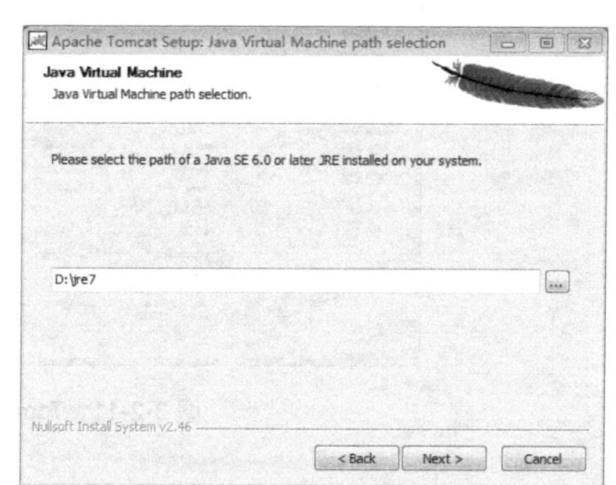

图 3-2-8　选择 JRE 安装路径

在图 3-2-9 中所示的界面中，单击【Browse...】按钮可以设置 Tomcat 的安装路径，最后单击【Install】按钮进行安装，安装完成后，将弹出图 3-2-10 所示界面，单击【Finish】按钮退出。

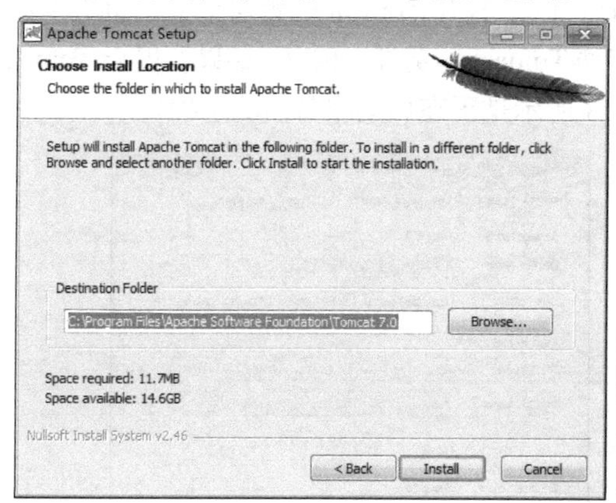

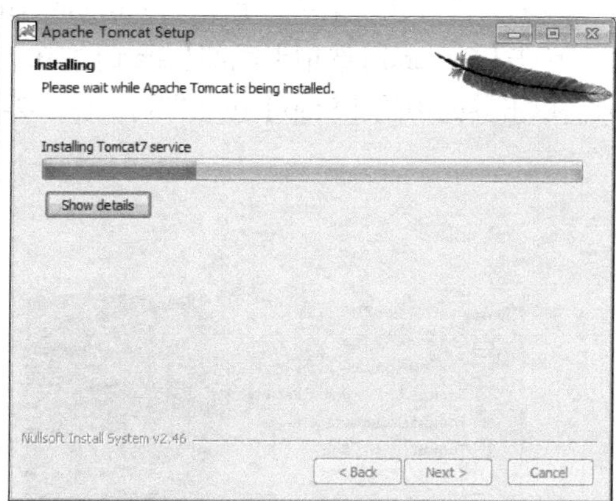

图 3–2–9　选择 JRE 安装路径

图 3-2-10　Tomcat 安装完成界面

至此，已经完成了 Tomcat 7.0 应用服务器软件的安装过程，Tomcat 的目录结构如图 3-2-11 所示。

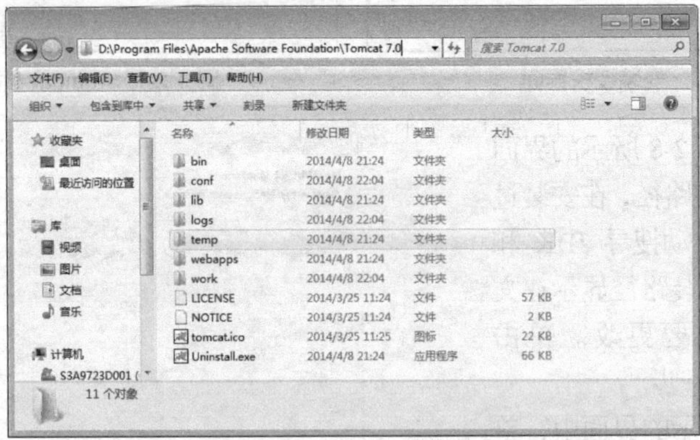

图 3-2-11　Tomcat 目录结构

步骤三： 运行 Tomcat。

（1）打开“开始”菜单，单击“Configure Tomcat”，打开 Tomcat 配置对话框，如图 3-2-12 所示。单击【General】选项卡底部【Start】按钮启动 Tomcat 服务器。相反，如果要停止 Tomcat，则只需单击界面中的【Stop】按钮即可。图 3-2-13 所示是正在启动服务器的过程。

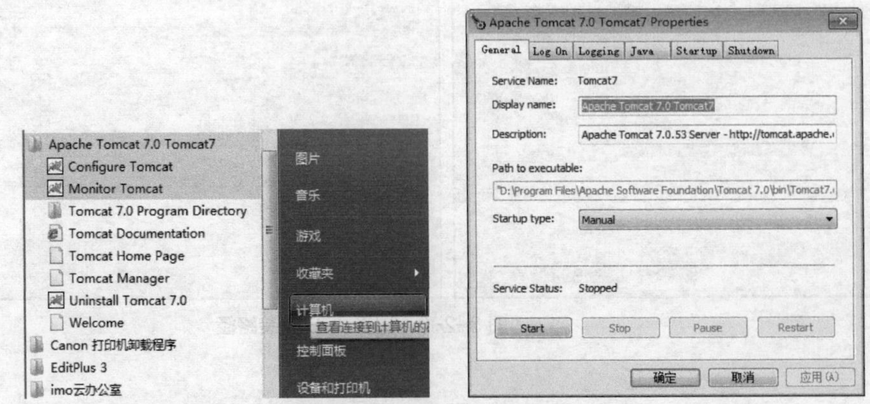

图 3-2-12　启动 Tomcat 服务器

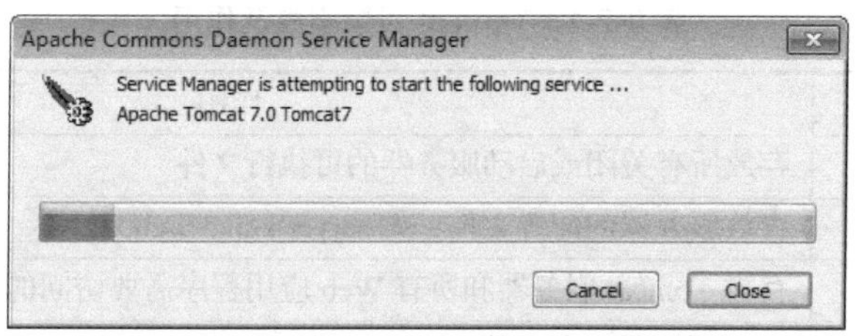

图 3-2-13　正在启动 Tomcat 服务器

（2）打开浏览器，在地址栏输入“http://localhost:8080/”或“http://127.0.0.1:8080/”（localhost 和 127.0.0.1 均代表本机），测试 Tomcat 是否安装正常，如果正常运行，则会显示图 3-2-14 所示页面。这样，我们就可以使用 Tomcat 来提供 Web 服务了。

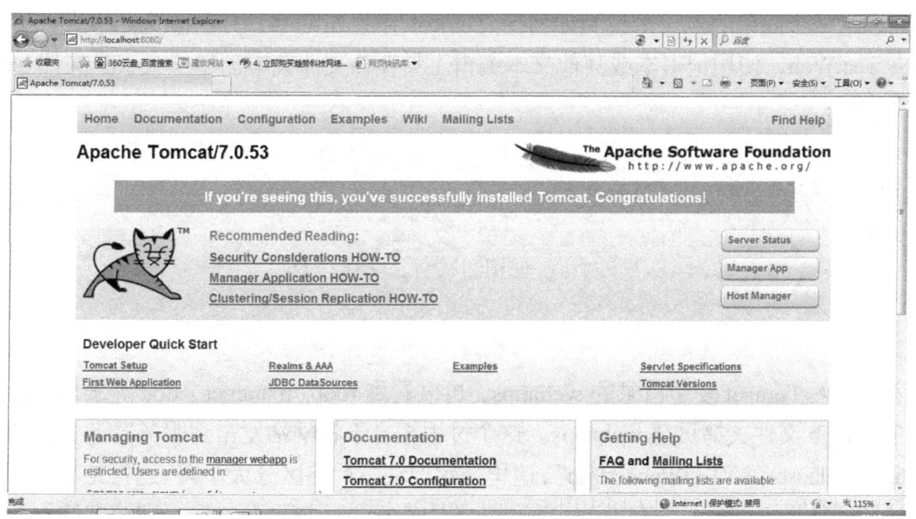

图 3-2-14　Tomcat 默认主页

1．Tomcat 简介

Tomcat 是 Apache 软件基金会（Apache Software Foundation）的 Jakarta 项目中的一个核心项目，由 Apache、Sun 和其他一些公司及个人共同开发而成。它是一个开放源代码、运行 servlet 和 JSP Web 应用软件的基于 Java 的 Web 应用软件容器，受到越来越多的软件公司和开发人员的喜爱。Tomcat 是一个完全免费的软件，任何人都可以从互联网上自由地下载，十分方便。

作为 JSP 引擎，Tomcat 服务器负责接受浏览器客户端的 Web 请求，将请求传送给 JSP Web 应用进行处理，并将处理结果（响应）返回浏览器客户端。

2．Tomcat 目录组成

在图 3-2-11 中我们可以看到，Tomcat 安装目录中有 bin、webapps 等。它们的用途如表 3-2-1 所示。

表 3-2-1　Tomcat 目录组成及作用

文件目录	作用
/bin	存放所有关闭或启动服务器的可执行文件
/conf	存放服务器的配置文件，如 server.xml、web.xml 等
/lib	存放 Tomcat 服务器和所有 Web 应用程序需要访问的 JAR 文件
/logs	存放服务器日志文件
/webapps	Tomcat 的主要 Web 发布目录，默认情况下把 Web 应用文件放于此目录
/work	存放 JSP 编译后产生的 class 文件

3．Tomcat 使用举例

下面通过一个简单的例子来说明如何在 Tomcat 中发布网站，并在浏览器中进行访问。新建文件夹 TestWeb，使用记事本或其他文本编辑工具在该文件夹中创建一个 JSP 文件 test.jsp，输入如下代码：

```
<html>
    <head><title>Test </title></head>
    <body>
        <h1><% out.print("Tomcat 使用测试"); %></h1>
    </body>
</html>
```

接着，进入 Tomcat 安装目录的 webapps，可以看到 root、manager、doc 等子目录，将之前创建的 TestWeb 文件夹拷贝至 webapps。这个过程相当于将网站发布到服务器上。在浏览器中输入"http://localhost:8080/TestWeb/test.jsp"，这里一定要注意严格区分大小写。运行结果如图 3-2-15 所示。注意，如果 Tomcat 没有启动，在浏览器中直接打开该页面文件，则该文件不能被成功执行，因为浏览器不能成功解释其中<%...%>中的代码。

图 3-2-15　JSP 页面运行界面

1．常见的 Web 服务器

Tomcat 是一个小型的轻量级应用服务器，在中小型系统和并发访问用户不是很多的场合下被普遍使用，是开发和调试 JSP 程序的首选。除了 Tomcat 之外，使用 JSP 进行 Web 开发，还可以使用其他的 Web 服务器，比如 WebLogic、Jboss 等，下面对它们分别做简单的介绍。

（1）WebLogic

WebLogic 是美国甲骨文（Oracle）公司出品的一个应用服务器，是商业市场上主要的 Java（J2EE）应用服务器软件之一。它包含久负盛名的大量服务容器，十年多来一直是开发人员和架构师的理想选择，也是企业家们的制胜法宝。

WebLogic 全面实现了 J2EE 1.5 规范、最新的 Web 服务标准和最高级的互操作标准，其内核以可执行、可扩展和可靠的方式提供统一的安全、事务和管理服务。提供高级消息传输、数据持久性、管理、高可用性、集群和多平台开发支持。

（2）Jboss

Jboss 是一个基于 J2EE 的开放源代码的应用服务器，它是 J2EE 应用服务器领域发展最为迅速的应用服务器。Jboss 应用服务器具有许多优秀的特质：

其一，它具有革命性的 JMX 微内核服务作为其总线结构；

其二，它是面向服务的架构（Service-Oriented Architecture，SOA）；

其三，它还具有统一的类装载器，从而能够实现应用的热部署和热卸载能力。

Jboss 应用服务器健壮且高质量，具有良好的性能。为满足企业级市场日益增长的需求，Jboss 公司从 2003 年开始就推出了专业级产品支持服务。Jboss 始终紧跟最新的 J2EE 规范，而且在某些技术领域引领 J2EE 规范的开发。因此，无论在商业领域，还是在开源社区，Jboss 均成为了第一个通过 J2EE 1.4 认证的主流应用服务器。现在，Jboss 应用服务器已经真正发展成具有企业强度（即，支持关键级任务的应用）的应用服务器。

（3）Jetty

Jetty 是一个开源、基于标准且具有丰富功能的 Http 服务器和 Web 容器，它的特点在于非常小，“简单不复杂”。Jetty 是使用 Java 语言编写的，开发人员可以将 Jetty 容器实例化成一个对象，快速为一些独立运行的 Java 应用提供网络和 Web 连接。

Jetty 可以作为一个传统的 Web 服务器来处理静态和动态网页，或作为专用 Http 服务器的后台来处理动态网页，还可以作为一个 Java 应用程序的内嵌组件。这样的灵活性意味着它可以用在多种场合，比如随产品做外盒使用，例如 Tapestry, Liferay；放在随书光盘里，用来运行例子；合并到程序里提供 HTTP 传输或集成到 JavaEE 服务器作为 Web 容器等。

（4）JRun

JRun 是一个具有广泛适用性的 Java 引擎，用于开发及实施由 Java Servlets 和 JSP 编写的服务器端 Java 应用，目前最新的版本是 JRun4。JRun 是第一个完全支持 JSP 1.0 规格书的商业化产品，全球有超过 80000 名开发人员使用 JRun 在他们已有的 Web 服务器（包括 Microsoft IIS、Netscape Enterprise Server、Apache 等）上添加服务器端 Java 的功能。

JRun 有 4 个版本：开发者、专业、高级和企业版。各版本的特性及适用条件请见相关的参考资料。

2. Tomcat 配置虚拟目录

在“技术要点”的例子中，将 TestWeb 网站拷贝到了 Tomcat 安装目录的 webapps 中进行发布后浏览，我们也可以通过设置虚拟目录的方式浏览网站。第一步，假设将 D:\TestWeb 目录配置为虚拟目录，用文本编辑软件 EditPlus 打开 Tomcat 安装目录下 Conf 文件夹中的 web.xml，它是一个配置文件，用于对 Tomcat 进行相关的配置。找到相应代码段，将 107 行中的 false 改成 true，如图 3-2-16 所示。

```
<servlet>
    <servlet-name>default</servlet-name>
    <servlet-class>org.apache.catalina.servlets.DefaultServlet</servlet-class>
    <init-param>
        <param-name>debug</param-name>
        <param-value>0</param-value>
    </init-param>
    <init-param>
        <param-name>listings</param-name>
        <param-value>true</param-value>
    </init-param>
    <load-on-startup>1</load-on-startup>
</servlet>
```

图 3-2-16　web.xml 文件配置

第二步，在 Tomcat 安装目录的 Conf\Catalina\localhost 路径下创建一个 XML 文件，文件名与 Web 项目的名字保持一致，这里应该为 TestWeb.xml，然后在文件中添加代码：

```
<context path="/TestWeb" docBase="D:\TestWeb" debug="0" reloadable="true" crossContext="true"></context>
```

其中，path= “\TestWeb” 表示配置的虚拟目录的名称，docBase= “D:\TestWeb” 是虚拟目录指向的事实目录。启动 Tomcat，访问 http://localhost:8080/TestWeb/test.jsp 可以浏览到与图 3-2-14 中所示相同的页面。

（1）根据本书中提供的下载地址，下载 Tomcat 服务器软件并安装，查看 Tomcat 安装目录，并熟悉 Tomcat 服务器的启动、停止和退出操作。

（2）参照“技术要点”中的示例，使用记事本编写一个显示“Welcome to JSP”的 JSP 页面 welcome.jsp，在 Tomcat 服务器启动和停止的情况下，在浏览器中运行该页面，体验 Web 服务器的作用。

任务 3.3　安装与配置 MyEclipse 集成开发环境

MyEclipse 是功能丰富的 JavaEE 集成开发环境。在本任务中，我们将完成 Java Web 应用程序的集成开发环境（IDE）MyEclipse 的安装与配置。图 3-3-1 所示是 MyEclipse 软件启动时的欢迎界面。

图 3-3-1　MyEclipse 欢迎界面

- 知识目标
  - ✓ 掌握 MyEclipse 的安装方法；

- ✓ 掌握如何在 MyEclipse 中配置 Tomcat 服务器。

- 技能目标
  - ✓ 能正确安装 MyEclipse；
  - ✓ 会在 MyEclipse 中正确配置 Tomcat 服务器。

MyEclipse 是 Java Web 应用程序的集成开发环境，是对 Eclipse IDE 的扩展。我们通过下载、安装、配置这几个步骤完成本任务，在 MyEclipse 中必须正确配置 Tomcat，才能保证 Web 项目的部署运行。本书将带领读者一起进行 MyEclipse 10 版本的安装。

图 3-3-2　MyEclipse 安装文件

步骤一： 准备 MyEclipse 安装文件。

可以通过网络下载的方式获得 MyEclipse 安装文件，本书所使用的 MyEclipse10 的安装文件如图 3-3-2 所示。

步骤二： 安装 MyEclipse。

（1）单击“myeclipse-10.7.1-offline-installer-windows.exe”安装文件，即可进行解包，进入确认安装界面，如图 3-3-3 所示。

（2）单击【Next】按钮进入下一步，确认同意使用协议，如图 3-3-4 所示。

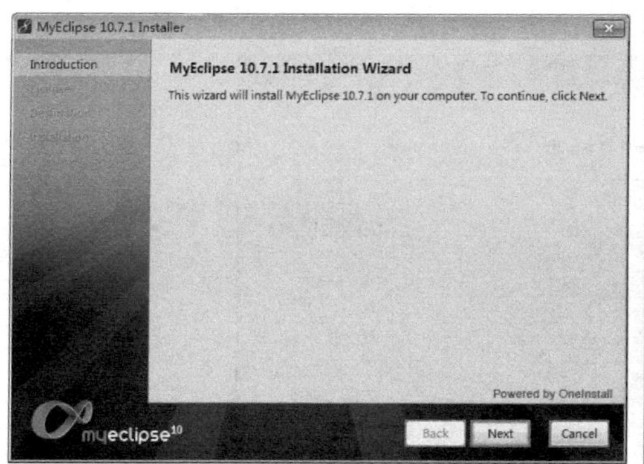

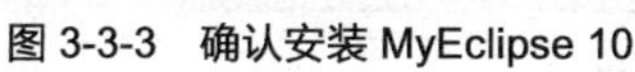
图 3-3-3　确认安装 MyEclipse 10

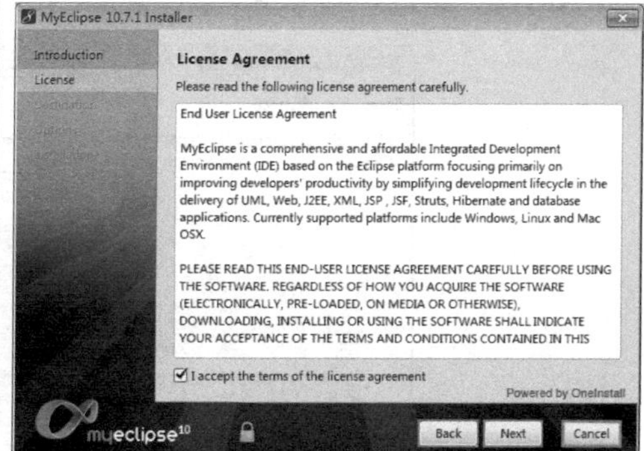

图 3-3-4　接收协议

（3）单击【Next】按钮，进入选择安装目录界面，如图 3-3-5 所示。

（4）单击【Next】按钮，进入选择安装组件界面，这里保持默认 All 选项，如图 3-3-6 所示。

（5）单击【Next】按钮，开始安装 MyEclipse 10，如图 3-3-7 所示。

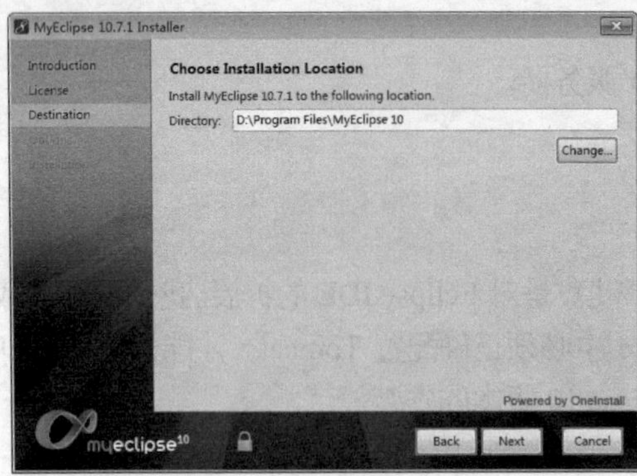

图 3-3-5 选择安装目录

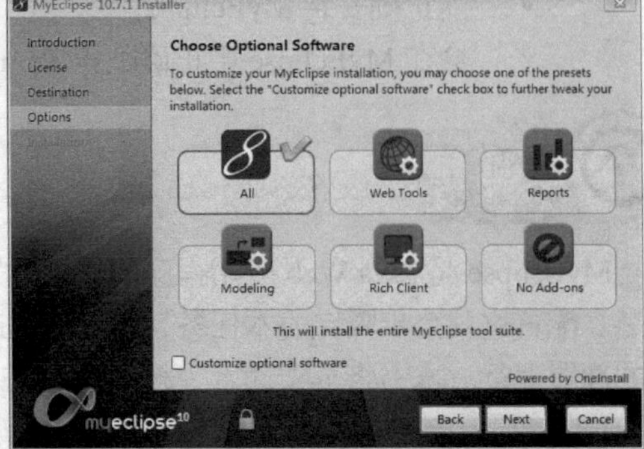

图 3-3-6 选择安装组件

（6）单击【Next】按钮，显示安装完成界面，如图 3-3-8 所示，单击【Finish】按钮退出。

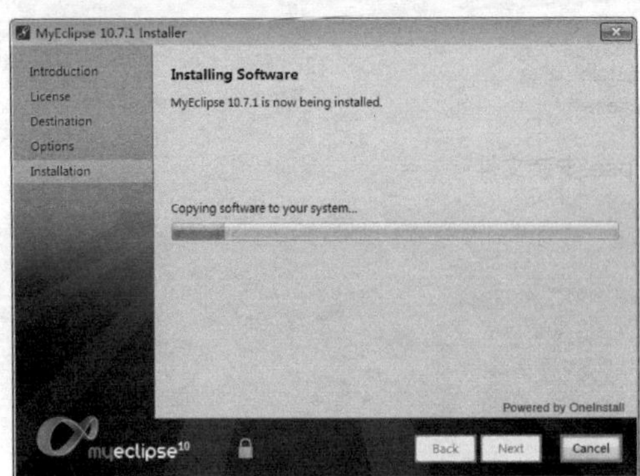

图 3-3-7 开始安装

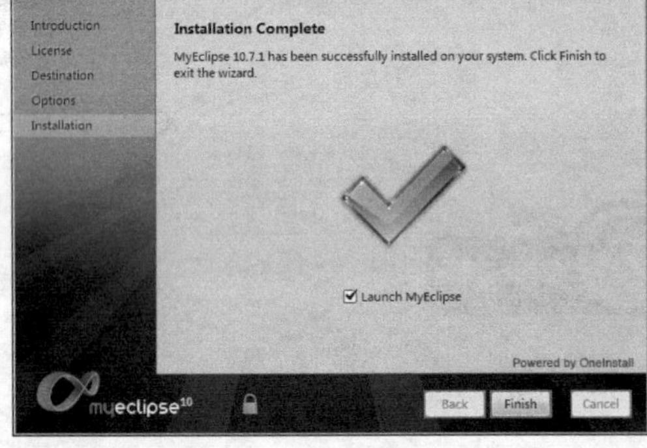

图 3-3-8 确认安装完成

步骤三： 在 MyEclipse 10 中配置 Tomcat 7.0。

通过本步骤，将 Tomcat 7.0 作为服务器，部署和运行在 MyEclipse 中开发的 Web 项目。具体方法如下：

（1）启动 MyEclipse，首先设定工程目录，如 D:\workspaces，如图 3-3-9 所示。工程目录用来存放随后创建的 Web 项目等。

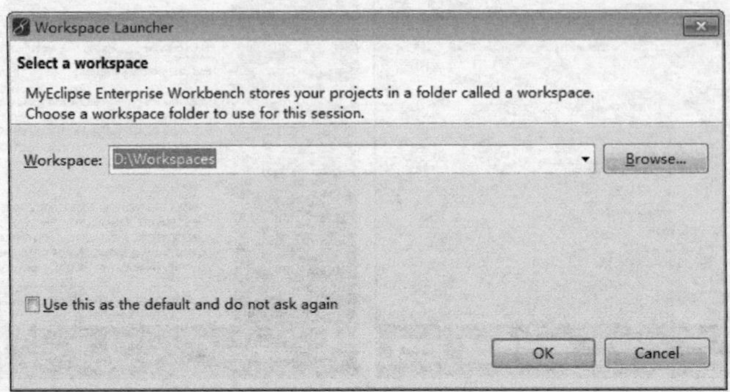

图 3-3-9 设定工程目录

（2）在 MyEclipse 开发界面中，选择菜单“Windows→Preference”打开图 3-3-10 所示的“Preference”对话框进行参数设置。

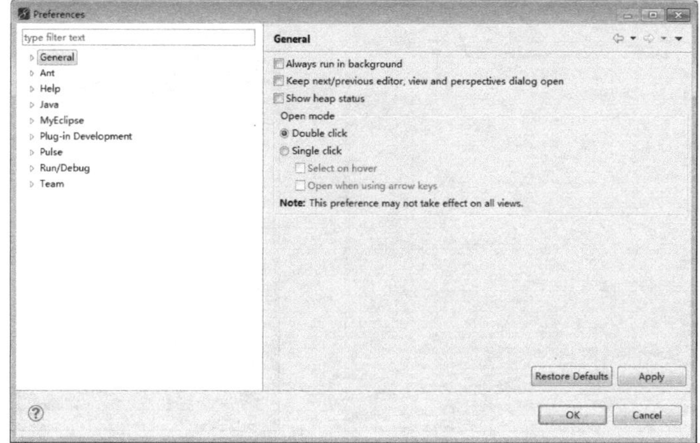

图 3-3-10 “Preference”对话框

（3）在“Preference”对话框左侧的菜单树中，选择“MyEclipse→Servers→Tomcat→Tomcat 7.x”，在右侧界面中选择【Enable】单选按钮，启用 Tomcat 7.0 服务器；单击“Tomcat home directory”输入框后的【Browse…】按钮，选择 Tomcat 安装目录，下面的两项会自动填充，最后单击【Apply】按钮，如图 3-3-11 所示。从图 3-3-13 中可以看到 MyEclipse 也支持在其他的服务器，如 JBoss、WebLogic 等。

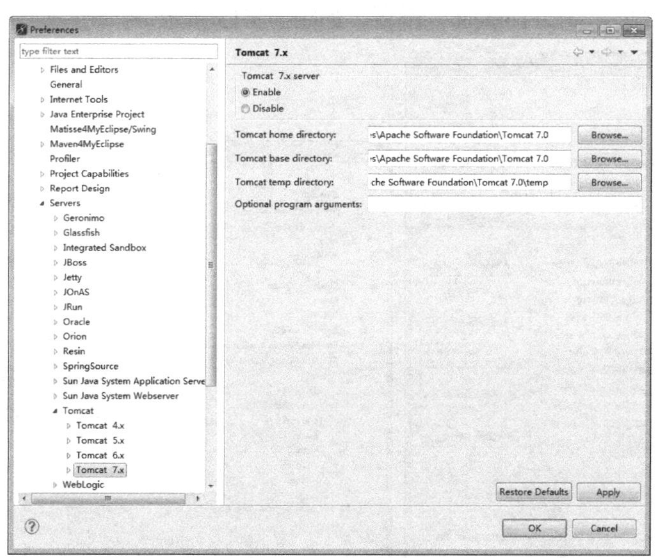

图 3-3-11 配置过程 1

（4）同样，在“Preference”对话框中，选择“Java→Installed JREs”选项，在图 3-3-12 所示的界面右侧单击【Add…】按钮，在图 3-3-13 所示的“Add JRE”对话框中的“JRE Type”选项中选择“Standard VM”，单击【Next】按钮。

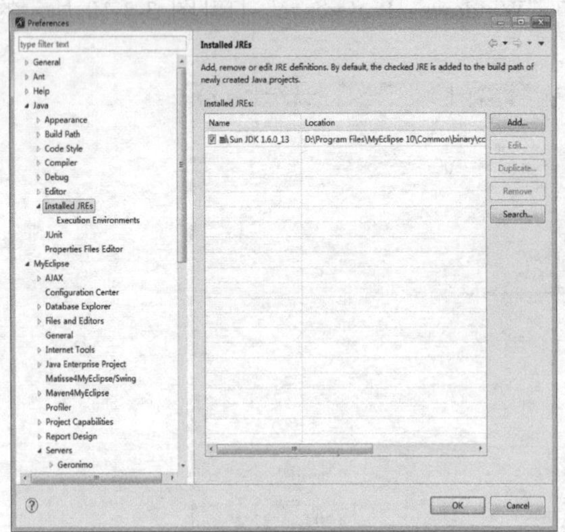

图 3-3-12　配置过程 2

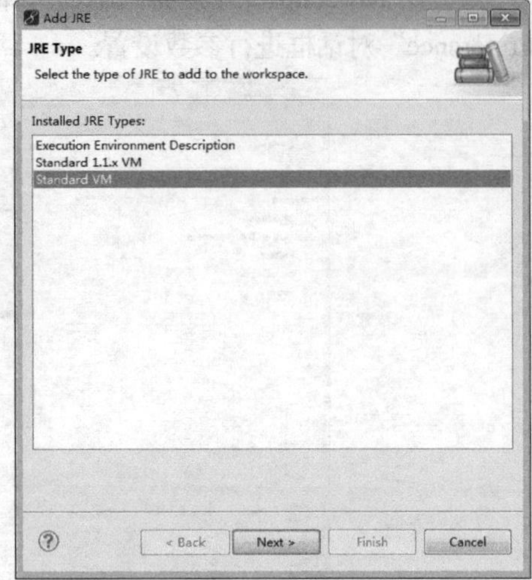

图 3-3-13　配置过程 3

（5）在“Add JRE”对话框中的“JRE Definition”选项中，单击“JRE home”输入框后的【Directory…】按钮，选择 JDK 的安装路径，在“JRE name”中输入“jdk1. 7.0”，其他项保持默认，单击【Finish】，如图 3-3-14 所示。

（6）回到“Preference”对话框菜单树，选择“MyEclipse→Servers→Tomcat→Tomcat 7.x→JDK”选项，在“Tomcat 7.x JDK name”中选择刚才创建的“jdk1.7.0”，最后单击对话框右下方的【OK】按钮，完成 Tomcat 的配置，如图 3-3-15 所示。

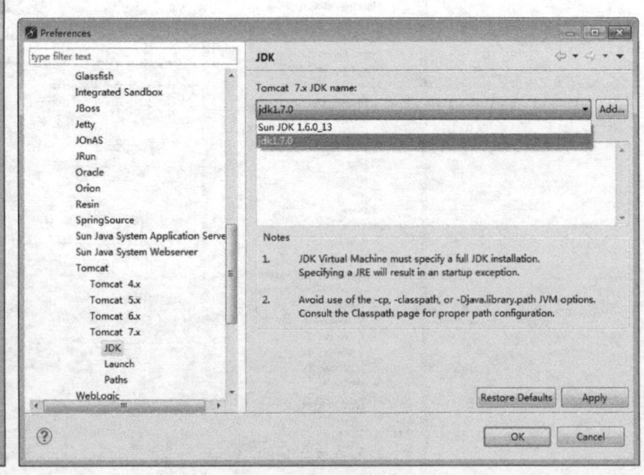

图 3-3-14　配置过程 4　　　　图 3-3-15　配置过程 5

MyEclipse 简介

对 Web 应用开发人员来说，好的集成开发环境极为重要，目前，在市场上占主导地位的一个集成开发工具就是 Eclipse 及 MyEclipse 插件。Eclipse 是一种可扩展的开放源代码 IDE。任何人都可以下载 Eclipse 的源代码，并且在此基础上开发自己的功能插件。MyEclipse 企业级工作平台（MyEclipse Enterprise Workbench，简称 MyEclipse）是对 Eclipse IDE 的扩展，是功能丰富的 J2EE 集成开发环境，包括了完备的编码、调试、测试和发布功能，完整支持 HTML、Struts、JSF、CSS、JavaScript、SQL, Hibernate，利用它我们可以在数据库和 J2EE 的开发、发布，以及应用程序服务器的整合方面极大地提高工作效率。

下载 MyEclipse 集成开发环境并安装，熟悉 MyEclipse 中配置 Tomcat 服务器的操作方法。

任务 3.4　MySQL 数据库的安装与配置

在本任务中，将完成 MySQL 数据库服务器与其图形化客户端 MySQL Workbench 软件的下载、安装与配置。相关界面如图 3-4-1 和图 3-4-2 所示。

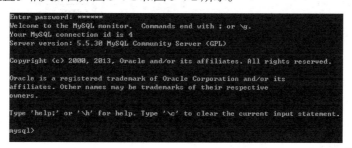

```
Enter password: ******
Welcome to the MySQL monitor.  Commands end with ; or \g.
Your MySQL connection id is 4
Server version: 5.5.30 MySQL Community Server (GPL)

Copyright (c) 2000, 2013, Oracle and/or its affiliates. All rights reserved.

Oracle is a registered trademark of Oracle Corporation and/or its
affiliates. Other names may be trademarks of their respective
owners.

Type 'help;' or '\h' for help. Type '\c' to clear the current input statement.

mysql>
```

图 3-4-1　MySQL 数据库服务器界面

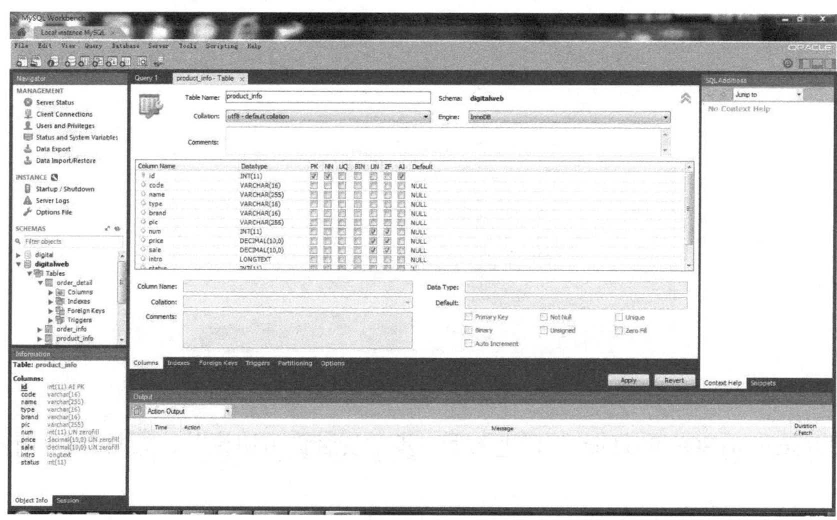

图 3-4-2　MySQL Workbench 界面

能够正确下载、安装并配置 MySQL 数据库服务器和图形化客户端软件。

步骤一： 下载 MySQL 安装文件。

目前最新的 MySQL 版本为 MySQL 5.6.17，可以从官方网站 http://dev.mysql.com/downloads/installer/下载该软件，如图 3-4-3 所示。

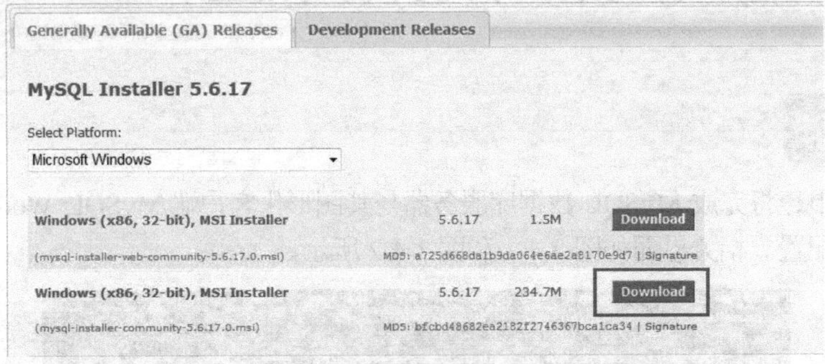

图 3-4-3 下载 MySQL 5.6.17

步骤二： 安装 MySQL 服务器。

双击“mysql-installer-community-5.6.17.0.msi” 可执行文件，启动 MySQL 的安装过程。欢迎界面如图 3-4-4 所示。

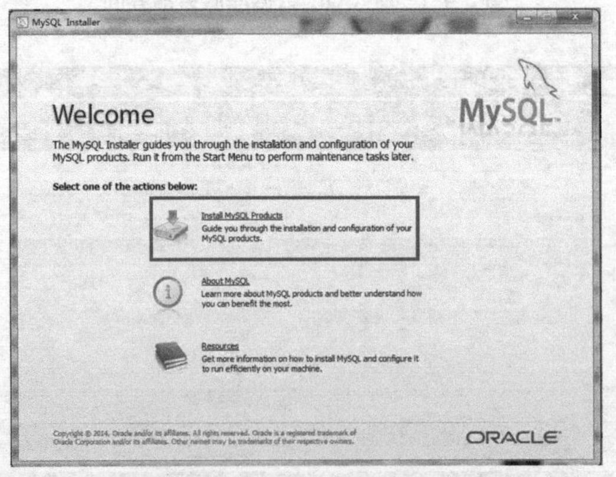

图 3-4-4 MySQL 安装欢迎界面

选择“Install MySQL Products”，进入下一步“安装许可协议”，如图 3-4-5 所示。

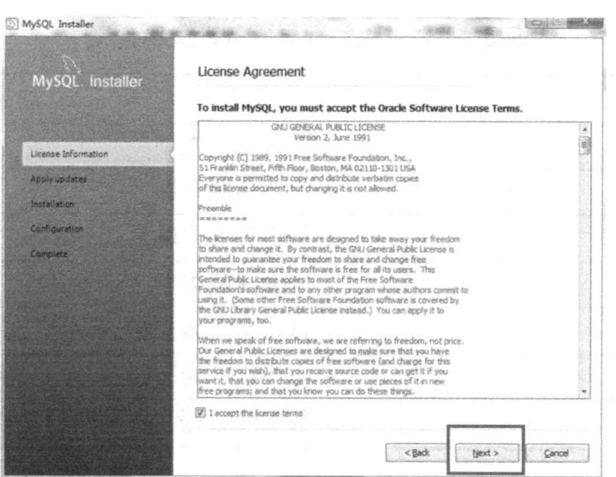

图 3-4-5　安装许可协议

单击【Next】按钮，进入“查找最新版本”界面，如图 3-4-6 所示。

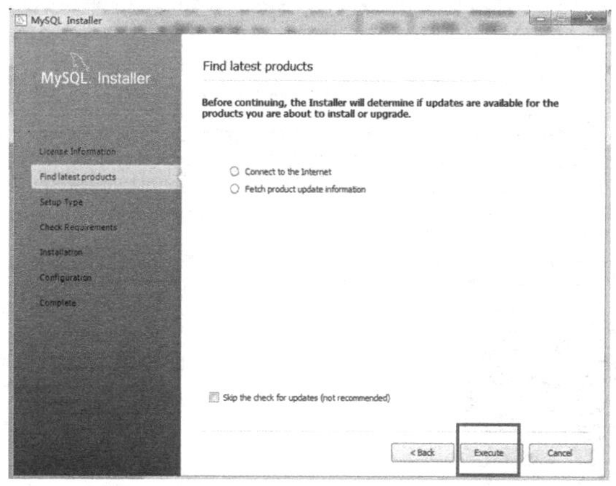

图 3-4-6　查找最新版本界面

单击【Execute】按钮，进入安装类型设置界面，选择自定义“Custom”选项，选择安装目录，效果如图 3-4-7 所示。安装类型界面各设置项含义见表 3-4-1。

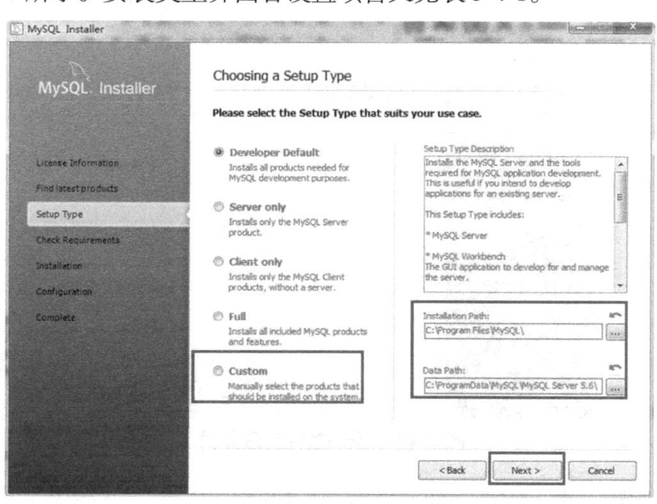

图 3-4-7　安装类型设置窗口

表 3-4-1 安装类型界面各设置项含义

选项	含义
Developer Default	默认安装类型
Server only	仅作为服务器
Client only	仅作为客户端
Full	完全安装类型
Custom	自定义安装类型
Installation Path	应用程序安装路径
Data Path	数据库数据文件的路径

单击【Next】按钮，进入功能选择界面，如图 3-4-8 所示，只保留对 MySQL Server 5.6.17 的勾选。

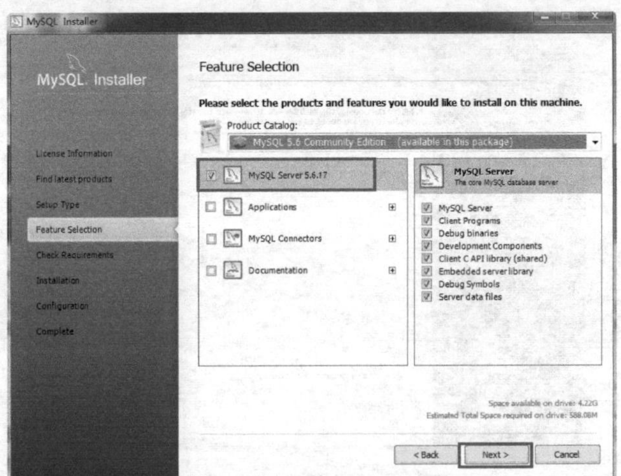

图 3-4-8 安装类型设置窗口

单击【Next】按钮，进入安装条件检查界面，如图 3-4-9 所示。

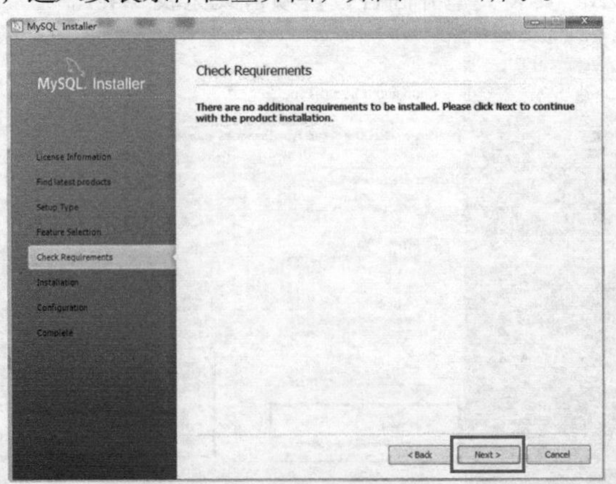

图 3-4-9 安装条件检查界面

单击【Next】按钮，进入安装界面，如图 3-4-10 所示。

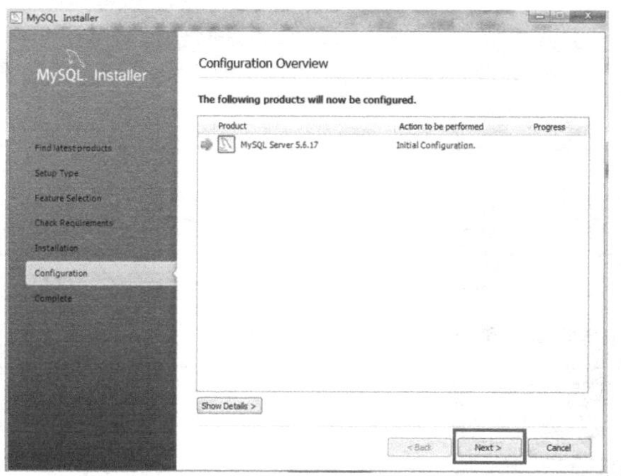

图 3-4-10 安装界面

单击【Next】按钮，进入配置界面，“Config Type”选择“Development Machine”，端口号“Port Number”默认值为【3306】，将“Show Advanced Options”选项选中，如图 3-4-11 所示。

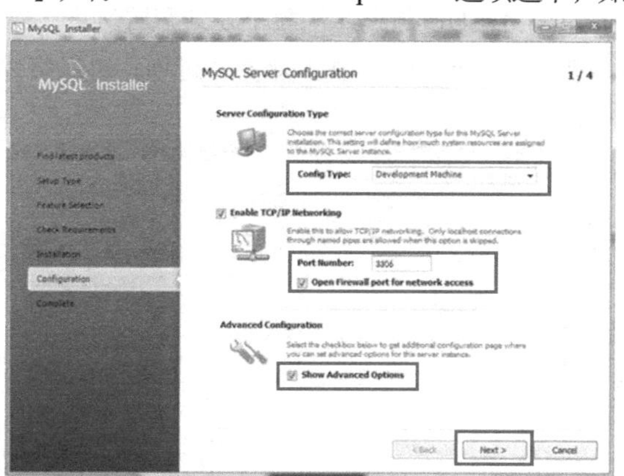

图 3-4-11 配置界面 1

单击【Next】按钮，进入下一个配置界面，设置 root 用户的密码，也可以单击下面的【Add User】按钮另行添加新的用户，如图 3-4-12 所示。

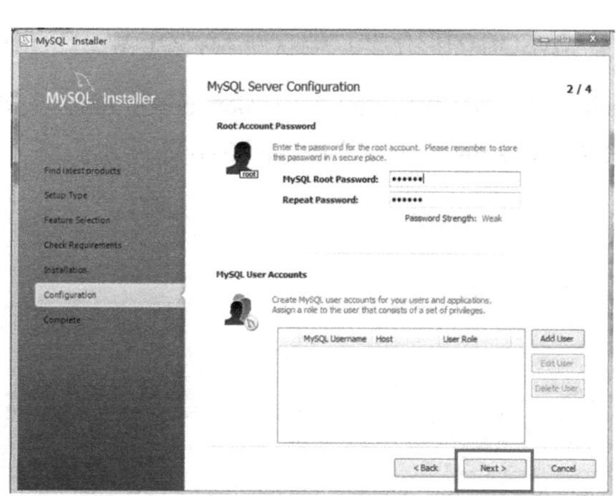

图 3-4-12 配置界面 2

单击【Next】，进入配置界面 3，保持默认选项即可，如图 3-4-13 所示。

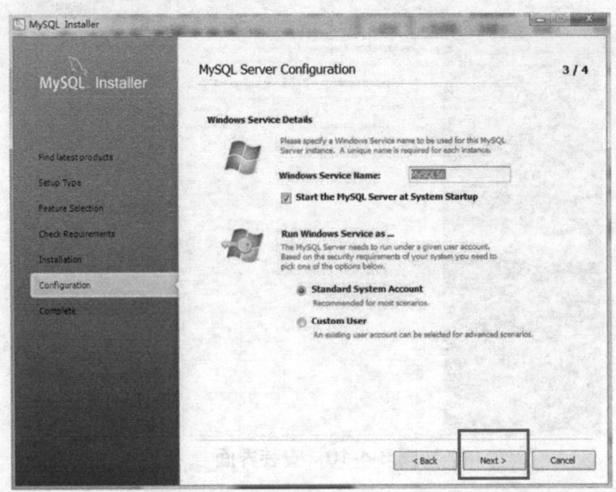

图 3-4-13　配置界面 3

单击【Next】，即可完成 MySQL 数据库的整个安装配置过程。右键单击“计算机”选择“管理”选项，打开“计算机管理”窗口，单击“服务”选项，可以看到 MySQL 服务进程已经启动了，如图 3-4-14 所示。

图 3-4-14　计算机服务进程

至此，MySQL 数据库服务器已经安装完成了。

步骤三：下载 MySQL 图形化客户端软件 MySQL Workbench。

从官网下载 workbench 地址：http://dev.mysql.com/downloads/tools/workbench/下载软件 mysql-workbench-community-6.1.4-win32.msi，下载界面如图 3-4-15 所示。

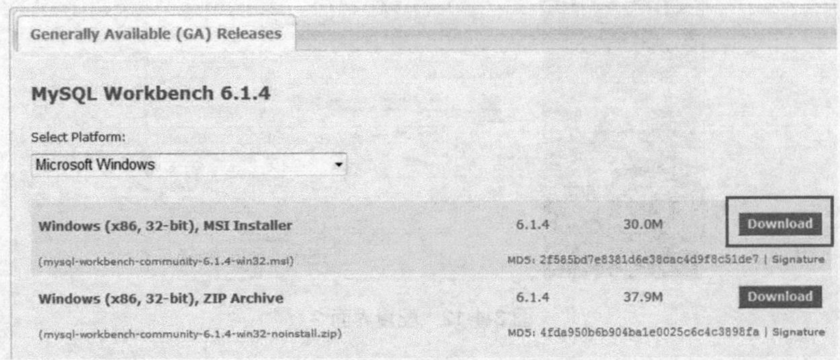

图 3-4-15　Workbench 下载界面

步骤四： 安装 Workbench 软件。

双击 mysql-workbench-community-6.1.4-win32.msi 安装文件，执行安装过程，可以选择安装路径，其他步骤按默认选项安装即可，过程不再赘述。

1. MySQL 简介

MySQL 是一个关系型数据库管理系统，由瑞典 MySQL AB 公司开发，目前属于 Oracle 公司。MySQL 是最流行的关系型数据库管理系统，在 Web 应用方面 MySQL 是最好的关系数据库管理系统（Relational Database Management System，RDBMS）应用软件之一。MySQL 是一种关联数据库管理系统，关联数据库将数据保存在不同的表中，而不是将所有数据放在一个大仓库内，这样就提高了速度和灵活性。MySQL 所使用的 SQL 语言是用于访问数据库的常用标准化语言。MySQL 软件采用了双授权政策，它分为社区版和商业版，因其具有体积小、速度快、总体拥有成本低，尤其是开放源码这一特点，一般中小型网站的开发都选择 MySQL 作为网站数据库。

2. MySQL、SQLServer、Oracle 的对比

- MySQL。

优点：

- ✓ 支持 5000 万条记录的数据仓库；
- ✓ 适应于所有的平台；
- ✓ 是开源软件，版本更新较快；
- ✓ 性能很出色；
- ✓ 价格便宜。

缺点：

- ✓ 缺乏一些存储程序的功能，比如 MyISAM 引擎联支持交换功能。

- Microsoft SQLServer。

优点：

- ✓ 真正的客户机/服务器体系结构；
- ✓ 图形化的用户界面，使系统管理和数据库管理更加直观、简单；
- ✓ 丰富的编程接口工具，为用户进行程序设计提供了更大的选择余地；
- ✓ 与 WinNT 完全集成，利用了 NT 的许多功能，如发送和接收消息，管理登录安全性等，SQLServer 也可以很好地与 Microsoft BackOffice 产品集成；
- ✓ 有很好的伸缩性，可以跨平台使用；
- ✓ 提供数据仓库功能，这个功能只在 Oracle 和其他昂贵的 DBMS 中才有。
- ✓ SQLServer 的易用性和友好性方面要比 Oracle 好；
- ✓ 处理速度方面比 Oracle 快一些，和两者的协议有关。

缺点：

- ✓ 伸缩性并行性 ：SQLServer 并行实施和共存模型并成熟难处理日益增多用户数和数据卷伸缩性有限；
- ✓ 安全性：没有获得任何安全证书。

- Oracle。

优点：

- ✓ Oracle 的稳定性要比 SQL server 好；
- ✓ Oracle 的导数据工具 sqlload.exe 功能比 SQLserver 的 Bcp 功能强大,Oracle 可以按照条件把文本文件数据导入；
- ✓ Oracle 的安全机制比 SQL server 好；
- ✓ 在处理大数据方面 Oracle 会更稳定一些；
- ✓ SQLServer 在数据导出方面功能更强一些；

缺点：

- ✓ 对硬件的要求很高；
- ✓ 价格比较昂贵；
- ✓ 管理维护麻烦一些；
- ✓ 操作比较复杂，技术含量较高。

在 Workbench 中创建 digitalweb 数据库，按照任务 2.3 中的数据库设计创建数据表。

任务 3.5　创建第一个 Java Web 项目

在本任务中，我们将在 MyEclipse 集成开发环境中创建第一个 Java Web 项目，如图 3-5-1 所示，了解 Web 项目的基本结构，学习如何在 MyEclipse 中部署并运行项目。

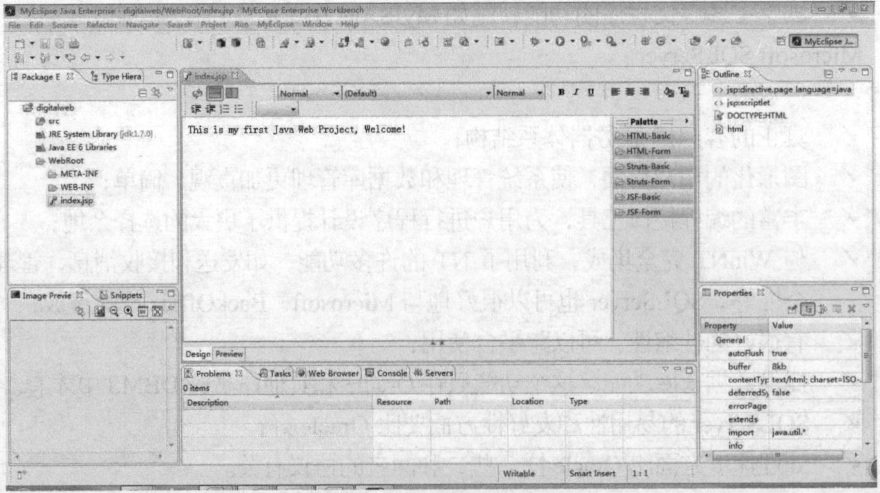

图 3-5-1　在 MyEclipse 中创建 Web 项目

- 知识目标
  - ✓ 了解 Java Web 项目的基本结构；
  - ✓ 熟悉 MyEclipse 开发环境的界面构成；
  - ✓ 掌握如何在 MyEclipse 中创建、发布、运行 Web 项目。
- 技能目标
  - ✓ 能够在 MyEclipse 中正确创建 Web 项目；
  - ✓ 能够 MyEclipse 中正确发布及运行 Web 项目。

使用 MyEclipse 进行全新的 Web 开发，首先要创建一个 Java Web 项目，在项目中编写程序代码，在 Tomcat 中成功发布后，就可以在浏览器中进行 Web 页面的浏览了。

步骤一： 在 MyEclipse 中创建 Web 项目 digitalweb。

（1）启动 MyEclipse 10，选择菜单“File→New→Project…”选项，打开新建项目对话框，在菜单树中选择“MyEclipse→Java Enterprise→Web Project”选项，单击【Next】按钮，如图 3-5-2 所示。

（2）在“New Web Project”对话框“Project Name”后的文本框中输入项目名称“digitalweb”，单击【Finish】按钮完成，如图 3-5-3 所示。

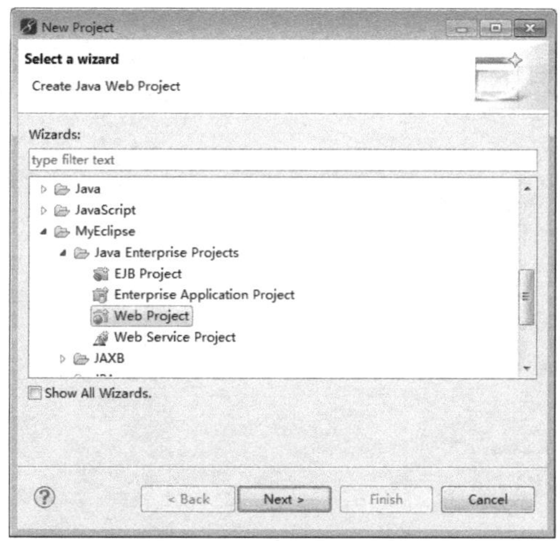

图 3-5-2 选择工程类型“Web Project”

图 3-5-3 创建 digitalweb 项目

（3）回到 MyEclipse 界面，在左侧的“Package Explore”视图中，可以找到新建的“digitalweb”项目，新建项目结构如图 3-5-4 所示，具体的项目目录组成，详见本任务“技术要点”中的介绍。digitalweb 项目将被创建在 MyEclipse 工作空间的目录“D:\workspace”中，如图 3-5-4 所示。

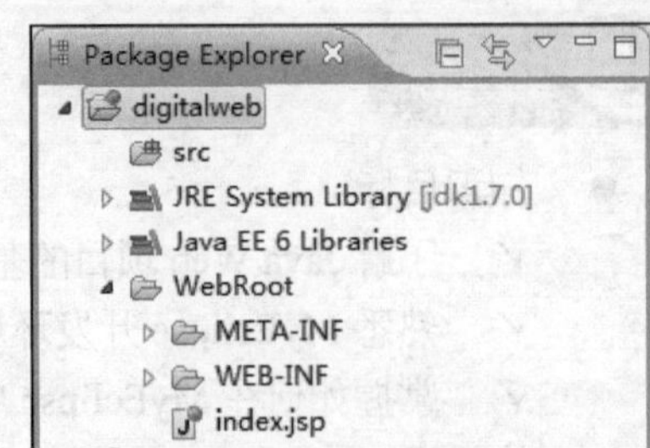

图 3-5-4　Web 项目结构

步骤二： 创建并编辑 JSP 页面。

（1）选择“Package Explore”视图中“WebRoot”结点中的“index.jsp”页面，这是项目中自带的一个 JSP 页面，也可以右击“WebRoot”结点，选择“New→JSP”菜单项，新建一个 JSP 页面，如图 3-5-5 所示。

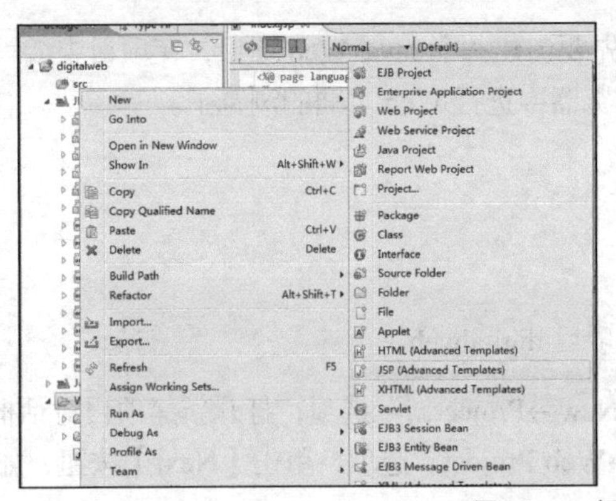

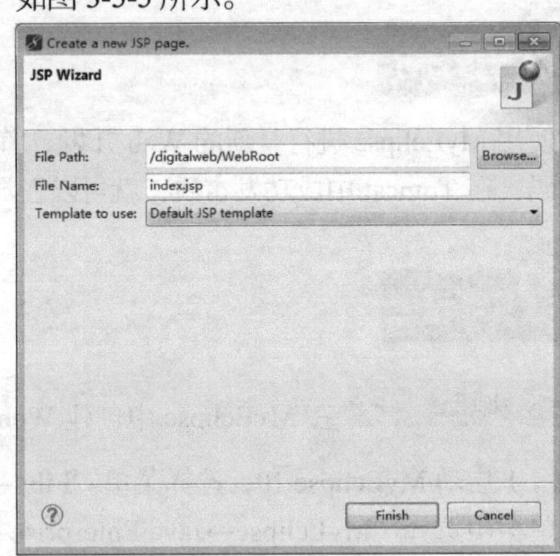

图 3-5-5　新建 JSP 页面

（2）双击“index.jsp”，在开发界面中部的 HTML 视图中输入如下代码，如图 3-5-6 所示，保存文件。

```
<body>
<% out.print("This is first Java Web Project, Welcome to digitalweb!"); %>
</body>
```

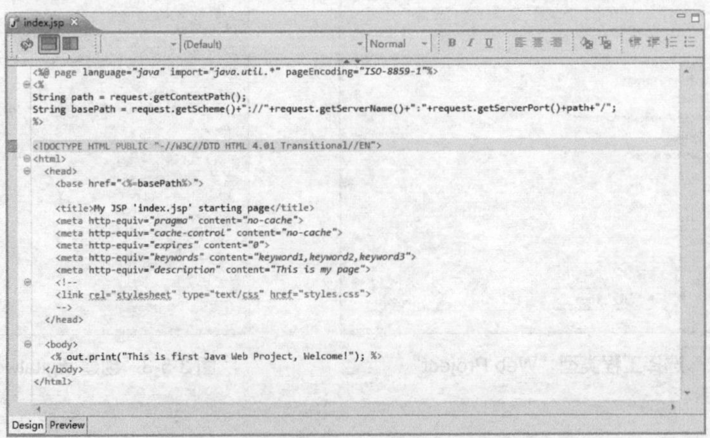

图 3-5-6　index.jsp 页面 HTML 视图

（3）在图 3-5-6 所示的页面 HTML 视图中，将第一行“<@page language="java" import="java.util.*" pageEncoding="ISO-8859-1"%> ”中的 pageEncoding 属性修改为“<@page …… pageEncoding="UTF-8 "%>”，注意，只有将页面编码方式修改为 UTF-8，才能保存含有中文字符的页面，否则将无法保存。

步骤三： 部署 Web 项目到 Tomcat。

所谓部署，过程就是把 myeclipse 的 WebRoot 里面的内容复制到 Tomcat 的 webapps 下，比如，发布名为 abc 的 Web 项目，用户访问时，在浏览器中输入 http://localhost:8080/abc/index.jsp，即指向 Tomcat\webapps\abc 目录下的 index.jsp 页面。

选中“digitalweb”项目，单击工具栏中的“Deploy MyEclipse J2EE to Server”按钮“ ”，弹出“Project Deployments”项目发布对话框。单击【Add】按钮，在“New Deployment”对话框中的“Server”一栏选择“Tomcat 7.x”，单击【Finish】按钮，完成发布，如图 3-5-7 所示。打开 Tomcat 安装目录中的 webapps，可以看到与项目同名的文件夹“digitalweb”，如图 3-5-8 所示。

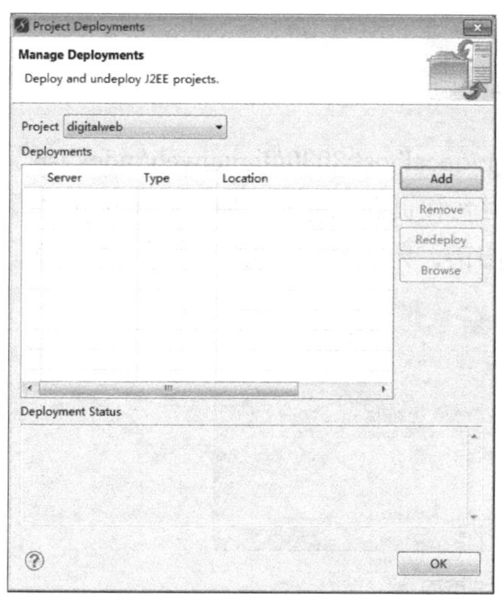

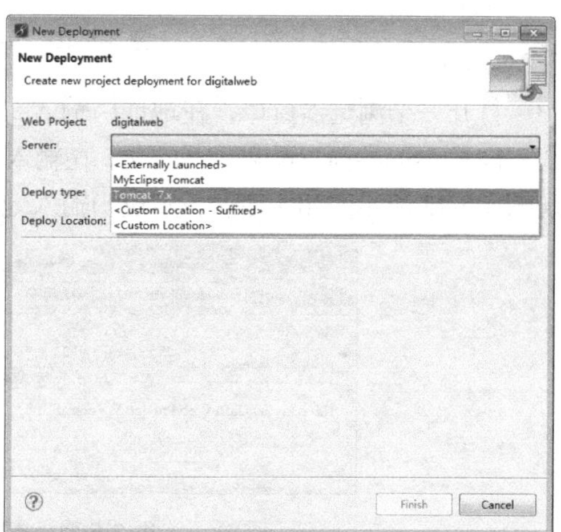

图 3-5-7 Web 项目发布

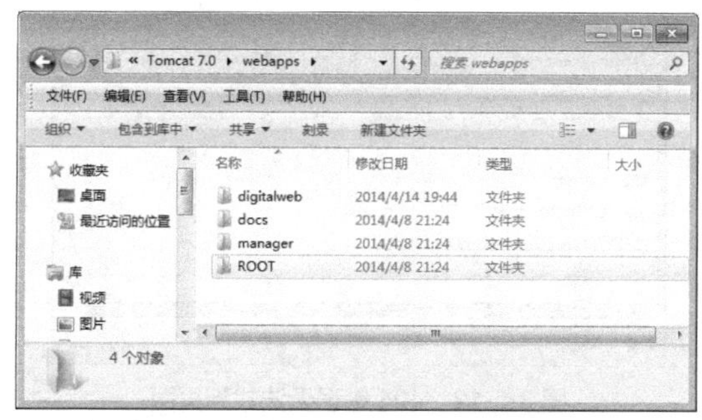

图 3-5-8 发布在 Tomcat 中的项目

步骤四： 运行 Web 项目。

（1）单击工具栏中的“Run/Stop/Restart MyEclipse Servers”下拉按钮“ ”，选择“Tomcat 7.x”，单击“Start”菜单，启动 Tomcat，如图 3-5-9 所示。

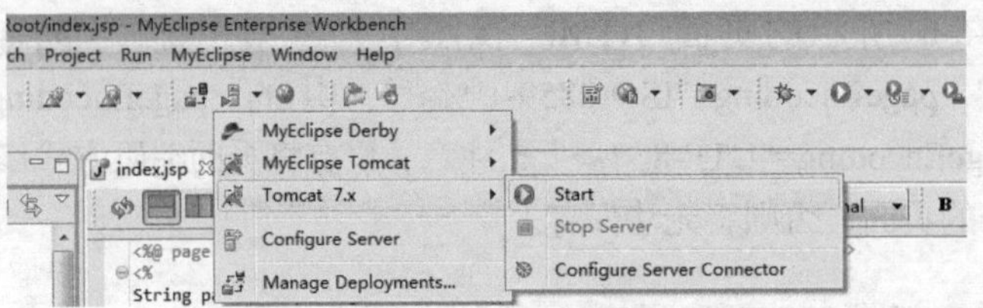

图 3-5-9　在 MyEclipse 中启动 Tomcat

（2）查看主界面底部的 Console 窗口，当出现图 3-5-10 所示提示时，表示启动成功。如果未能启动成功，也可以通过 Console 窗口中的错误提示信息找到原因。

```
Problems  Tasks  Web Browser  Console  Servers
tomcat7Server [Remote Java Application] C:\Program Files\Java\jdk1.7.0_45\bin\javaw.exe (2014-4-14 下午8:08:23)
信息: Deploying web application directory D:\Program Files\Apache Software Foundation\Tomcat 7.0\webapps\manager
四月 14, 2014 8:08:48 下午 org.apache.catalina.startup.HostConfig deployDirectory
信息: Deploying web application directory D:\Program Files\Apache Software Foundation\Tomcat 7.0\webapps\ROOT
四月 14, 2014 8:08:48 下午 org.apache.coyote.AbstractProtocol start
信息: Starting ProtocolHandler ["http-bio-8080"]
四月 14, 2014 8:08:48 下午 org.apache.coyote.AbstractProtocol start
信息: Starting ProtocolHandler ["ajp-bio-8009"]
四月 14, 2014 8:08:48 下午 org.apache.catalina.startup.Catalina start
信息: Server startup in 10717 ms
```

图 3-5-10　Tomcat 启动

（3）打开一个浏览器窗口，在地址栏输入“http://localhost:8080/digitalweb/index.jsp”，出现图 3-5-11 所示的界面，说明运行成功。在输入项目名和页面名称时，应严格区分大小写，如果出现图 3-5-12 所示的 404 错误，则说明输入地址出错，无法找到页面，需要重新输入。

图 3-5-11　成功运行页面

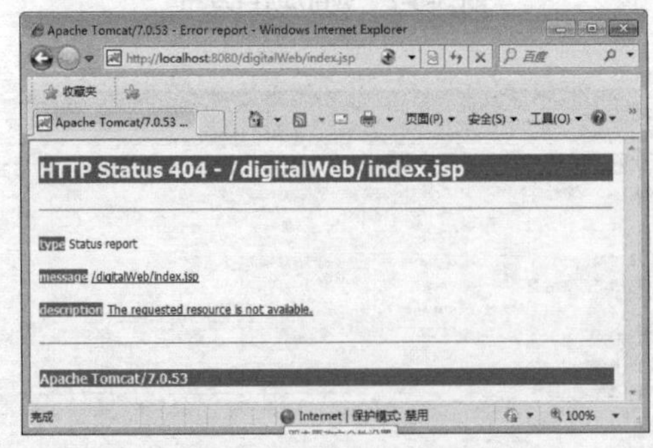

图 3-5-12　404 错误无法找到页面

1．MyEclipse 使用介绍

和常见的带界面的软件一样，MyEclipse 支持标准界面和自定义的概念，默认标准界面布局如图 3-5-13 所示，由菜单栏、工具栏、编辑器界面等组成。下面分别对标准工作界面中的组成部分做具体介绍。

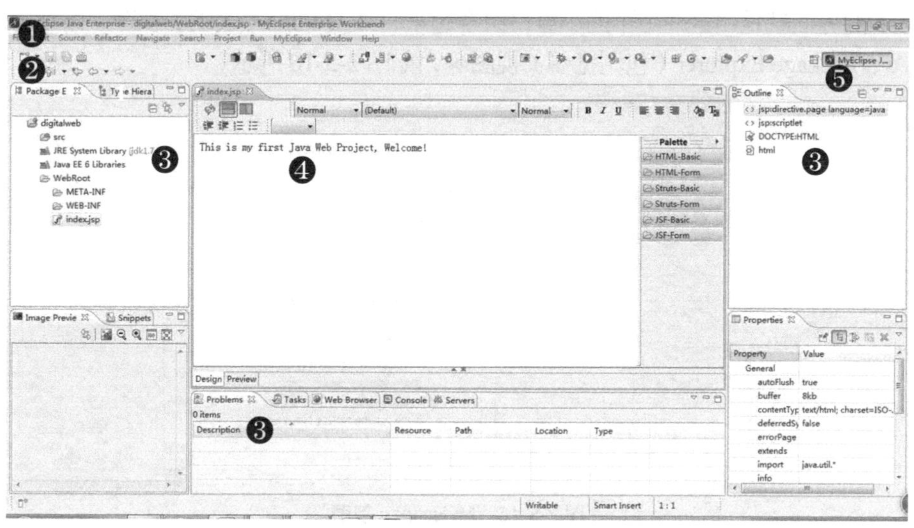

图 3-5-13　MyEclipse 标准界面

（1）菜单栏

菜单栏位于标题栏下方，如图 3-5-14 所示。菜单栏中包括菜单和菜单项，菜单栏中包含了软件大部分的功能，值得注意的是，和常见的 Windows 软件不同，MyEclipse 的命令不能全部通过菜单来完成。

File　Edit　Source　Refactor　Navigate　Search　Project　Run　MyEclipse　Window　Help

图 3-5-14　MyEclipse 菜单栏

（2）工具栏

工具栏位于菜单栏的下方，如图 3-5-15 所示。工具栏包含了最常用的功能，表 3-5-1 罗列了常见的 MyEclipse 工具栏按钮的功能。

图 3-5-15　MyEclipse 工具栏

表 3-5-1　工具栏按钮功能

按钮图标	功能	按钮图标	功能
	新建文件或项目		保存
	启动 AJAX 网络浏览器		新建 WebService
	发布 Java EE 项目到服务器		启动 MyEclipse 网络浏览器
	启动/停止/重启服务器		截屏
	调试程序		运行程序
	新建包		新建类

（3）视图

视图是显示在主界面中的一个小窗口，可以单独最大化、最小化显示、调整位置以及关闭。MyEclipse 的界面就是由这一个个的小窗口组合起来，如 Outline（大纲）视图、Properties（属性）视图、Package Explorer（包浏览器）视图等，如图 3-5-16 所示。

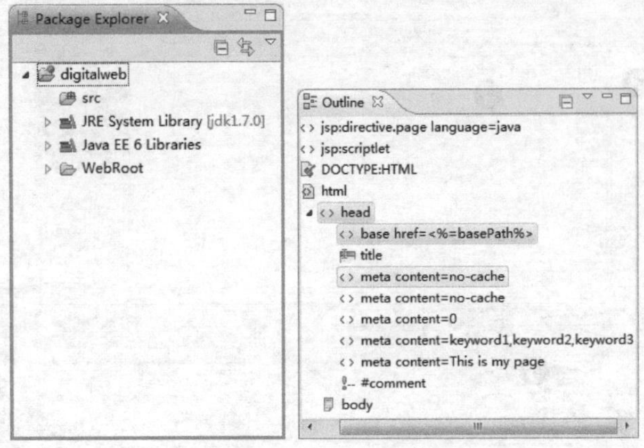

图 3-5-16　MyEclipse 视图

当视图被不小心关闭后，可以通过单击“Window→Show View”菜单项再次打开，如图 3-5-17 所示。Web 开发中常用到的视图有 Package Explorer、Outline、Console（控制台）、Servers（服务器列表与管理）等。

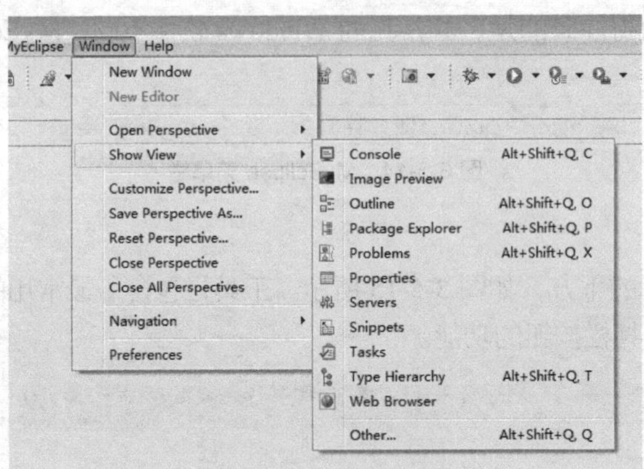

图 3-5-17　视图列表子菜单

（4）编辑器

编辑器位于 MyEclipse 主界面的中间位置，与视图窗口外观十分相似，但能显示多个标签页。它用于编辑显示代码、其他的文本或图形文件，如图 3-5-18 所示。在编辑器中的左侧的可以显示行号、警告、错误、断点等提示信息。在编辑器中显示行号的方法十分简单，只要右击编辑器左侧的蓝色竖条，在上下文菜单中“Show Line Numbers”菜单项中打上钩即可。

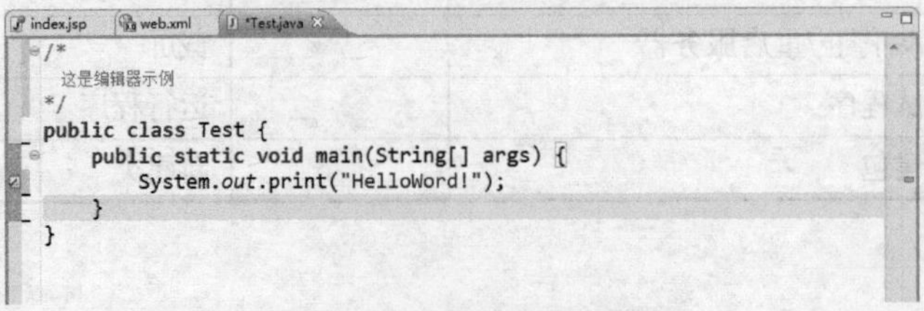

index.jsp　web.xml　*Test.java

```
/*
  这是编辑器示例
 */
public class Test {
    public static void main(String[] args) {
        System.out.print("HelloWord!");
    }
}
```

图 3-5-18　MyEclipse 中的编辑器

（5）透视图切换器

透视图切换器是位于工具栏最右侧的 MyEclipse 特有的按钮，如图 3-5-19 所示。通过给不同的界面布局起名字，便于用户在多种常用的功能模块下工作。所谓透视图，就相当于一个自定义界面。一个透视图保存了当前的菜单栏、工具栏按钮及视图大小、位置、显示与否的所有状态，可以在下次切换回来时恢复原来的布局。

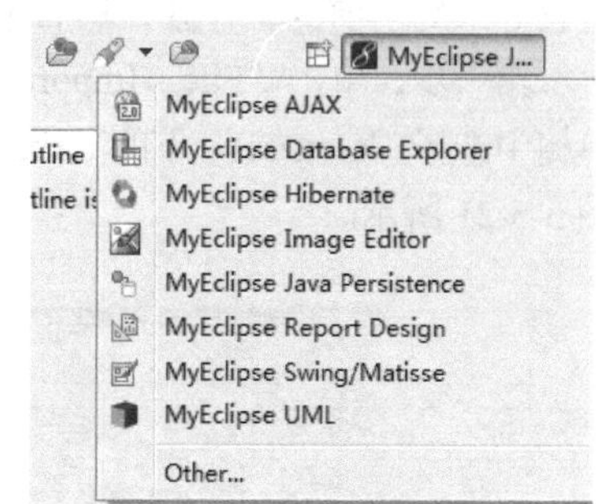

图 3-5-19 透视图切换器

2．Web 项目目录结构

按照 Java EE 规范的规定，一个典型的 Web 应用程序有四个部分：

（1）公开目录；

（2）WEB-INF/web.xml 文件，发布描述符（必须包含）；

（3）WEB-INF/classes 目录，编译后的 Java 类文件（可选）；

（4）WEB-INF/lib 目录，Java 类库文件（*.jar）（可选）。

公开目录存放所有可以被用户访问的资源，通常包括.html、.jsp、.gif、.jpg、.css、.js、.swf 等。WEB-INF 目录是一个专用区域，目录中的内容对用户不可见，目录中的文件只供容器使用。因此，这个目录中不应该包含由用户直接下载的资源，例如：Servlet、Web 应用程序中 Servlet 可直接访问的其他任何文件、在服务器方运行或者使用的资源（如 Java 类文件和供 Servlet 使用的 JAR 文件），发布描述符以及其他任何配置文件等。这些资源是专用的，因此只能由它们自己的 Web 应用程序及容器访问。

MyEclipse 中创建的 Web 项目完全支持 Web 应用的目录结构，如图 3-5-20 所示。

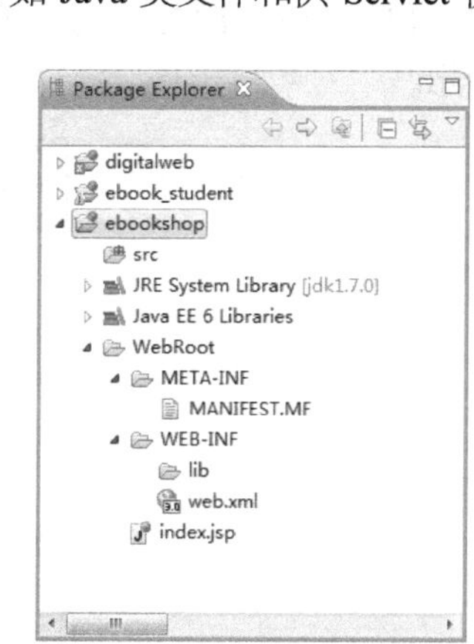

图 3-5-20 Web 项目目录结构

图中 Web 项目根目录名由用户指定，项目中主要包括 WebRoot 和 src 两个目录，其作用如下。

src：包含 Web 项目中用到的 Java 类。

WebRoot：建立 Web 项目时产生，主要存放 Web 网页和相关的文件，如图片文件、样式文件等，访问网页时，WebRoot 下的网页文件是 Web 应用服务器访问的默认路径。

WEB-INF：此目录及其子目录包含非公开的应用资源，如部署描述符、标签库、编译的 Java 类等。

WEB-INF/classes：包含从 scr 文件夹中编译的 Java 类等。

WEB-INF/lib：包含 Web 项目的 jar 包，lib 下的所有 jar 包会自动显示在和 WebRoot 同级的目录下。

WEB-INF/web.xml：部署和执行 Web 项目所必需的配置文件，可以通过修改此文件来实现对 Web 项目的配置操作。

1．导入、导出 Web 项目

前面介绍了如何在 MyEclipse 中创建 Web 项目，而对于一个现有的 Web 项目，我们可以将它导入到当前的工作区，然后进行编辑和查看。

第一步，单击“File→Import…”菜单项，在弹出的“Import”对话框的“Select”步骤的菜单树中选择“General”下的“Existing Projects into WorkSpace”结点，单击【Next】按钮，如图 3-5-21 所示。

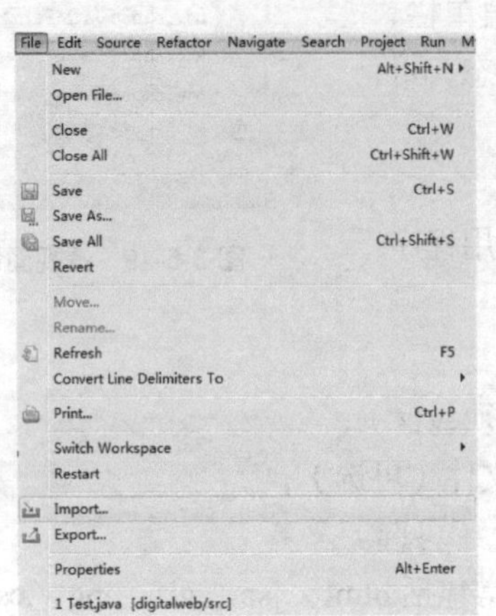

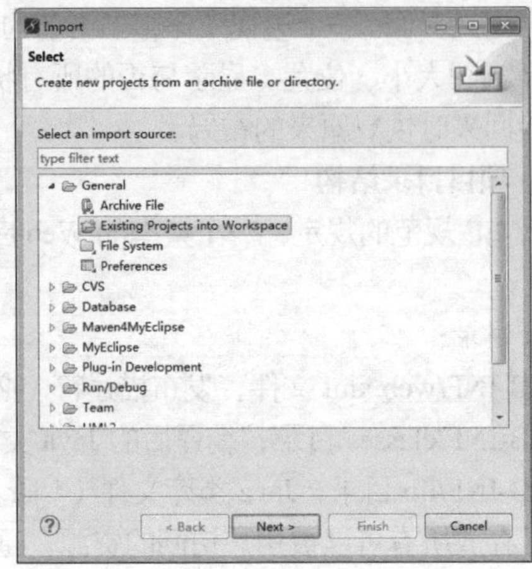

图 3-5-21　打开“Import”对话框

第二步，进入“Import”对话框的“Import Projects”步骤，选择“Select root directory”项，单击【Browse…】按钮，选中包含项目的文件夹，最后单击【Finish】按钮完成导入，如图 3-5-22 所示。

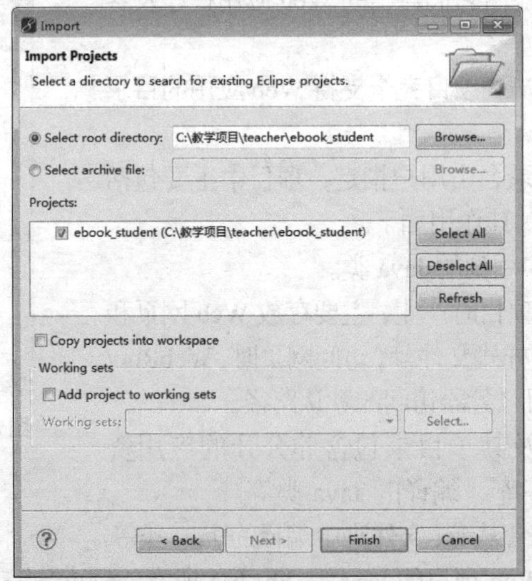

图 3-5-22　选择导入的项目

项目的导出是指将在 MyEclipse 集成开发环境中打开的 Web 项目打包复制到磁盘的指定位置，与导入操作类似，单击“File→Export…”菜单项打开“Export”对话框，在“Select”步骤的菜单树中选择“Archive File”，单击【Next】按钮，如图 3-5-23 所示。在“Archive file”步骤中，勾选要导出的项目，在“To archive file”中输入导出的目标位置及文件名，单击【Finish】完成。

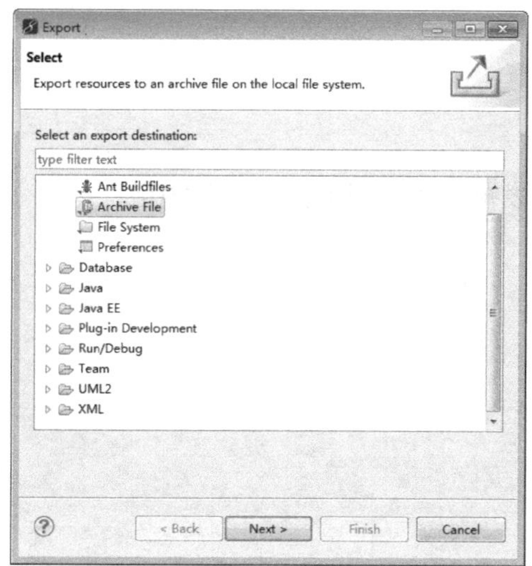

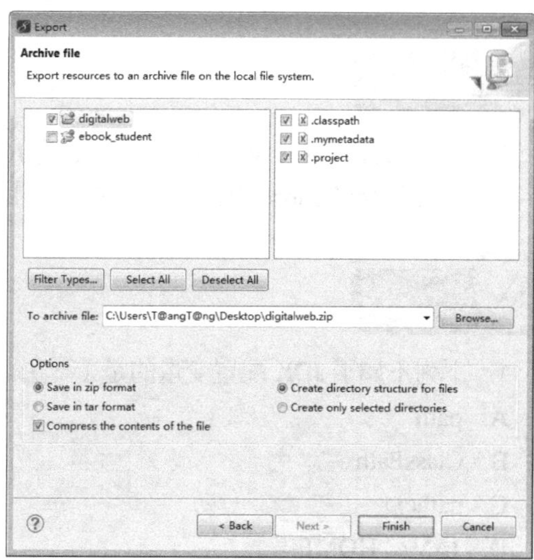

图 3-5-23　导出项目

2．设置默认编码方式

在 MyEclipse 新建或导入项目后，有些文件中文会显示乱码，这是怎么回事呢？其实，这与中文操作系统有关。在没有对 MyEclipse 进行设置的时候，新项目默认保存文件的编码，一般与简体中文操作系统（如 Windows XP、Windows 7）的编码一致，即采用 GBK 的编码方式。导入的项目中出现中文乱码，是由于项目编码设置不一致所致。出于对编码支持的考虑，项目中最好统一使用 UTF-8 编码进行开发。

可以通过修改 MyEclipse 的配置，使得新建项目的默认编码直接为 UTF-8，具体设置方法是：

选择“Window→Preferences”菜单项，在“Preferences”对话框左侧的菜单树中选择“General→Workspace”结点，在“Text file encoding”中的 Other 项中选择“UTF-8”，如图 3-5-24 所示。

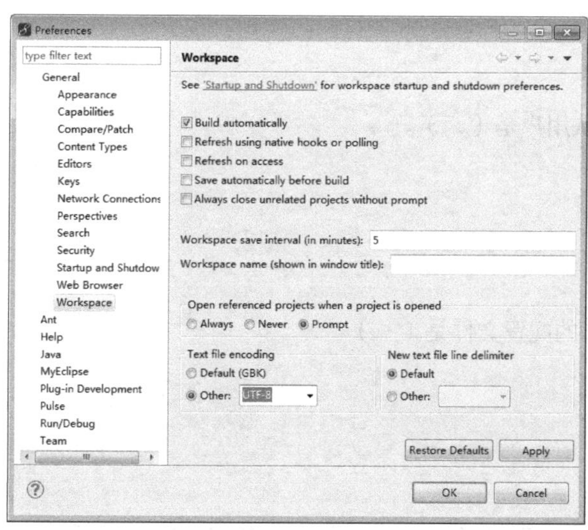

图 3-5-24　设置默认编码方式

1. 安装 MyEclipse，熟悉其界面及使用方法。
2. 尝试在 MyEclipse 中创建一个 Web 项目并发布运行，在浏览器中进行浏览。

1. 下列不属于 JDK 配置变量的是（　）。

A．path

B．ClassPath

C．pathext

D．JAVA_HOME

2. Tomcat 的默认端口号是（　）。

A．8008

B．8081

C．8080

D．9090

3. 单击 MyEclipse 中的按钮，项目将默认发布到 tomcat 安装文件下的哪个目录？（　）

A．conf

B．temp

C．webapps

D．bin

4. MySQL 的默认端口号是（　）。

A．3307

B．3306

C．1433

D．1436

5. MySQL 的默认用户是（　）。

A．sa

B．root

C．admin

D．superadmin

6. Java Web 项目的配置文件是（　）。

A．WEB-INF

B．config.xml

C．server.xml

D．web.xml

7. 在 MyEclipse 中，新建“java project”和新建“web project”的区别是什么？

8. 请简述 tomcat 安装文件夹下各个文件夹的功能。

PART 4 项目 4 JSP+JavaBean 实现用户注册与登录

项目描述

本项目主要实现用户注册、用户登录，以及用户信息显示等功能。通过项目的实现，重点讲解了 JSP 的组成及语法规则，主要包括了解 JSP 声明、表达式和脚本的编写、指令元素 JSP 内置对象等的相关知识。

知识目标

- 熟悉 JSP 声明、表达式和脚本的编写；
- 熟悉 page、include 等指令属性；
- 熟悉 JSP 的内置对象。

技能目标

- 能正确使用 JSP 脚本编写 Web 页面；
- 能正确使用 JSP 指令设置 Web 页面；
- 能使用 JSP+JavaBean 实现表单交互；
- 能正确使用 JSP 内置对象。

项目任务总览

任务编号	任务名称
任务 4.1	显示当前日期
任务 4.2	简单的用户登录与登出
任务 4.3	在线会员统计
任务 4.4	通过 JavaBean 实现用户注册

任务 4.1　显示当前日期

在网站各页面中显示系统当前日期，效果如图 4-1-1 所示。

图 4-1-1　显示系统时间效果图

使用 JSP 的脚本与指令在各页面中显示系统时间。

ED 电子商城的每个页面中均需显示系统当前时间及欢迎信息，且内容均是一致的，可在每个页面中编写 JSP 代码实现系统时间的获取及显示。另外，也可使用 include 指令来引用已有的页面代码，提高代码的可重用性。

步骤一： 在项目中新建 JSP 文件 “ShowDate.jsp”，如图 4-1-2 所示。

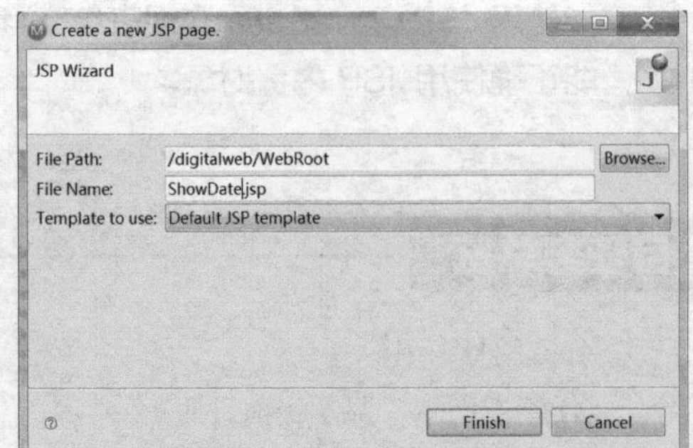

图 4-1-2　新建 ShowDate.jsp 页面

自动生成 JSP 代码如下：

```
<%@ page language="java" import="java.util.*" pageEncoding=
"ISO-8859-1"%>
```

```
2.  <%
3.  String path = request.getContextPath();
4.  String basePath = request.getScheme()+"://"+request.getServerName()+
":"+request.getServerPort()+path+"/";
5.  %>
6.  <!DOCTYPE HTML PUBLIC "-//W3C//DTD HTML 4.01 Transitional//EN">
7.  <html>
8.  <head>
9.  <base href="<%=basePath%>">
10. <title>My JSP 'ShowDate.jsp' starting page</title>
11. <meta http-equiv="pragma" content="no-cache">
12. <meta http-equiv="cache-control" content="no-cache">
13. <meta http-equiv="expires" content="0">
14. <meta http-equiv="keywords" content="keyword1,keyword2,keyword3">
15. <meta http-equiv="description" content="This is my page">
16. <!--
17. <link rel="stylesheet" type="text/css" href="styles.css">
18. -->
19. </head>
20. <body>
21. This is my JSP page. <br>
22. </body>
23. </html>
```

程序说明如下。

第 1 行：<%@ page %>指令。其作用于整个 JSP 页面，同样包括静态的包含文件。其中 language="java"声明脚本语言的种类为 java；import="java.util.*" 表示该页面中需要导入的 Java 包的列表，这些包作用于程序段、表达式，以及声明；pageEncoding="ISO-8859-1"表示 JSP 页面告诉服务器程序将 JSP 转换为 Servlet 时，页面的中文字的编码类型为 ISO-8859-1；

第 3 行：JSP 脚本，获取该项目相对路径，即站点路径；

第 4 行：JSP 脚本，获得该项目的协议、服务器名称、端口等，组合成项目的绝对访问路径；

第 16～18 行：HTML 注释，客户端可以看到源代码；

第 7～23 行：HTML 页面代码。

步骤二：修改页面编码方式为 UTF-8。

（1）修改页面编码方式：将代码第一行中 pageEncoding="ISO-8859-1"修改为 pageEncoding ="UTF-8"。

（2）修改项目编码方式：在 Myeclipse 环境中打开菜单 Window->Preferences（如图 4-1-3 所示）；在打开的对话框中，在文本框中输入 JSP，在下方的树型目录中单击 JSP，在右方显示 JSP 相关设置（如图 4-1-4 所示）；将 Encoding 设置为 UTF-8（如图 4-1-5 所示）。

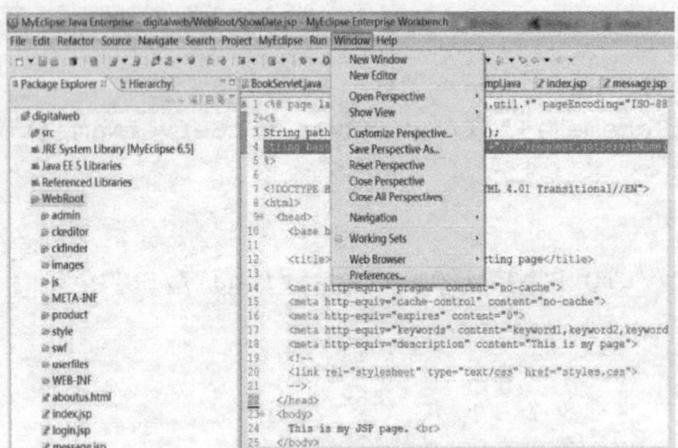

图 4-1-3　打开属性设置菜单

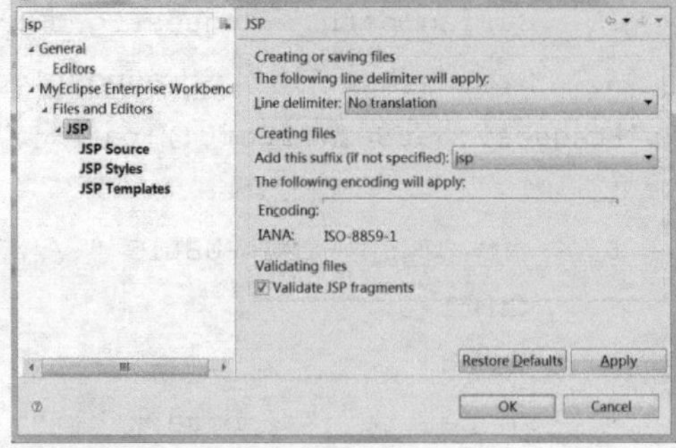

图 4-1-4　Preference 对话框

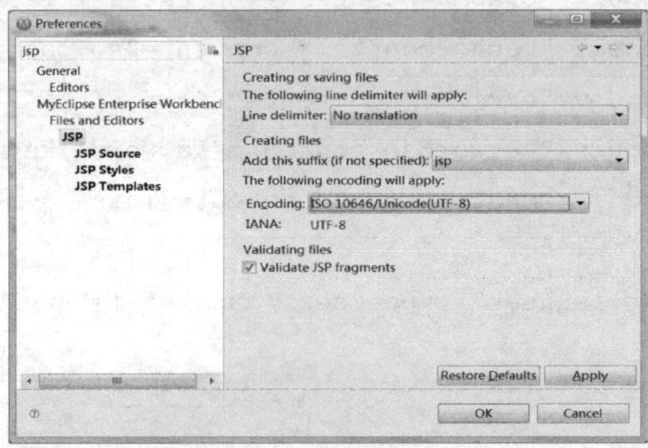

图 4-1-5　设置编码方式为 UTF-8

步骤三： 在 JSP 页面添加脚本代码获取当前日期。

（1）添加包引用 java.text.*。在第 1 行代码的 import 属性中添加 java.text.*包引用。完成之后代码如下：

```
<%@ page language="java" import="java.util.*,java.text.*" ageEncoding="UTF-8"%>
```

（2）设置 page 指令的 contentType="text/html; charset=UTF-8"属性。在第一行 page 指令中添加如下代码：

```
<%@ page language="java" import="java.util.*,java.text.*"
pageEncoding="UTF-8"  contentType="text/html; charset=UTF-8" %>
```

（3）添加脚本注释，在第 19 行后添加如下脚本注释：

```
<%-- 获取当前时间(客户端不可以看到源代码) --%>
```

（4）插入脚本代码显示当前日期，在上述代码行后添加如下代码：

```
<%
    SimpleDateFormat formater = new SimpleDateFormat("yyyy年MM月dd日");
    String strCurrentTime = formater.format(new Date());
%>
```

步骤四： 使用表达式显示当前时间。

（1）将第 ShowDate.jsp 中 21 行代码删除，添加如下代码。

```
<body>
```

```
        欢迎光临ED电子商城！现在时间为：<%=strCurrentTime%>
    </body>
```

（2）启动 Tomcat 服务器后，在 IE 地址栏输入 http://localhost:8080/digitalweb/ShowDate.jsp 运行该页面，其中 8080 是默认端口号，显示如图 4-1-6 所示。

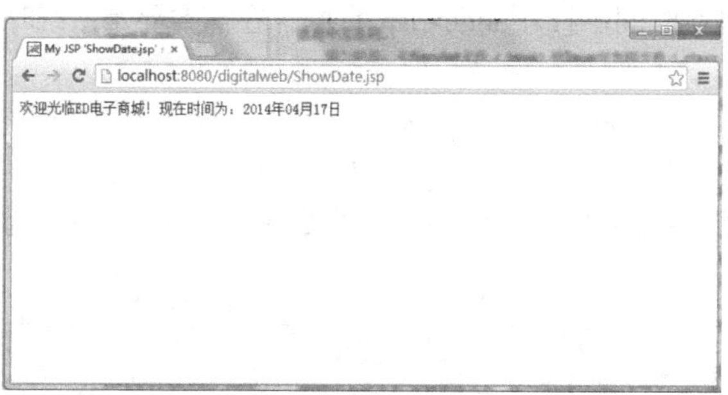

图 4-1-6　时间显示效果

步骤五： 其他页面引用显示时间。

在要显示系统当前时间的页面中使用jsp的include指令元素引入ShowDate.jsp页面的内容，并把这些内容和原来的页面融合到一起。

（1）删除 ShowDate.jsp 页面中与引入页面重复的脚本代码第 2 行至第 5 行。通过 Include 指令引入 ShowDate.jsp 页面所有的代码，在页面代码中如有出现重复的变量，将出错，需将 ShowDate.jsp 中获取路径代码删除。

修改后的 ShowDate.jsp 代码如下：

```
1.  <%@ page language="java" import="java.util.*,java.text.*" pageEncoding="UTF-8" contentType="text/html; charset=UTF-8" %>
2.  <!DOCTYPE HTML PUBLIC "-//W3C//DTD HTML 4.01 Transitional//EN">
3.  <html>
4.  <head>
5.  <base href="<%=basePath%>">
6.  <title>My JSP 'ShowDate.jsp' starting page</title>
7.  <meta http-equiv="pragma" content="no-cache">
8.  <meta http-equiv="cache-control" content="no-cache">
9.  <meta http-equiv="expires" content="0">
10. <meta http-equiv="keywords" content="keyword1,keyword2,keyword3">
11. <meta http-equiv="description" content="This is my page">
12. <!--<link rel="stylesheet" type="text/css" href="styles.css">-->
13. </head>
14. <%-- 这是JSP注释（客户端不可以看到源代码）--%>
15. <%
16. SimpleDateFormat formater = new SimpleDateFormat("yyyy年MM月dd日");
17. String strCurrentTime = formater.format(new Date());
18. %>
```

```
<body>
欢迎光临ED电子商城！现在时间为：<%=strCurrentTime%>
</body>
</html>
```

（2）在首页显示系统时间。打开 index.jsp 页面，在需要显示系统时间的 HTML 代码中添加如下代码：

```
<%@ include file="ShowDate.jsp"%>
```

（3）在其他页面也添加引用，运行显示效果如图 4-1-7 所示。

图 4-1-7　时间显示运行效果图

1．JSP 脚本元素

JSP 脚本在 JSP 页面中有三种脚本元素（Scripting Element）：声明（Declaration）、表达式（Expression）和脚本程序（Scriptlet）。JSP 脚本元素用来插入 Java 代码，这些 Java 代码将出现在当前的 JSP 页面生成的 Servlet 中。

（1）声明

JSP 声明是一段 Java 源代码，用来定义类的属性和方法，声明后的属性和方法可以在该 JSP 文件的任何地方使用。

- 语法格式

```
<%! Java定义语句 %>
```

- 声明示例

```
<%! String username ="游客"; %>
```

上面代码声明了一个名为 username 的变量并将其初始化为"游客"。声明的变量仅在页面第一次载入时由容器初始化一次，初始化后在后面的请求中一直保持该值。

下面的代码声明了一个方法，获取 username 的值：

```
<%!
    String getName() {
```

```
      return username;
   }
%>
```

- 特别提示

  ✓ 声明必须以“;”结尾；

  ✓ 可以直接使用在<%@page%>中被包含进来的已经声明的变量和方法，不需要对它们重新进行声明；

  ✓ 一个声明仅在一个页面中有效。如果想每个页面都用到一些声明，最好将其写成一个单独的文件，然后用<% @include %>或<jsp:include>元素包含进来。

（2）表达式

JSP表达式是对数据的表示，系统将其作为一个值进行计算。表达式（expression）是以<%=开头，以%>结束的标签，它作为Java语言表达式的占位符。

- 语法格式

```
<%= expression %>
```

- 表达式示例

```
<%= count%>                    (√)
```

在页面每次被访问时都要计算表达式，然后将其值嵌入到HTML的输出中。与变量声明不同，表达式不能以分号结束，因此下面的代码是非法的：

```
<%= count; %>                  (×)
```

使用表达式可以向输出流输出任何对象或任何基本数据类型的值，也可以打印任何算术表达式、布尔表达式或方法调用返回的值。

- 特别提示

  ✓ 表达式不可使用“;”作为表达式的结束符；

  ✓ 表达式必须是一个合法的Java表达式；

  ✓ 表达式必须有返回值，且被转换为字符串；

  ✓ 表达式可作为其他JSP元素的属性值。若由多个表达式组成的表达式，计算顺序是从左到右。

（3）脚本程序

脚本程序就是在<% %>里嵌入Java代码，在每次访问页面时都被执行，它通常用来在JSP页面嵌入计算逻辑，同时还可以使用脚本程序打印HTML模板文本。这里的Java代码和我们一般的Java代码没有什么区别，所以每一条语句同样要以“;”结束，这和表达式是不相同的。

- 语法格式

```
<% JAVA代码%>
```

- 脚本程序示例

```
<% visitcount++; %>
```

在每次访问页面时都被执行，因此visitcount变量在每次请求时都增1。

- 主要功能

脚本程序使用比较灵活，实现的功能是JSP表达式无法实现的。一个脚本程序能够包含多个JSP语句、方法、变量以及表达式，可以完成如下功能：

  ✓ 声明将要用到的变量或方法；

  ✓ 编写JSP表达式；

- ✓ 使用任何隐含的对象和任何用<jsp:useBean>声明过的对象。
- ✓ 编写 JSP 语句;
- ✓ 任何文本、HTML 标记和 JSP 元素必须在脚本程序之外;
- ✓ 当 JSP 接收到客户的请求时，脚本程序就会被执行，如果脚本有要显示的内容，这些要显示的内容就会被存到 out 对象中。

2. JSP 注释

JSP 注释常用的有两种：HTML 注释和隐藏注释。

(1) HTML 注释

HTML 注释能在客户端显示，可注释内的所有 JSP 脚本元素、指令和动作正常执行，也就是说编译器会扫描注释内的代码。在注释中可使用任何有效的 JSP 表达式。表达式是动态的，当用户第一次调用该页面或该页面后来被重新调用时，该表达式将被重新赋值。JSP 引擎对 HTML 注释中的表达式执行完后，其执行的结果将代替 JSP 语句。然后该结果和 HTML 注释中的其他内容一起输出到客户端。在客户端的浏览器中，浏览者可通过查看源文件的方法看到该注释。

- HTML 注释语法格式

```
<!--注释（在页面源代码中，这个注释是看得到的）-->
```

(2) 隐藏注释

隐藏注释标记的字符会在 JSP 编译时被忽略掉，标记内的所有 JSP 脚本元素、指令和动作将不起作用。也就是说，JSP 编译器不会对注释之间的任何语句进行编译，其中的任何代码都不显示在客户端浏览器的任何位置。

- 隐藏注释语法格式

```
<%--注释（在页面源代码中，这个注释是看不到的）--%>
```

代码示例，新建一个 JSP 页，在 HTML 中添加如下代码:

```
<%@ page language="java" import="java.util.*,java.text.*" pageEncoding="UTF-8" contentType="text/html; charset=UTF-8" %>
<!DOCTYPE HTML PUBLIC "-//W3C//DTD HTML 4.01 Transitional//EN">
<html>
  <head>
      <title>My JSP 'MyDate.jsp' starting page</title>
      <meta http-equiv="pragma" content="no-cache">
      <meta http-equiv="cache-control" content="no-cache">
      <meta http-equiv="expires" content="0">
      <meta http-equiv="keywords" content="keyword1,keyword2,keyword3">
      <meta http-equiv="description" content="This is my page">
      <!--
  <link rel="stylesheet" type="text/css" href="styles.css">
  -->
  </head>
  <!-- 这是HTML注释(客户端可以看到源代码）-->
  <%-- 这是JSP注释 (客户端不可以看到源代码) --%>
```

```
17.         <body>
18.         this is firstPage!</br>
19.     </body>
20. </html>
```

程序中第 15 行是 HTML 注释，第 16 行是隐藏注释，通过记事本查看运行后的程序源代码为

```
<!DOCTYPE HTML PUBLIC "-//W3C//DTD HTML 4.01 Transitional//EN">
<html>
    <head>
        <title>My JSP 'MyDate.jsp' starting page</title>
        <meta http-equiv="pragma" content="no-cache">
        <meta http-equiv="cache-control" content="no-cache">
        <meta http-equiv="expires" content="0">
        <meta http-equiv="keywords" content="keyword1,keyword2,keyword3">
        <meta http-equiv="description" content="This is my page">
        <!--
    <link rel="stylesheet" type="text/css" href="styles.css">
    -->
    </head>
    <!-- 这是HTML注释(客户端可以看到源代码) -->
        <body>
        this is firstPage!</br>
    </body>
</html>
```

在上面源代码中可看到，HTML 的注释可以通过源代码查看到，但 JSP 的注释是无法通过源代码查看到的。

3. JSP 指令

指令元素主要用于为转换阶段提供整个 JSP 页面的相关信息，指令不会产生任何输出到当前的输出流中。

指令元素的语法格式如下：

```
<% @ directive { attr="value"} %>
```

在起始符号“%@”之后和结束符号“%”之前，可以添加空格，也可以不加。

JSP 指令分为两种类型：第一是 page 指令，用来完成导入指定的类、自定义 Servlet 的超类等任务；第二是 include 指令，用来在 JSP 文件转换成 Servlet 时引入其他文件。

（1）page 指令

page 指令作用于整个 JSP 页面，定义了与页面相关的属性，这些属性被用于和 JSP 容器通信，描述了和页面相关的指示信息。在一个 JSP 页面中，page 指令可以出现多次，但是该指令中的属性只能出现一次，重复的属性设置将覆盖先前的设置。

Page 指令的语法结构如下所示：

```
<%@ page
    [language="java"]                          //设置（声明）语言类型
```

```
    [import="{package.class|package.*}…"]       //导包
    [contentType="TYPE;charset=CHARSET"]
    [session="true|false"]                      //是否启用http会话
    [buffer="none|8kb|sizekb"]                  //缓冲
    [autoFlash="true|false"]
    [isThreadSafe="true|false"]
    [info="text"]
    [errorPage="relativeURL]
    [isErrorPage="true|false"]
    [extends="package.class"]
    [isELIgnored="true|false"]
    [pageEncoding="CHARSET"]
%>
```

- ✓ language：定义要使用的脚本语言，目前只能是"java"， 即 language="java"。
- ✓ import：用于引入要使用的类，只是用逗号"，"隔开包或者类列表，默认省略，即不引入其他类或者包。import="package.class",或者 import="package.class,…, package.classN"：例如任务中引入的包为：import="java.util.*,java.text.* "。
- ✓ contentType：定义 JSP 字符编码和页面响应的 MIME 类型。默认是 text/html。
- ✓ **session**：指定所在页面是否参与 HTTP 会话。默认值为 true，session="**true**"。
- ✓ **buffer**：用于指定 out 对象（类型为 JspWriter）使用的缓冲区大小。如果为 none，则不使用缓冲区，所有的输出直接通过 Servlet Response 的 PrintWriter 对象输出。如果指定数值，那么输出就用不小于这个值的缓冲区进行缓冲。该属性值只能以 KB 为单位，默认值为 8KB。
- ✓ **autoFlash**：默认值为 true。如果为 true 缓冲区满时，到客户端输出被刷新；如果为 false 缓冲区满时，出现运行异常，表示缓冲区溢出。
- ✓ **isThreadSafe**：默认值为 true。用于指定 JSP 文件是否能多线程使用。如果设置为 true,JSP 能够同时处理多个用户的请求，如果设置为 false,一个 JSP 只能一次处理一个请求。
- ✓ info：默认省略。关于 JSP 页面的信息，定义一个字符串，可以使用 servlet.getServletInfo()获得。
- ✓ **errorPage**：定义此页面出现异常时调用的页面。如果一个页面通过使用该属性定义了错误页面，那么在 web.xml 文件中定义的任何错误页面将不会被使用。默认忽略，例如 errorPage="error.jsp"。
- ✓ **isErrorPage**：用于指定当前的 JSP 页面是否是另一个 JSP 页面的错误处理页面，默认是 false。
- ✓ **extends:**指定 JSP 页面转换后的 Servlet 类从哪一个类继承，属性的值是跟完整的限定类名。通常不需要使用这个属性，JSP 容器会提供转换后的 Servlet 类的父类。
- ✓ **pageEncoding**：JSP 页面的字符编码 ，默认值为 pageEncoding="iso-8859-1"。
- ✓ **isELIgnored**：指定 EL（表达式语言）是否被忽略。如果为 true，则容器忽略"${}"表达式的计算。默认值由 web.xml 描述文件的版本确定，servlet2.3 以前的版本将忽略。

（2）include 指令

include 指令用于在 JSP 页面中静态包含一个文件，该文件可以是 JSP 页面、HTML 网页、文本文件或一段 Java 代码。使用了 include 指令的 JSP 页面在转换时，JSP 容器会在其中插入所包含文件的文本或代码，同时解析这个文件中的 JSP 语句，从而方便地实现代码的重用。使用 include 指令，开发者不必把 HTML 代码复制到每个文件，从而可以更轻松地提高代码的使用效率。

include 指令的语法格式如下：

```
<%@ include file="relative URL" %>
```

✓ 被包含的文件中最好不要使用<html>、</html>、<body>、</body>等标签，因为这会与原文件中的标签相同，会导致错误。

✓ 在包含文件时避免在被包含的文件中定义同名的变量和方法，因为原文件和被包含的文件可以互相访问彼此定义的变量和方法，可能导致转换出错。

在显示系统时间的 ShowDate.jsp 页面中删除了与其他页面相同的部分代码，避免因为同名而导致出错。

4．字符集设置

从上文可知 pageEncodingJSP 页面的字符编码 ，默认值为 pageEncoding="iso-8859-1"。而一般情况下均要将其修改为 UTF-8 编码方式，可通过菜单项目设置默认的编码方式。具体方法为：

（1）打开菜单 Window-->Preferences-->MyEclipse Enterprise Workbench-->Files and Editors-->JSP，如图 4-1-8 和图 4-1-9 所示。

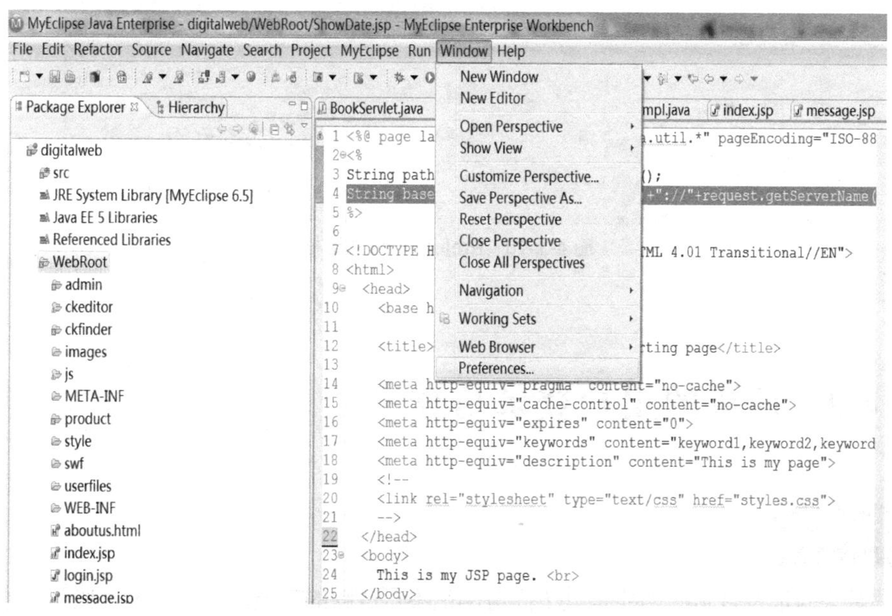

图 4-1-8　打开属性设置菜单

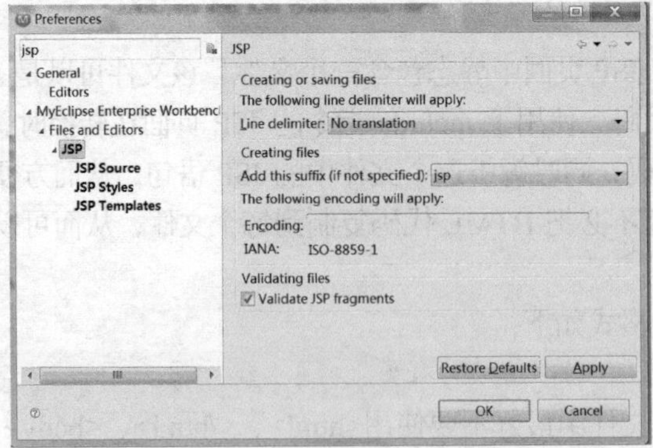

图 4-1-9 Preferences 对话框

（2）将 Encoding 选项选择为 ISO10646/Unicode（UTF-8），如图 4-1-10 所示。

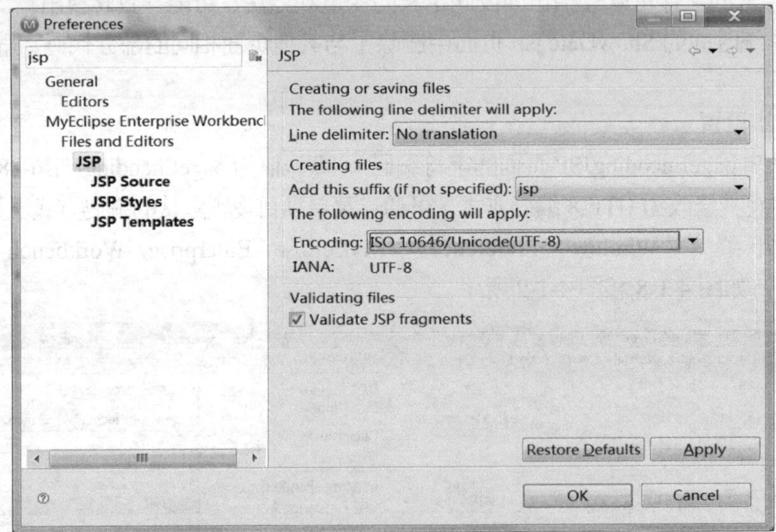

图 4-1-10 Preferences 对话框

任务 4.2 简单的用户登录与登出

用户登录验证及登出的功能是电子商务网站不可或缺的功能。当用户输入验证信息，确定为合法用户后，可进行网站的浏览，对购物车、订单进行操作；当注销退出后，用户只能浏览不能进行商品交易。

用户登录与登出的处理过程是：用户在首页输入登录名和密码后，单击【登录】按钮（如图 4-2-1 所示），将跳转到登录处理页面 dologin.jsp 进行登录处理，如果用户名和密码均正确，仍跳转至首页，同时显示已经登录的用户信息（如图 4-1-2 所示）；当已经登录的用户，单击【退出】，则返回显示需输入用户名和密码的状态。

图 4-2-1　用户登录页面

图 4-2-2　用户登录成功效果图

- 知识目标
  - ✓ 掌握表单处理原理；
  - ✓ 掌握 request 和 response 对象；
  - ✓ 掌握 session 对象的功能及使用方法；

✓ 掌握 out 对象的功能及使用方法。

- 技能目标

✓ 能够正确处理客户端的请求；

✓ 能正确使用 request、response、session 等内置对象。

根据用户登录登出的功能概述，在商城首页 index.jsp 用户输入用户名和密码后提交表单，将表单提交的信息存放在 request 对象中，进入 doLogin.jsp 页面后，获取表单传递的参数后进行用户验证处理，验证通过后将用户登录信息保存在 session 中，返回 index.jsp 页面进行显示。图 4-2-3 为用户登录及登出的单流程。

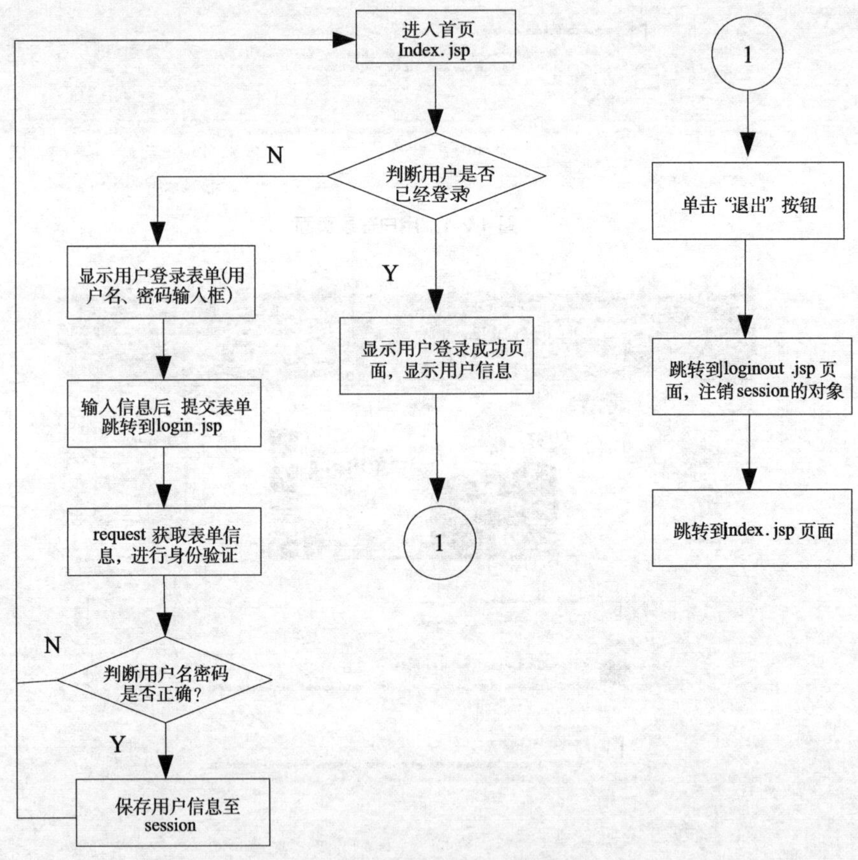

图 4-2-3 用户登录及登出详细流程

步骤一： 表单提交设置。

（1）在 WebRoot 下新建用户登录处理页面 dologin.jsp，如图 4-2-4、图 4-2-5 所示。

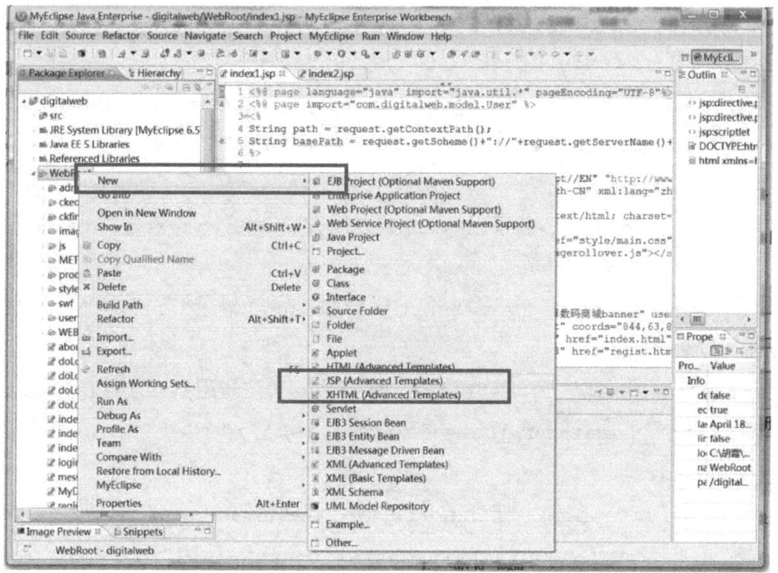

图 4-2-4 新建页面菜单

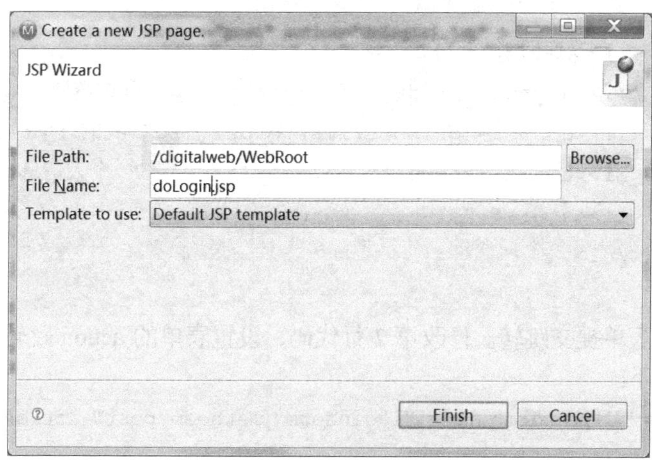

图 4-2-5 新建页面对话框

（2）打开网站首页 index.jsp，找到用户登录模块（见图 4-2-6）的 HTML 源代码，用户登录表单的源代码如下：

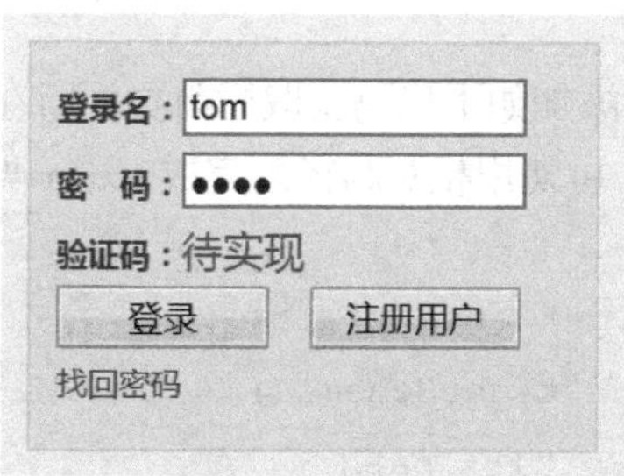

图 4-2-6 用户登录表单

```
<div id="login">
<form id="loginform" name="loginform" method="post" action="" >
```

```
3.        <div><strong>登录名: </strong><input name="txtUser" id="txtUser" size="15" value="" /></div>
4.        <div><strong>密　码: </strong><input name="txtPassword" type="password" id="txtPassword" size="15" value="" /></div>
5.                <div>
6.                <strong>验证码:</strong><font color=red size=3>待实现</font>
7.                </div>
8.            <div><input type="submit" value="登录" name="submit" class="picbut" />
9.    <input name="reg" type="button" value="注册用户" class="picbut" onclick="javascript:location.href=('regist.jsp');" />
10.           </div>
11.           <div><a href="findPwd.jsp">找回密码</a></div>
12.               <div><font color=red size=3></font></div>
13.   </form>
14.       <ul>
15.           <li>欢迎回来，</li>
16.           <li><a href="product/list_cart.jsp">我的购物车</a></li>
17.           <li><a href="product/list_order.jsp">我的订单</a></li>
18.           <li><a href="<%=path %>/userInfo.jsp">个人信息</a></li>
19.           <li><a href="<%=path %>/doLogout.jsp">退出</a></li>
20.           </ul>
21.   </div>
```

（3）设置登录表单提交跳转。修改第 2 行代码，设置表单的 action 跳转至 dologin.jsp。修改后第 2 行代码如下：

```
        <form id="loginform" name="loginform" method="post" action="dologin.jsp" >
        或
        <form id="loginform" name="loginform" method="post" action="
<%=path%>/doLogin.jsp" >
```

程序解释：

在新建页面时，系统会默认添加如下代码获取当前页面所在的项目名称 path 及项目访问的 URL，因此在表单提交跳转时，可使用相对路径来完成 action=**"<%=path%>/doLogin.jsp"**。

```
<%
    String path = request.getContextPath();
    String basePath = request.getScheme() + "://"  + request.getServerName()
+ ":" + request.getServerPort()+ path + "/";
%>
```

（4）启动 Tomcat 服务器后，在 IE 地址栏输入 http://localhost:8080/digital/index.jsp，单击【登录】按钮后，跳转到 doLogin.jsp 页面，如图 4-2-7 和图 4-2-8 所示。

图 4-2-7 首页

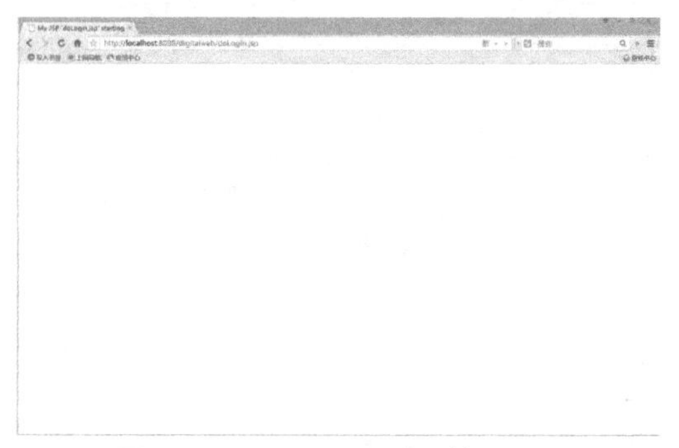

图 4-2-8 doLogin.jsp 登录处理页面

步骤二： 创建 JavaBean。

（1）创建包 com.digitalweb.model。在 Src 中右击 New->Pakage（见图 4-2-9），在弹出的对话框中输入要创建的包名（见图 4-2-10），单击【finish】完成包的创建。

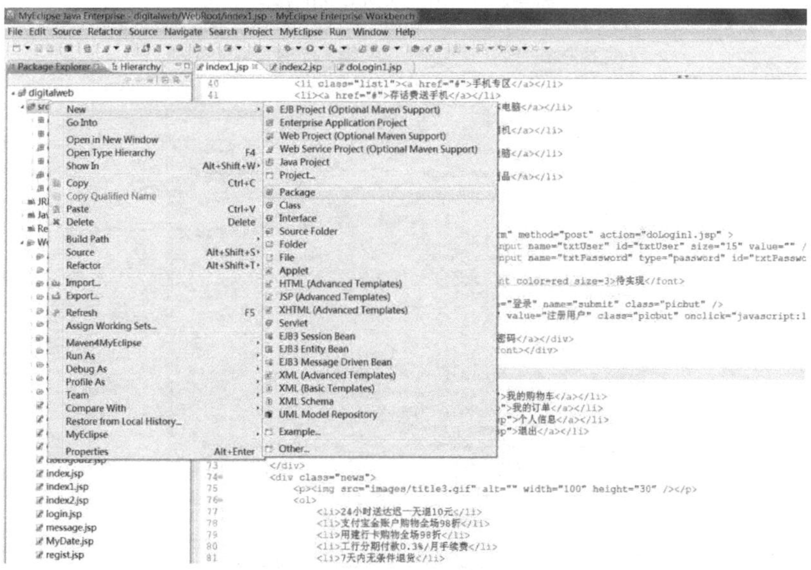

图 4-2-9 创建包

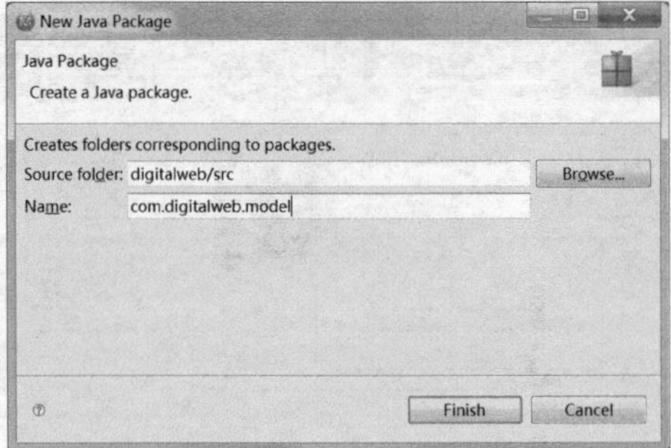

图 4-2-10　输入包名

（2）创建 JavaBean。在刚刚新建的包中右击，在弹出的菜单中选择 new->class，在弹出的对话框中输入类名 User，单击【Finish】完成创建，如图 4-2-11 和图 4-2-12 所示。

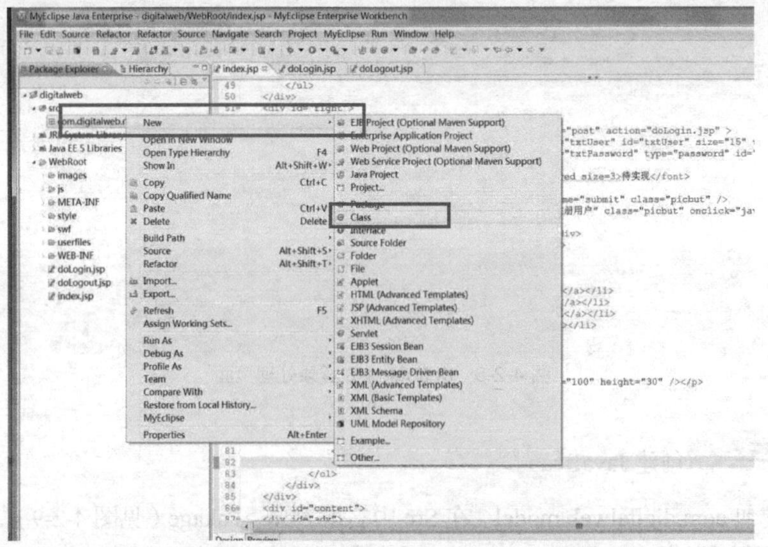

图 4-2-11　创建 JavaBean 菜单

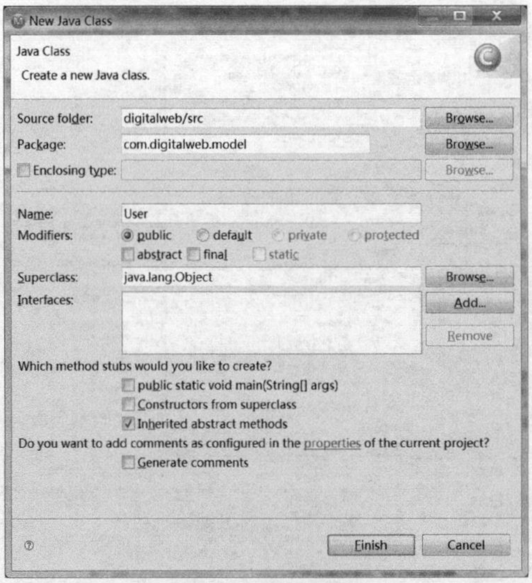

图 4-2-12　创建 JavaBean

User.java 代码如下：

```
1.   package com.digitalweb.model;
2.   public class User {
3.   
4.   }
```

程序说明如下。

第 1 行：当前所在包；

第 2 行 ~ 第 4 行：定义类 User。

（3）完成 User 的代码。

- 添加字段。在上述代码段的第 3 行中插入字段 userName 和 password，代码如下：

```
1.   package com.digitalweb.model;
2.   public class User {
3.       private int id;            //会员标识号
4.       private String userName;  //会员姓名
5.       private String password;  //会员密码
6.   
7.   }
```

程序说明如下。

第 3 行：创建字段 id，表示会员标识号；

第 4 行：创建字段 userName，表示会员姓名；

第 5 行：创建字段 password,表示会员密码。

- 添加无参数构造方法。光标移至第 6 行空行处，单击右键，选择 Source->Generate Constructor from Superclass（见图 4-2-13、图 4-2-14），自动产生如下代码。

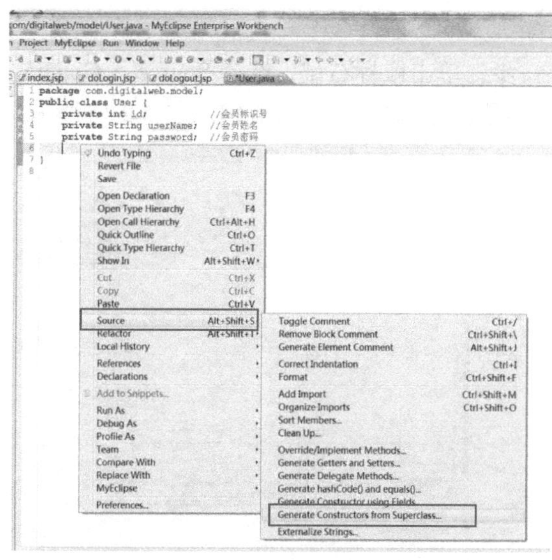

图 4-2-13　生成构造方法菜单项

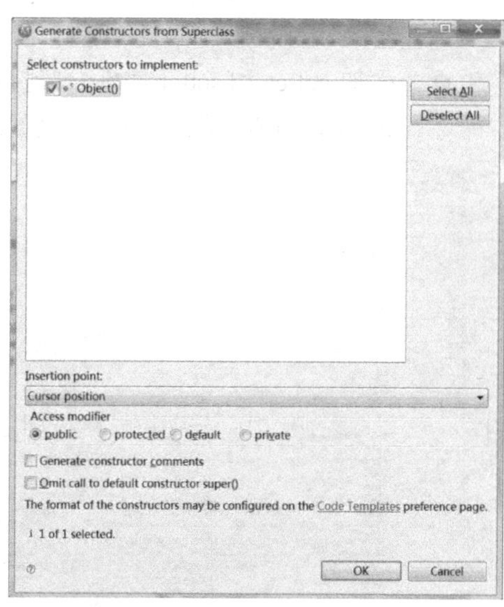

图 4-2-14　生成构造方法对话框

代码：

```
1.   public User() {
```

```
        super();
        // TODO Auto-generated constructor stub
    }
```

- 添加带参数的构造方法。继续在 User 类内的空行处单击右键，选择 Source-> Generate Constructor sing Fields（如图 4-2-15、图 4-2-16），自动产生如下代码。

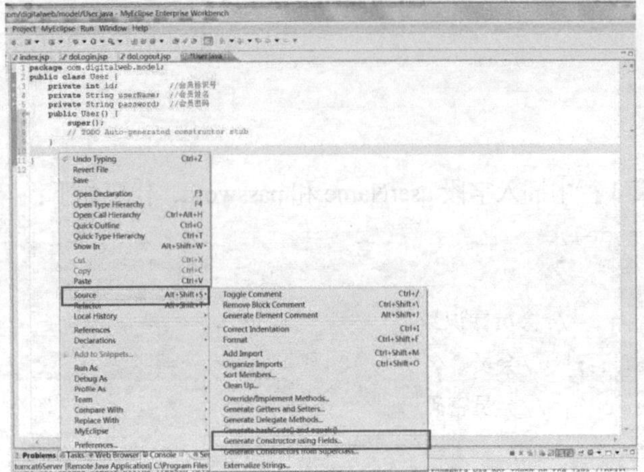

图 4-2-15　生成构造方法菜单项

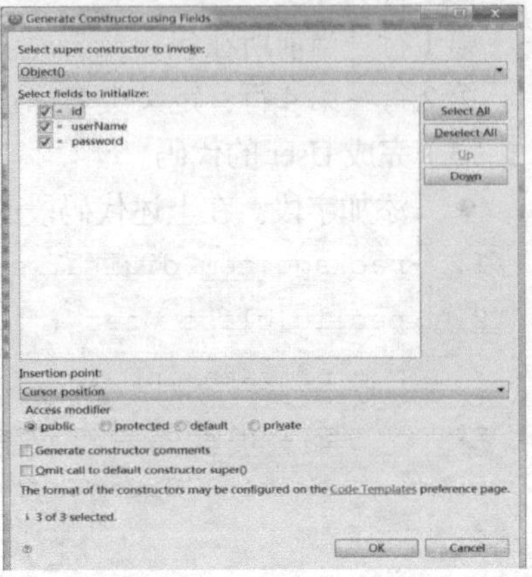

图 4-2-16　生成构造方法对话框

代码：

```
public User(int id, String userName, String password) {
        super();
        this.id = id;
        this.userName = userName;
        this.password = password;
    }
```

- 添加 getter 和 setter 属性。紧接着上一步，单击鼠标右键，选择 Source-> Generate Getters and Setters，选择需要设置属性的字段，完成添加，如图 4-2-1 和图 4-2-18 所示。

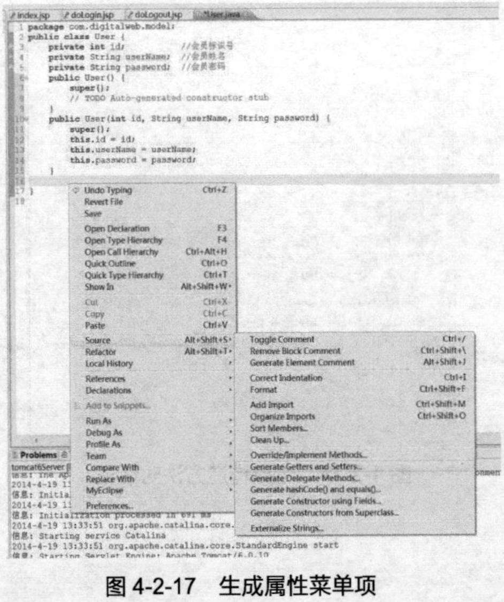

图 4-2-17　生成属性菜单项

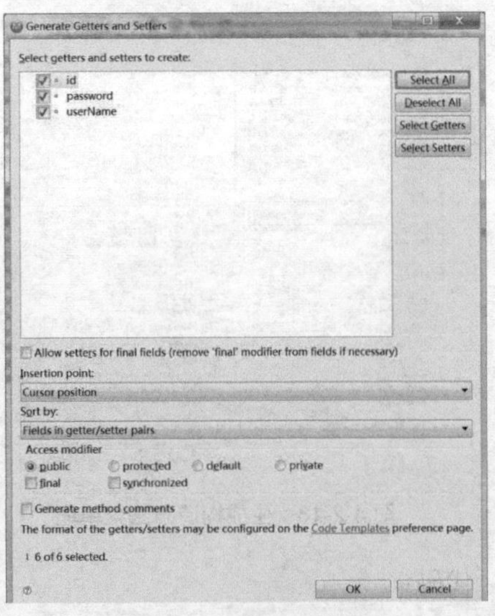

图 4-2-18　生成属性对话框

代码：

```
public int getId() {
        return id;
    }
    public void setId(int id) {
        this.id = id;
    }
    public String getUserName() {
        return userName;
    }
    public void setUserName(String userName) {
        this.userName = userName;
    }
    public String getPassword() {
        return password;
    }
    public void setPassword(String password) {
        this.password = password;
    }
```

步骤三： 接收参数进行用户验证。

（1）添加包引用。在页面的 Page 指令的 import 中添加“com.digitalweb.model.*”，如图 4-2-19 所示。

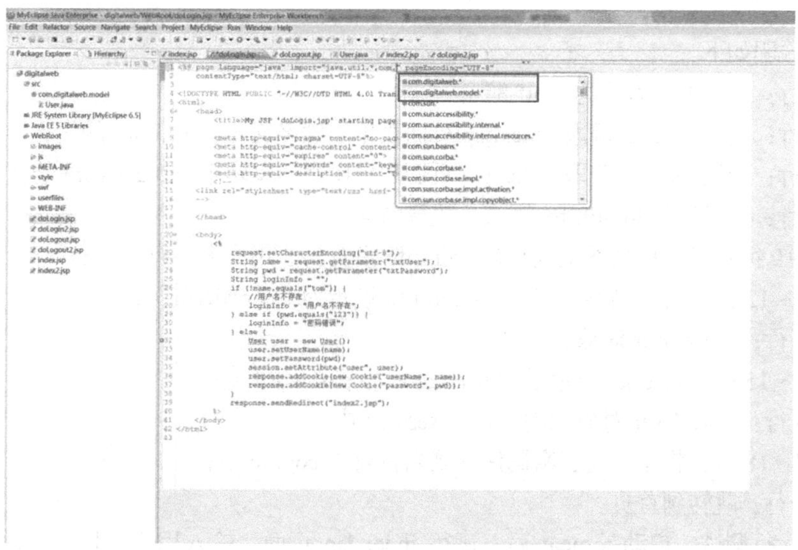

图 4-2-19　添加包 com.digitalweb.mode.*

修改后代码如下：

```
<%@ page language="java" import="java.util.*,com.digitalweb.model.*"
```

```
pageEncoding="UTF-8"
                    contentType="text/html; charset=UTF-8"%>
```

（2）打开 doLogin.jsp 页面，在页面中添加如下脚本代码：

```
1.     <%
2.    request.setCharacterEncoding("utf-8");
3.    String name = request.getParameter("txtUser");
4.    String pwd = request.getParameter("txtPassword");
5.    String loginInfo = "";
6.    if(!name.equals("tom")){
7.      //用户名不存在
8.          loginInfo = "用户名不存在";
9.    }
10. else if(pwd.equals("123")){
11.         loginInfo = "密码错误";
12.   }else{
13.         User user = new User();
14.         user.setUserName(name);
15.         user.setPassword(pwd);
16.         session.setAttribute("user",user);
17.         response.addCookie(new Cookie("userName",name));
18.         response.addCookie(new Cookie("password",pwd));
19.   }
20.     response.sendRedirect("index.jsp");
21.     %>
```

程序说明如下。

第 2 行：设置编码方式为“utf-8”；

第 3 行：使用 request 获取 index.jsp 页面表单中姓名文本框 txtUser 的值；

第 4 行：使用 request 获取 index.jsp 页面表单中密码文本框 txtPassword 的值；

第 5 行：定义变量 loginInfo 用来存放登录信息；

第 6～9 行：当用户名不正确时，loginInfo 设置为“用户名不存在”；

第 10～12 行：当密码不正确时，loginInfo 设置为“密码错误”；

第 13 行：创建 User 对象；

第 14～15 行：为 User 对象设置 username 和 password 值；

第 16 行：保存 User 对象到内置对象 session 中；

第 17～18 行：将用户名、密码保存到内置对象 cookie 中；

第 20 行：跳转到首页。

（3）运行测试。启动 tomcat 后，运行 index.jsp 页面，输入用户名和密码后，将重新跳回 index.jsp 页面。

步骤四： 显示用户登录信息。

（1）添加脚本判断用户是否已经登录。

```
<%
    User user = (User) session.getAttribute("user");
    String loginInfo = (String) session.getAttribute("loginInfo");
    if (user == null) {
        Cookie[] cookies = request.getCookies();
        String cname = "";
        String cpwd = "";
        if (cookies != null) {
            for (Cookie c : cookies) {
                if (c.getName().equals("userName")) {
                    cname = c.getValue();
                } else if (c.getName().equals("password")) {
                    cpwd = c.getValue();
                }
            }
        }
%>
<div id="login">
    <form id="loginform" name="loginform" method="post" action="doLogin.jsp">
    <div>
        <strong>登录名：</strong>
        <input name="txtUser" id="txtUser" size="15" value="<%=cname%>" />
    </div>
    <div>
        <strong>密 码：</strong>
        <input name="txtPassword" type="password" id="txtPassword" size="15" value="<%=cpwd%>" />
    </div>
    <div>
        <strong>验证码：</strong><font color=red size=3>待实现</font>
    </div>
    <div>
        <input type="submit" value="登录" name="submit" class="picbut" />
        <input name="reg" type="button" value="注册用户" class="picbut"
        onclick="javascript:location.href=('regist.jsp');" />
    </div>
    <div>
        <a href="findPwd.jsp">找回密码</a>
    </div>
    <div>
```

当用户未登录显示的内容

```
40.         <font color=red size=3></font>
41.     </div>
42. </form>
43. <%} else {%>
44. <ul>
45.     <li>欢迎回来，</li>
46.     <li><a href="product/list_cart.jsp">我的购物车</a></li>
47.     <li><a href="product/list_order.jsp">我的订单</a></li>
48.     <li><a href="<%=path%>/userInfo.jsp">个人信息</a></li>
49.     <li><a href="<%=path%>/doLogout.jsp">退出</a></li>
50. </ul>
51. <%}%>
52. </div>
```

当用户登录后显示的内容

程序说明如下。

第 2 行：获取 session 中 user 的值；

第 3 行：获取 session 中 loginInfo 的值；

第 4 行：判断当前有无用户登录信息；

第 5~15 行：当前无用户登录信息，查看 cookies 中是否曾经保存过用户名密码，如有则将用户名、密码读取出来。

（2）使用表达式显示用户名、密码信息的显示。设置用户名、密码文本框的 value 值为表达式<%=cname%>和<%=cpwd%>。代码如下：

```
<div>
        <strong>登录名：</strong>
        <input name="txtUser" id="txtUser" size="15" value="<%=cname %>" />
</div>
    <div>
        <strong>密 码：</strong>
        <input name="txtPassword" type="password" id="txtPassword"
        size="15" value="<%=cpwd %>" />
    </div>
```

（3）添加脚本代码实现根据用户登录的信息显示不同的界面信息，当用户未登录时，如果 cookies 中存有登录信息，则显示出来（见图 4-2-20），代码见第 18~44 行；如果用户已经登录，则直接显示已经登录用户的信息（见图 4-2-21），代码见第 46~47 行、65~67 行。

图 4-2-20 用户未登录，但 cookies 中存有用户名

图 4-2-21 用户登录后显示信息

步骤五：用户登出处理。

（1）新建登出 doLoginout.jsp 页面。

（2）在页面中添加脚本代码，清空 session 值。代码如下：

```
1.  <%
2.      session.setMaxInactiveInterval(0);
3.      response.sendRedirect("index.jsp");
4.  %>
```

程序说明如下。

第 2 行：将 session 清空；

第 3 行：跳转到首页。

（3）当用户在图 4-2-21 中，单击“退出”，则返回登录界面，如图 4-2-22 所示。

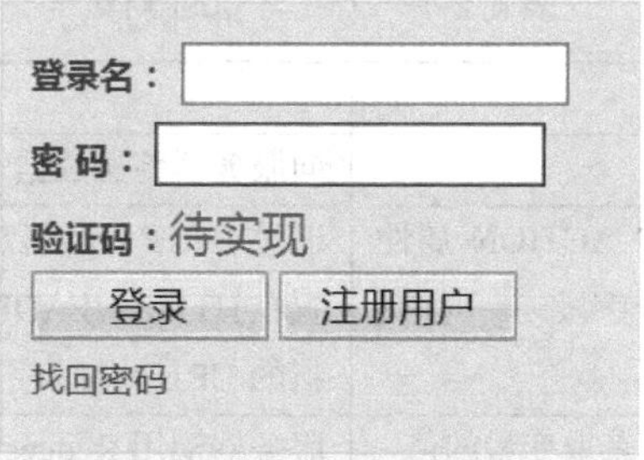

图 4-2-22　退出登录后显示

1. HTML 表单<form>属性

（1）method 属性

当用户通过浏览器访问一个 Web 站点时，首先向服务器发送一个连接请求，请求内容包括服务器地址和请求页的路径。服务器根据用户请求的路径以及页面路径组合起来查找到相应的页面，然后返回到客户端。客户端在向服务器端提交数据的时候，有多种数据提交机制，最常用的就是 get 方法和 post 方法。

method 属性指明了表单数据发送给服务器的方式。它的方式有两种，一种是 get 方法，另一个是 post 方法，方法名不区分大小写。对于纯查询来说可以使用 get 方法，而对于需要提交表单数据的情况则使用 post 方法。

- get 方法

是默认方法不需要指定，在每次浏览器请求文档时使用。对于那些对服务器状态没有影响的操作更适合使用 get 方法，即简单文档检索、查询、数据库查询、书签等。它是获取静态 HTML 文件和图片的唯一方法。get 方法通过将数据附加到 URL 后面（叫做查询字符串，query string）来将数据传递到服务器。查询字符串是一个由名/值对组成的 URL 封装字符串，查询字符串前使用问号与 URL 分割。当用户单击【提交】按钮后，就可以在浏览器的地址栏中看到查询字符串。

get 提交数据的方法有两种形式：一是使用 get 方法提交表单，本任务中，index.jsp 页面中提供了用户登录的表单，doLogin.jsp 是对用户登录进行处理的文件；二是在浏览器的地址中输入地址，本任务中如果知道用户名和密码，要在浏览器中输入：http://localhost:8080/digitalweb/doLogin.jsp?user=tom&password=123。

- post 方法

post 提交数据的方法只能通过表单来实现。适用于处理可能改变服务器状态的操作，如向数据库中添加或删除记录、上传文件、发电子邮件等。post 方法是发送表单数据时最常用的方法。post 的数据与 get 方法采用同样的 URL 编码方式，但是数据是作为消息体发送到服务器的，类似于一个电子邮件消息，而不是附带在 URL 中。post 方法可以用来传递较大的数据，不过，虽然使用 post 方法可以通过浏览器“查看”菜单的“查看源文件”选项看到传递的数据，但不会直接显示到浏览器的地址栏中，见表 4-2-1。

表 4-2-1　get 与 post 对比

get	post
从服务器上获取数据	向服务器传送数据
把参数数据队列加到提交表单的 ACTION 属性所指的 URL 中，值和表单内各个字段一一对应，在 URL 中可以看到	通过 HTTP post 机制，将表单内各个字段与其内容放置在 HTML HEADER 内一起传送到 ACTION 属性所指的 URL 地址。用户看不到这个过程
服务器端用 Request.QueryString 获取变量的值	服务器端用 Request.Form 获取提交的数据
传送的数据量较小，不能大于 2KB	传送的数据量较大，一般被默认为不受限制。但理论上，IIS4 中最大量为 80KB，IIS5 中为 100KB
安全性非常低	安全性较高

（2）action 属性

action 属性的值是一个 URL，指向处理表单数据 form 的服务器程序地址。在用户输入表单要求的信息后，通常会有一个提交按钮，单击这个按钮后，浏览器会根据 action 属性的值来决定向哪里发送数据，这个值通常是一个 PHP、Perl CGI 或 ASP 脚本的 URL，该 URL 可以是绝对或相对 URL（例如：http://localhost：8080/digitalweb/doLogin.jsp，或者简写成 doLogin.jsp 等）。当表单数据被发送到服务器程序后，会进行后续的处理，如验证、存入数据等。

为了防止表单数据被直接发送给服务器，可以将 action 属性值赋值为空或省略该属性，这样表单数据不会被发送。

2．JSP 页面内置对象

JSP 页面包括 9 种内置对象：request（客户端请求，包括由 get/post 请求传递的参数）、response（网页对客户端的响应）、out（发送响应的输出流）、session（与请求相关的会话）、application（Servlet 的运行环境）、config（Servlet 配置对象）、pagecontext（管理网页属性）、page）JSP 页面本身）和 exception（在有错的网页未被捕获的异常），这 9 种内置对象不需要预先声明就可以在脚本代码和表达式中随意使用。本任务中，主要介绍 request、out、session、cookie 对象的使用方法。

（1）out 对象

out 对象是一个输出流，用于向客户端输出数据。该对象的基类是 javax.servlet.jsp.JspWriter 类。其常用方法见表 4-2-2。

表 4-2-2 out 对象常用方法

方法名	描　述
void print()	输出数据，不换行
void println()	输出数据，换行
void newline()	输出一个换行符
void flush()	输出缓冲区里的内容
void close()	关闭输出流
void clear()	清除缓冲区的内容
void clearBuffer()	清除缓冲区的当前内容
int getBufferSize()	获得缓冲区的大小，以字节为单位。如不设缓冲区则为 0
Int getRemaining()	获得缓冲区里没有使用的空间大小

- ✓ print()和 println()方法：print()方法输出数据时，不会写入一个换行符；而 println()方法输出数据时，会写入一个换行符。但是，浏览器目前不识别 println()写入的换行符，如果希望浏览器显示换行，应当向浏览器写入
来实现。
- ✓ close()：不要在 JSP 页面中，直接调用 out 对象的 **close()**方法，否则将会抛出异常。
- ✓ getBufferSize()：单位为字节。
- ✓ getRemaining()：页面上输出的内容全部存储在缓冲区中，每输出一个字符，占用 1KB 的缓冲区大小。默认一个页面的可用空间为 8104B。
- ✓ isAutoFlush()：通过 page 指令的 autoFlush 属性来设置。
- ✓ clear()：页面将显示为空白。
- ✓ clearBuffer()：后面存放在缓冲区的内容不会被清空，可以正常显示在页面上。
- ✓ flush()：输出缓冲区里面的数据，并清空缓冲区中的内容。
- ✓ close()：关闭输出流，可以强制终止当前页面的剩余部分向浏览器输出。关闭之前会调用 flush。

示例：下面示例介绍了 out 对象的使用方法

```
<body>
        <body>
        <%
            out.println("out对象应用实例 : <br><hr>");
            out.println("<br>输出布尔型数据");
            out.println(true);
            out.println("<br>输出字符型数据");
            out.println("siit@siit.edu.cn");
            out.println("<br>输出整型数据");
```

```
            out.println(100);
            out.println("<br>输出对象数据");
            out.println(new java.util.Date());
            out.println("<br> 缓冲区大小：");
            out.println(out.getBufferSize());
            out.println("<br> 缓冲区剩余大小：");
            out.println(out.getRemaining());
            out.println("<br>是否自动刷新");
            out.println(out.isAutoFlush());
            out.flush();
            out.println("<br>调用out.flush()");
            out.close();
            out.println("关闭后，能显示么？这行将不被显示");
        %>
```

程序运行结果如图 4-2-23 所示：

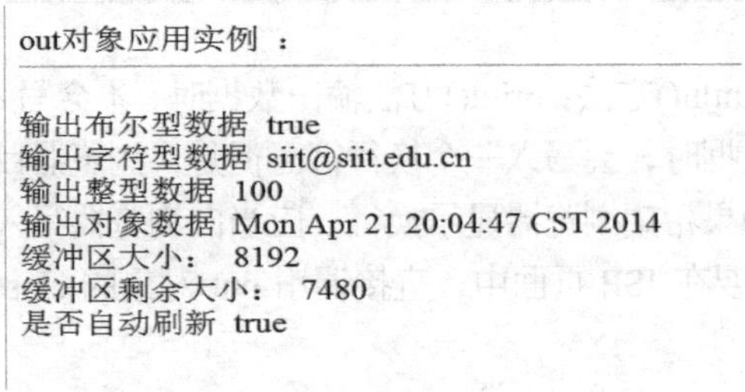

out对象应用实例 ：

输出布尔型数据 true
输出字符型数据 siit@siit.edu.cn
输出整型数据 100
输出对象数据 Mon Apr 21 20:04:47 CST 2014
缓冲区大小： 8192
缓冲区剩余大小： 7480
是否自动刷新 true

图 4-2-23 程序运行结果

（2）request

request 对象是和请求相关的 HttpServletRequest 类的一个对象，该对象封装了用户提交的信息，通过调用该对象以获取封装的信息，即使用该对象可以查看请求参数的配置情况、请求的类型及已经请求的 HTTP 头。

- request 使用表 4-2-3 所示参数来获取请求参数：

表 4-2-3 request 对象常用方法

方法名	描　述
object getAttribute(String name)	返回由 name 指定属性的属性值 ，如不存在，则返回 null
void setAttribute(String key,Object obj)	设置属性的属性值（将 obj 设置成 request 范围的属性值）
Enumeration getAttributeNames()	返回所有可用属性名的枚举
String getCharacterEncoding()	返回字符编码方式
String getParameter(String name)	返回 name 指定参数的值
Enumeration getParameterNames()	返回可用参数名的枚举
String[] getParameterValues(String name)	返回包含参数 name 的所有值的数组

续表

方法名	描　述
Map getParameterMap()	返回所有请求参数名和参数值所组成的 Map 对象
String getServerName()	返回接受请求的服务器主机名
Cookie[] getCookie()	返回客户端的 Cookie 对象，结果是一个 Cookie 数组
String getQueryString()	返回查询字符串，该串由客户端 get 方法向服务器传送
String getRequestURL()	返回发出请求字符串的客户端地址
int getServerPort()	返回服务器接受此请求所用的端口号
String getRemoteAddr()	返回发送此请求的客户端 IP 地址
String getRemoteHost()	返回发送此请求的客户端主机名
String getRealPath(String path)	返回虚拟路径的真实路径
String getContentLength()	返回内容的长度

注：表单域所代表的请求参数是根据 request 的 getParameter() 方法获得的，并不是每个表单域都会生成请求参数，而是由 name 属性的表单域才会生成请求参数。关于表单域和请求参数的关系遵循以下四点：

- ✓ 每个有 name 属性的表单域对应一个请求参数；
- ✓ 如果有多个表单域有相同的 name 属性，则多个表单域生成一个请求参数，只不过该请求参数有多个参数值；
- ✓ 表单域的 name 属性指定参数名，value 属性指定参数值；
- ✓ 如果某个表单域指定 disabled="true"，则该表单域不会再生成请求参数。

Request 使用实例：

Input.jsp 页面代码如下，当用户单击【提交】按钮后，跳转到 requestweb.jsp 页面处理。

```
<form name="form1" method="post" action="requestweb.jsp">
        请输入用户姓名：
        <input type="text" name="txtusername">
        <input type="submit" name="Submit" value="提交">
    </form>
```

请输入用户姓名：　张三　提交

requestweb.jsp 页面代码如下，将获取的参数显示出来。

```
<%
        String username = request.getParameter("txtusername");
        String uname = new String(username.getBytes("iso8859_1"), "UTF-8");
        request.setAttribute("username", uname);
        out.println("未处理前："+username+"</br>");
        out.println("处理后:"+uname+"</br>");
```

```
7.          out.println("通信协议："+request.getProtocol()+"</br>");
8.          out.println("请求方式："+request.getScheme()+"</br>");
9.          out.println("服务器名称："+request.getServerName()+"</br>");
10.         out.println("通信端口："+request.getServerPort()+"</br>");
11.         out.println("使用者IP"+request.getRemoteAddr()+"</br>");
12.     %>
```

程序说明如下。

第 3 行：获取提交页面 input.jsp 传递的参数 txtusername 的值；

第 4 行：对获取的字符串进行中文处理；

第 5 行：设置参数 username 的值为获取的字符串；

第 6 行：显示未进行中文处理前获取的值；

第 7 行：显示处理后的字符串；

第 8 行：显示请求的通信协议；

第 9 行：显示服务器名称；

第 10 行：显示通信端口号；

第 11 行：显示使用者的 IP。

```
http://localhost:8080/digitalweb/requestweb.jsp

未处理前： å¼ ä¸‰
处理后:张三
通信协议： HTTP/1.1
请求方式： http
服务器名称： localhost
通信端口： 8080
使用者IP0:0:0:0:0:0:0:1
```

（3）reponse 对象

response 对象主要将 JSP 处理请求后的结果传回到客户端。respose 对象的基类是 javax.servlet.ServletResponse；如果传输协议是 http，则 response 对象的基类是 javax.servlet.HttpServletResponse。

- reponse 使用表 4-2-4 所示参数来获取请求参数。

表 4-2-4　reponse 对象常用方法

方法名	描　述
String getCharacterEncoding()	返回响应用的是何种字符编码
ServletOutputStream getOutputStream()	返回响应的一个二进制输出流
PrintWriter getWriter()	返回可以向客户端输出字符的一个对象
void setContentLength(int len)	设置响应头长度
void setContentType(String type)	设置 contentType 的属性值，JSP 引擎会按照修改后的 MIME 类型来响应客户浏览器
Void sendRedirect(java.lang.String location)	重新定向客户端的请求
void sendError(int sc)	使用指定的状态码向客户端返回一个错误响应
void sendError(int sc,String msg)	使用指定的状态码和状态描述向客户端返回一个错误响应

续表

方法名	描　述
void setStatus(int sc)	设置 HTTP 响应的状态行，以指定的状态码将响应返回给客户端
void addCookie(Cookie cookie)	新增 cookie 到响应头
void addDateHeader(String name, long date)	新增 long 类型的值到响应头
void addHeader(String name, String value)	新增 String 类型的值到响应头，name 用于指定 HTTP 响应头的类型
void addIntHeader(String name, int value)	新增 int 类型的值到响应头
void setDateHeader(String name, long date)	以指定名称和指定 long 类型的值设置响应头
void setHeader(String name, String value)	以指定名称和指定 String 类型的值设置响应头
void setIntHeader(String name, int value)	以指定名称和指定 int 类型的值设置响应头

本任务中使用 sendRedirect()来进行页面跳转。

（4）session 对象

HTTP 协议是无状态的，即信息无法通过 HTTP 协议本身进传递。为了跟踪用户的操作状态，JSP 使用一个叫 HttpSession 的对象实现用户状态的保存。session 在第一个 JSP 页面被装载的时候自动创建，完成会话期管理。从一个客户打开浏览器并连接到服务器开始，到客户关闭浏览器离开这个服务器结束，被称为一个会话。当一个客户访问一个服务器时，可能会在这个服务器的几个页面之间反复连接，反复刷新一个页面，服务器通过 session 对象来区分是哪个客户，见表 4-2-5。

session 的信息保存在服务器端，session 的 id 保存在客户机的 cookie 中。事实上，在许多服务器上，如果浏览器支持的话它们就使用 cookies，但是如果不支持或废除了的话就自动转化为 URL-rewriting，session 自动为每个流程提供了方便地存储信息的方法。

session 一般在服务器上设置了一个 30 分钟的过期时间，当客户停止活动后自动失效。session 中保存和检索的信息不能是基本数据类型如 int、double 等，而必须是 Java 的相应的对象，如 Integer、Double。

表 4-2-5　session 对象常用方法

方法名	描　述
public String getId()	取得 session id
public long getCreationTime()	取得 session 的创建时间
public long getLastAccessedTime()	取得 session 的最后一次操作时间
public boolean isNew()	判断是否是新的 session（新用户）
public void invalidate()	让 session 失效
Void removeAttribute(String name)	删除指定属性的属性值和属性名
int getMaxInactiveInterval()	获取 session 对象的生存时间
Void setAttribute(String name,Object obj)	设定指定名字的属性
object getAttribute(String name)	返回 session 对象中存储的每一个属性对象
public Enumeration getAttributeNames()	得到全部属性的名称

本任务中使用 session 存放用户信息并在另一个页面读取：

```
dologin页面设置session:    session.setAttribute("user",user);
index页面读取session:  User user = (User) session.getAttribute("user");
```

（5）cookies 对象

浏览器与 Web 服务器之间是使用 HTTP 协议进行通信的，当某个用户发出页面请求时，Web 服务器只是简单地进行响应，然后就关闭与该用户的连接。 因此当一个请求发送到 Web 服务器时，无论其是否是第一次来访，服务器都会把它当作第一次来对待，很多信息不能保存下来。为了弥补这个缺陷，Netscape 开发出了 cookie 这个有效的工具来保存某个用户的识别信息，因此被人们昵称为“小甜饼”。cookies 是一种 Web 服务器通过浏览器在访问者的硬盘上存储信息的手段：Netscape Navigator 使用一个名为 cookies.txt 的本地文件保存从所有站点接收的 cookie 信息；而 IE 浏览器把 cookie 信息保存在类似于 C:\windows\cookies 的目录下。当用户再次访问某个站点时，服务端将要求浏览器查找并返回先前发送的 cookie 信息，来识别这个用户，见表 4-2-6。

表 4-2-6　cookies 对象常用方法

方法名	描　述
String getComment()	返回 cookie 中注释,如果没有注释的话将返回空值.
void setComment(String purpose)	设置 cookie 中注释
String getDomain()	返回 cookie 中 cookie 适用的域名。使用 getDomain() 方法可以指示浏览器把 cookie 返回给同 一域内的其他服务器，而通常 cookie 只返回给与发送它的服务器名字完全相同的服务器。注意域名必须以点开始
void setDomain(String pattern)	设置 cookie 中 cookie 适用的域名
int getMaxAge()	返回 cookie 过期之前的最大时间，以秒计算
String getName()	返回 cookie 的名字
String getPath()	返回 cookie 适用的路径。如果不指定路径，cookie 将返回给当前页面所在目录及其子目录下 的所有页面。
boolean getSecure()	如果浏览器通过安全协议发送 cookies 将返回 true 值，如果浏览器使用标准协议则返回 false 值。
String getValue()	返回 cookie 的值
void setValue(String newValue)	cookie 创建后设置一个新的值
int getVersion()	返回 cookie 所遵从的协议版本
void setMaxAge(int expiry)	以秒计算，设置 cookie 过期时间
void setPath(String uri)	指定 cookie 适用的路径
void setSecure(boolean flag)	指出浏览器使用的安全协议，例如 HTTPS 或 SSL
void setVersion(int v)	设置 cookie 所遵从的协议版本

session 使用示例：

在 dologin.jsp 页面中，将用户名密码保存到 cookies 中，代码如下：

```
response.addCookie(new Cookie("userName", name));
response.addCookie(new Cookie("password", pwd));
```

在 index.jsp 页面中，将用户名密码读取出来在页面显示，代码如下：

```
if (cookies != null) {
        for (Cookie c : cookies) {
            if (c.getName().equals("userName")) {
                cname = c.getValue();
            } else if (c.getName().equals("password")) {
                    cpwd = c.getValue();
            }
        }
}
```

任务 4.3　application 实现在线会员统计

管理员可以查看已经登陆的会员，并能够查看其详细信息，本任务通过内置对象 application 的数据共享机制实现在线人员的显示，如果没有会员登录则显示“还没有用户登录”，如图 4-3-1 所示。

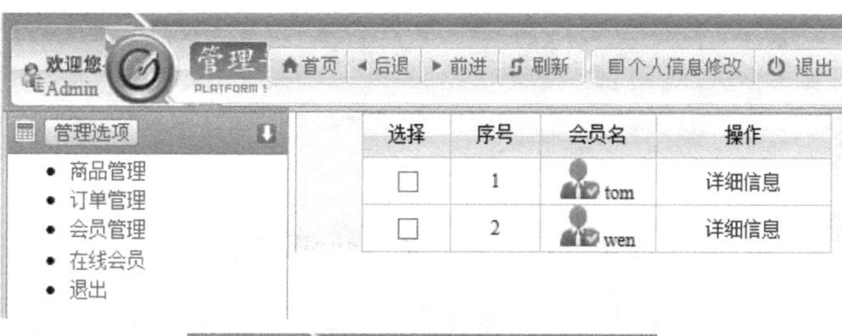

图 4-3-1　在线会员统计

- 知识目标
  - ✓ 掌握 application 对象的常用方法；
  - ✓ 掌握 HashMap 集合类型的常用方法。

- 技能目标
  - ✓ 能够应用 application 对象实现数据的共享；
  - ✓ 能够应用 HashMap 实现数据的存储与遍历。

在线会员统计功能的实现需要三个部分的实现，如图 4-3-2 所示。

- ✓ 用户登录：用户登录时，将个人信息存入 application；
- ✓ 显示在线会员：在 onlineUser.jsp 页面，显示 application 中的在线会员；
- ✓ 用户登出：用户登出时，将个人信息从 application 中删除。

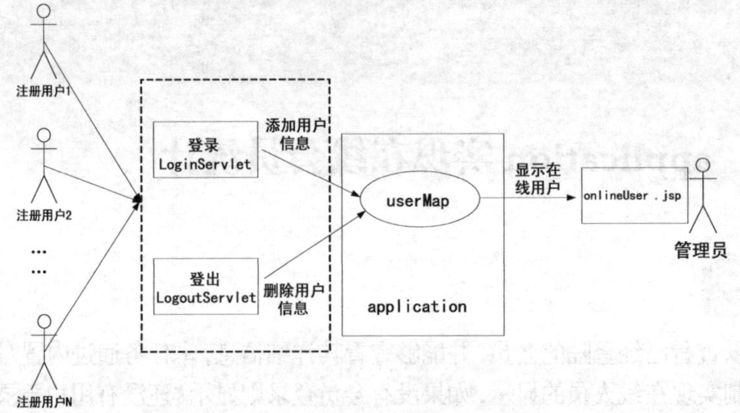

图 4-3-2　在线会员统计

步骤一： 用户登录成功将用户信息存入 application。

在任务 4.2 中已经实现简单的用户登录与登出，通过 session 保存个人信息，但 session 只能记录当前会话用户的信息，无法记录其他会话用户的信息，因此需要在登录成功时，用 application 全局对象保存登录成功的用户列表。

打开 doLogin.jsp，在登录成功的分支添加如下代码：

```
1.  HashMap<String,User> userMap = (HashMap<String,User>) application.
    getAttribute("userMap");
2.  if(userMap==null){
3.     userMap = new HashMap<String, User>();
4.  }
5.  userMap.put(name, user);
6.  application.setAttribute("userMap", userMap);
7.
```

程序说明如下。

第 1 行：从 application 中获取在线的用户列表 userMap；

第2~4行：如果 userMap 为空，表示没有用户登录，将 userMap 初始化；

第5行：将用户存入 userMap，按照<String，User>格式存储；

第6行：将 userMap 存入 application 中。

步骤二： onlineUser.jsp 视图页显示在线用户信息。

新建 JSP 页面 onlineUser.jsp，在页面中从 application 中取出 userMap，如果为 null 或者无元素，则显示“还没有用户登录”，否则，将用户以表格形式输出。

```
<%
HashMap<String,User> userMap = (HashMap<String,User>)
application.getAttribute("userMap");
if(userMap==nul l|| userMap.size()==0){
    out.print("还没有用户登录！");
}else{
    Iterator iterator = userMap.entrySet ().iterator();
    int i=1;
%>
<table width="80%" border="0" align="center" cellpadding="0"
cellspacing="1" bgcolor="#c0de98" onmouseover="changeto()"
onmouseout="changeback()">
<tr>
 <td width="15%" height="26" background="tab/images/tab_14.gif"
class="STYLE1"> <div align="center" class="STYLE2 STYLE1">选择
</div></td>
 <td width="15%" height="18" background="tab/images/tab_14.gif"
class="STYLE1"><div align="center" class="STYLE2 STYLE1">序号
</div></td>
 <td width="20%" height="18" background="tab/images/tab_14.gif"
class="STYLE1"><div align="center" class="STYLE2 STYLE1">会员名
</div></td>
 <td width="30%" height="18" background="tab/images/tab_14.gif"
class="STYLE1"><div align="center" class="STYLE2 STYLE1">操作</div></td>
</tr>
<%
  while(iterator.hasNext()) {
 Map.Entry entry = (Map.Entry) iterator.next();
 User user = (User)entry.getValue();
%>
 <tr>
  <td hedight="10" bgcolor="#FFFFFF">
  <div align="center" class="STYLE1">
```

```
24.    <input name="checkbox" type="checkbox" class="STYLE2"
   value="checkbox" />
25.   </div>
26.  </td>
27. <td height="18" bgcolor="#FFFFFF" class="STYLE2"><div align="center"
   class="STYLE2 STYLE1"><%=i++ %></div></td>
28.  <td height="18" bgcolor="#FFFFFF"><div align="center" class="STYLE2 STYLE1">
29.    <img src="../images/online.png" width="25" height="25" />
30.     <%=user.getUserName() %></div></td>
31.   <td height="18" bgcolor="#FFFFFF"><div align="center" class="STYLE2
   STYLE1"><a href="#">详细信息</a></div></td>
32.  </tr>
33.  <%}
34.  } %>
```

程序说明如下。

第 2 行：从 application 中取出 userMap；

第 3～4 行：如果 userMap 为 null 或者无元素，则显示输出“还没有用户登录！”；

第 6 行：建立遍历 userMap 的迭代器 iterator；

第 17 行：如果 iterator 有下一个元素，则继续 while 循环；

地 18 行：从 iterator 中取出元素，定义为 Map.Entry；

第 19 行：通过 entry 对象获取值为 user；

第 21～32 行：循环显示 userMap 中对象信息。

注：

HashMap 的遍历有两种方式，在此使用了一种效率较高的取值方式，另外一种方式见“技能要点”。

步骤三： 用户退出时删除 application 中的信息。

用户登录后，将个人信息存入到 application 全局变量中，因此，用户登出时，需要将个人信息从 application 中删除掉，以免产生数据不同步的异常。

打开 doLogout.jsp，在从 session 中删除 user 对象之前，先从 application 中将用户信息删除。添加如下代码：

```
1.  User user = (User)session.getAttribute("user");
2.  HashMap<String,User> userMap = (HashMap<String,User>) application.
    getAttribute("userMap");
3.  if(userMap!=null&&userMap.size()!=0){
4.      userMap.remove(user.getUserName);
5.  }
```

程序说明如下。

第 1 行：从 session 中取出个人信息 user 对象；

第 2 行：从 application 中取出在线用户列表 userMap；

第 3～5 行：如果 userMap 不为空并且有元素，则从 userMap 中根据关键字进行删除。

1. 内置对象 application

application 是 javax.servlet.ServletContext 类型的隐含变量，实现了用户间数据的共享，可存放全局变量。它开始于服务器的启动，直到服务器的关闭，在此期间，此对象将一直存在；这样在用户的前后连接或不同用户之间的连接中，可以对此对象的同一属性进行操作；在任何地方对此对象属性的操作，都将影响到其他用户对此的访问。服务器的启动和关闭决定了 application 对象的生命。它是 ServletContext 类的实例。

application 对象与 session 对象不同，session 对象是客户访问时产生的，客户之间的会话是相对独立的，application 是 Web 服务器启动后就产生了，所有客户访问的 application 对象都是同一个。即从 application 从服务器启动开始产生，所有的客户共享同一个 application 中的数据，对 application 的任何更新都会影响到所有的访问客户，当服务器停止时，application 对象才销毁。

application 常用方法见表 4-3-1 所示。

表 4-3-1 application 常用方法

返回值类型	方法	说明
Object	getAttribute(String key)	通过指定的关键字返回用户所需要的信息，类似于 session 中的 getAttribute(String key)方法
void	setAttribute(String name,Object value)	设置属性名与属性值
Enumeration	getAttributeNames()	返回所有可能的属性名
void	removeAttribute(String key)	通过关键字来删除一个对象信息
String	getServletInfo()	返回 JSP 引擎的相关信息
String	getRealPath(String path)	返回虚拟路径的真实路径
String	getMineType(String file)	返回指定文件的 MIME 类型
String	getResourse(String path)	返回指定资源的 URL 路径

【例 4-3-1】使用 application 实现简易网站访问人数计数。

图 4-3-3 application 实现网页技术

app_count.jsp 代码如下。

```
<%@ page language="java" import="java.util.*" pageEncoding="UTF-8"
contentType="text/html; charset=UTF-8" %>
<!DOCTYPE HTML PUBLIC "-//W3C//DTD HTML 4.01 Transitional//EN">
<html>
```

```
4.    <head>
5.      <title>网页计数</title>
6.    </head>
7.    <body>
8.    <%
9.     Integer counter = (Integer)application.getAttribute("counter");
10.    if(counter == null){
11.     counter = 0;
12.    }
13.     application.setAttribute("counter",++counter);
14.   %>
15.    <font color=blue size=6>访问次数为：<%=counter %></font>
16.   </body>
17. </html>
```

程序说明如下。

第 9 行：从 application 中取出计数变量 counter；

第 10 ~ 12 行：如果 counter 为空，设置初始值为 0；

第 13 行：将 counter 变量加 1 后，放回到 application 对象中；

第 15 行：在页面中显示访问次数。

注：

值得一提的是，application 作为 JSP 的内置对象，可以直接在 JSP 页面中使用，但是在 Servlet 中需要通过以下方法才能获得：

ServletContext application=(ServletContext)session.getServletContext();

2．HashMap 的应用

HashMap 是基于哈希表的 Map 接口的非同步实现。此实现提供所有可选的映射操作，并允许使用 null 值和 null 键。此类不保证映射的顺序，特别是它不保证该顺序恒久不变。

（1）HashMap 的常用方法

【例 4-3-2】通过 HashMapTest.java 调用 HashMap 的常用方法进行测试，如图 4-3-4 所示，代码如下：

```
public static void main(String[] args) {
 HashMap<String,String> map = new HashMap<String,String> ();
 map.put("1001","杰克");
 map.put("1002","汤姆");
 map.put("1003","露西");
 System.out.println(map.isEmpty());
 System.out.println(map.containsKey("1001"));
 System.out.println(map.containsValue("露西"));
 System.out.println(map.get("1002"));
 System.out.println(map.entrySet());
 System.out.println(map.keySet());
}
```

程序说明如下。

第 2 行：创建 HashMap<String ,String>对象 map，其中键是 String 类型，值也是 String 类型；

第 3～5 行：向 map 对象存放三组数据；

第 6 行：输出 map 对象是否为空，结果为 false；

第 7 行：输出 map 对象是否包含键为“1001”的对象，结果为 true；

第 8 行：输出 map 对象是否包含值为“露西”的对象，结果为 true；

第 9 行：输出 map 对象中键为“1002”的对象的值；

第 10 行：输出 map 对象中所有对象的集合；

第 11 行：输出 map 对象中所有键的集合。

```
Problems  Search  Console
<terminated> HashMapTest [Java Applicatio
false
true
true
汤姆
[1003=露西, 1001=杰克, 1002=汤姆]
[1003, 1001, 1002]
```

图 4-3-4　HashMap 常用方法测试

（2）HashMap 的遍历

采用迭代器 Iterator 对 HashMap 进行迭代遍历有两种方式。

第一种方式：遍历 entrySet，这也是任务实现时所采用的方式，代码如下：

```
Iterator iter = map.entrySet().iterator();
while(iter.hasNext()){
    Map.Entry entry = (Map.Entry) iter.next();
    System.out.println(entry.getKey()+"-"+entry.getValue());
}
```

第二种方式：先遍历 keySet，再根据 keySet 中的关键字获取值进行遍历，代码如下：

```
Iterator iter = map.keySet().iterator();
while(iter.hasNext()){
    String key = (String)iter.next();
    System.out.println(key +"-"+map.get(key));
}
```

对比两种方式，方式一比方式二高效很多，这是因为方式二对于 keySet 其实是遍历了 2 次，一次是转为 iterator，一次就从 hashmap 中取出 key 所对应的 value。而方式一中，entryset 只是遍历了一次，它把 key 和 value 都放到了 entry 中，所以就快了，因此对于 HashMap 的遍历推荐使用方式一。

1．JSP 内置对象：page、pageContex、config、exception

JSP 有 9 个内置对象：request、response、session、out、application、page、pageContex、config、exception，按照作用进行分类：

第一类：与 Servlet 有关：page 和 config；

第二类：与 Input/Output 有关：out、request 和 response；

第三类：与 Context 有关：application、session 和 pageContext；

第四类：与 Error 有关：exception。

其中 request、response、session、out、application 已经在任务 4.2 和 4.3 中分别介绍过，接下来我们再来介绍一下其余的几个内置对象。

（1）page

page 对象代表 JSP 转译后的 Servlet，通过 page 对象可以调用 Servlet 类中定义的方法。page 对象就是指向当前 JSP 页面本身，它是 java.lang.Object 类的实例序号方法说明。

实例 1：通过 page 对象调用 Servlet 类中定义的方法

输出：this is the page Object Practice。

```
1.  <%@ page language="java" contentType="text/html;charset=UTF-8"%>
2.  <%@ page info="this is the page Object Practice" %>
3.  <html>
4.  <head>
5.    <title>page对象</title>
6.  </head>
7.  <body>
8.    <%--通过page对象调用Servlet中的getServletInfo()方法 --%>
9.    <% String info = ((javax.servlet.jsp.HttpJspPage)page).getServletInfo(); %>
10.     <%=info %>
11. </body>
12. </html>
```

程序说明：

第 2 行：在 page 指令中定义 info 属性为“this is the page Object Practice”；

第 14 行：通过 page 对象获得转译为 Servlet 后的信息；

第 15 行：输出 info。

（2）pageContext

可以用来设置 page 范围的属性，还可以设置其他范围属性，不过需要指定范围参数，同时还可以获取其他内置对象，常见方法见表 4-3-2。

表 4-3-2　pageContext 常用方法

返回值类型	方法	说明
Exception	getException()	获取当前的 exception 内置对象
JspWriter	getOut()	
Object	getPage()	
ServletRequset	getRequest()	
ServletResponse	getResponse()	
ServletConfig	getServletConfig()	
ServletContext	getServeltContext()	
HttpSession	getSession()	
Object	getAttribute(String name,int scope)	获取指定范围的 name 属性值
Enumeration	getAttributeNamesInScope(int scope)	获取指定范围所有属性名称
int	getAttributesScope(String name)	获取属性名称为 name 的属性范围

续表

返回值类型	方法	说明
void	removeAttribute(String name)	移除属性名称为 name 的属性
void	removeAttribute(String name,int scope)	移除指定范围的属性名称为 name 的属性
void	setAttribute(String name,Object value,int scope)	设置指定范围的 name 属性
Object	findAttribute(String name)	寻找所有范围的属性名称为 name 的属性

（3）config

config 对象是在一个 Servlet 初始化时，JSP 引擎向它传递信息用的，此信息包括 Servlet 初始化时所要用到的参数（通过属性名和属性值构成）以及服务器的有关信息（通过传递一个 ServletContext 对象），常见方法见表 4-3-3。

表 4-3-3　pageContext 常用方法

返回值类型	方法	说明
String	getInitParameter(name)	获取 Servlet 初始化参数
Enumeration	getInitParameterNames()	获取 Servlet 所有初始化参数名称
ServletContext	getServletContext()	获取当前 Application context
String	getServletName()	获取 Servlet 名称

（4）exception

用来处理错误异常，如果要用 exception 对象，必须指定 page 中的 isErrorPage 属性值为 true。

实例：exception 用来处理错误异常。

页面 1：包含错误的页面 error.jsp。

```
1.  <%@ page language="java" contentType="text/html;charset=UTF-8"
    errorPage="exception.jsp"%>
2.  <html>
3.  <head>
4.    <title>错误页面</title>
5.  </head>
6.  <body>
7.    <% int[] arr = {1,2,3}; out.println(arr[3]); %>
8.   </body>
9.  </html>
```

程序说明如下。

第 1 行：在 page 指令中定义异常处理页面为 exception.jsp；

第 7 行：设置数组下标越界异常程序。

页面 2：异常处理页面 exception.jsp。

```
<%@ page language="java" contentType="text/html;charset= UTF-8"
isErrorPage="true"%>
<%@page import="java.io.PrintStream"%>
```

```
3.  <html> <head>
4.    <title>处理错误异常</title>
5.  </head>
6.  <body>
7.   <%=exception%><br>
8.   <%=exception.getMessage()%><br>
9.   <%=exception.getLocalizedMessage()%><br>
10.  <% exception.printStackTrace(new java.io.PrintWriter(out)); %>
11. </body>
12. </html>
```

运行效果如图 4-3-5 所示。

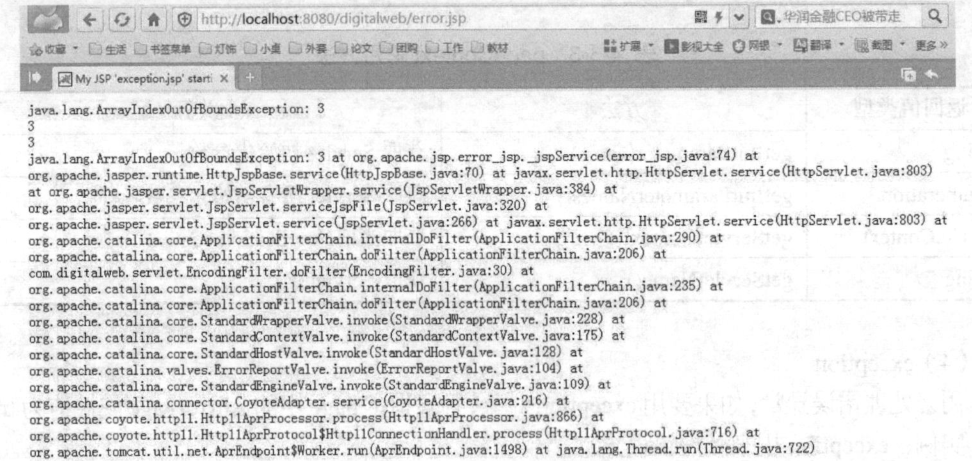

图 4-3-5 error.jsp 运行效果

程序说明：

第 1 行：必须在 page 指令中指定属性 isErrorPage 属性值为 true。也就是说这个页面可以用于异常处理；

第 2 行：引入出错异常 java.io.PrintStream，用来打印输出异常信息；

第 7～10 行：打印输出 error.jsp 中数组下表越界的异常信息。

2．Java 中的集合对象

在 Java 中将储存对象的容器抽象成容器类，来提供一些诸如存储、获取，以及删除其中对象的方法等。Java 中容器的类库比较复杂，里面接口、抽象类和实际类很多，但是大致地划分一下它们的用途以及类型，那么还是比较清晰的。

所有的容器类都是继承于 Collection 或 Map 这两个接口，因此所有的容器类都应该实现了其对应接口的方法（这里指的所有容器类不包含接口和抽象类），同时不同的容器类也有自己的方法。Collection 有两个子接口，分别是 List 和 Set，到这里，大致可以把容器分为三大类，即 List、Set、Map，其组织结构如图 4-3-6 所示。那么它们有什么区别呢，下面我们就逐一进行阐述。

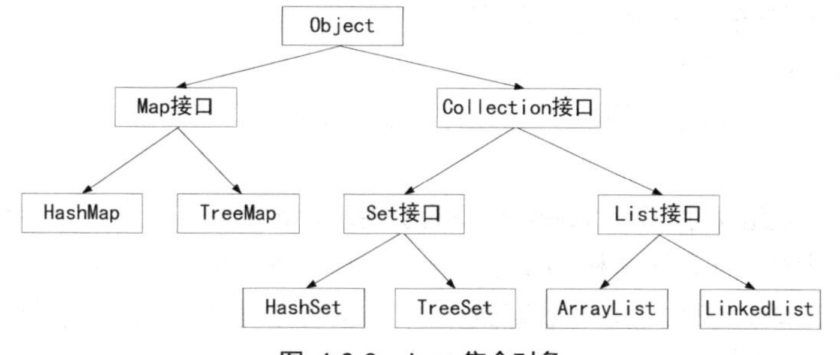

图 4-3-6　Java 集合对象

（1）List

这个接口下的类特点是对象的顺序是按照插入的顺序进行排列的。并且允许有多个重复的对象。这个接口有两个比较常用的实际类，ArrayList 和 LinkedList。

ArrayList：这个容器类非常类似于数组，因为它的存储方式是在内存中分配一段连续的空间存储数据。使用这个类的优势在于随机访问数据速度非常快，并且在最后添加数据时也能获得更高的效率。

LinkedList：这个容器是由链表的方式存储数据，也就是说在内存中数据也许不是连续的，而是分布在不同的地方，LinkedList 则是通过链表的形式将它们连接起来。它随机访问数据的速度和在最后添加数据的速度比 ArrayList 慢，但是如果需要在中间插入或者删除数据，那么它的效率比 ArrayList 快。

以上就是这两个 List 类的区别，在选用的时候也需要根据不同的实际情况，当然如果对效率要求不是很高的话，这两个类都是可以用的，因为它们在性能上的差异其实并不是想像中的那么大。

由于它们都是继承自 List，并最终属于 Collection 接口，它们也就拥有相同的属性和方法。比如添加数据就使用 add（需要添加的对象）方法，获取某个对象使用 get（序号）方法，通过 list 中对象的序号来获取相应的对象。还有 remove、addAll、subList 等等这些方法，API 中有很详细的描述，这里不再赘述。

因为 List 容器的排列顺序是按照插入的顺序进行排列，如果需要按照升序或者降序的顺序进行排列，那么我们就需要用到 Collections 这个类，注意 Collections 是整个容器类库的集合，它不同于 Collection 是一个集合的接口。Collections 拥有许多的静态方法，可以对 Collection 类型的容器进行操作，其中比较常用的就是对 List 排序的方法。

```
1.  List arrayList = new ArrayList(Arrays.asList("6 2 1 5 5 7 7".split(" ")));
2.  Collections.sort(arrayList);
3.  System.out.println(arrayList);
4.  Collections.sort(arrayList,Collections.reverseOrder());
5.  System.out.println(arrayList);
```

程序说明：

第 1 行：创建 ArrayList 对象，并且统一转型为它的接口 List，这里有个参数，里面是创建一个 Arrays 的列表数组，相当于将这连续的字符串用 add()方法连续地添加进 list 里；

第 2 行：通过 Collections.sort 方法对其进行排序，这里按照升序的自然顺序进行排序；

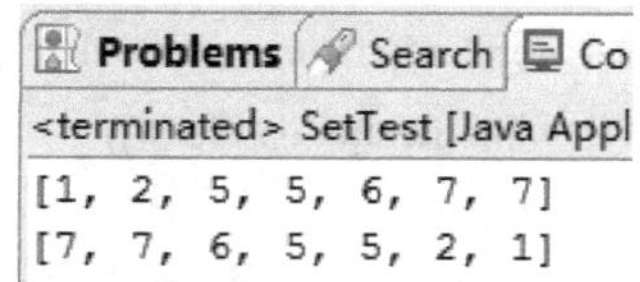

图 4-3-7　ListTest 测试效果

第 4 行：按照反序的自然顺序进行排序。

运行效果如图 4-3-7 所示。

第一行输出按照默认的升序排序，第二行输出则按照翻转后的顺序——降序排序。

（2）Set

Set 和 List 都是继承于 Collection 接口的子接口，也就是说实现 Set 接口的类应该具有 Collection 接口的所有方法，这个和 List 是一样的。但是 Set 和 List 的区别在于，存入 Set 的对象是用散列法来计算的，这个是和 Map 容器一样的，也就是说存入的对象不允许有相同的对象。在 Set 中添加对象的方法也是使用 add()方法，但是它没有 get()方法来获取其中的对象，而是使用迭代器进行遍历数据，后面会介绍关于迭代器的使用。Set 常用的类包括 HashSet、LinkedHashSet、TreeSet。其中 HashSet 和 LinkedHashSet 的区别是 HashSet 是在内存中连续存储数据，而 LinkedHashSet 是使用链表的方式存储数据，这和刚才说的 ArrayList 和 LinkedList 形式是一样的。

TreeSet 则是排序的方式不同，前两者默认采用的是自己内置的排序方式，往往这种排序方式我们并不需要关心。而 TreeSet 则是采用自然的顺序进行排序。并且 TreeSet 可以通过 SortedSet 这个接口来改变它的排序方式，比如反自然的顺序。其他的 add()添加、clear()清除所有、contains()比较，这些方法的用法大致和 List 差不多。下面介绍一下关于 TreeSet 这个类的用法，它是按照自然顺序进行排序的，并且还可以使用 SortedSet 接口来定义排序的方式。最后再介绍一下迭代器 Iterator。

```
1.  SortedSet treeSet = new TreeSet(Collections.reverseOrder());
2.  treeSet.addAll(Arrays.asList("6 2 1 5 5 7 7".split(" ")));
3.  System.out.println(treeSet);
```

程序说明：

第 1 行：创建一个 TreeSet 对象，并申明它是 SortedSet 接口类型，并且让 TreeSet 按照反自然顺序进行排列。在 set 中只有 TreeSet 类能够转型为 SortedSet。

第 2 行：将这个数组列表存入到 TreeSet 中。

运行效果如图 4-3-8 所示。

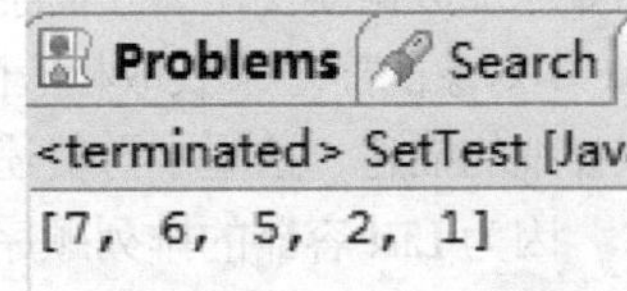

图 4-3-8　SetTest 测试效果

从运行结果中可以看到输出的结果为[7, 6, 5, 2, 1]，重复的元素都被抛弃了。这个就是 set 共有的特点。

Iterator 迭代器

在所有集合中，都有个 Iterator()方法来获得此集合对象的迭代器，也就是说每个集合类中都有个 Iterator 迭代器，它相当于一个指针，初始指向第 0 个元素之前。就算不使用它，它依然是存在的，我们可以使用它来遍历整个集合。由于 List 有 get()方法，可以对元素进行随机访问，所以没有必要使用它。但是像 set 或者 map 就没有 get()方法，就需要使用迭代器来遍历整个元素，来达到我们的目的。迭代器有 next()方法，指向后面一个元素，hasNext()判断后面是否还有元素，如果有返回 true，否则返回 false。比如：

```
Iterator iterator = treeSet.Iterator();
while(iterator.hasNext())
{
    System.out.println(it.next());
}
```

程序说明：

第 1 行：首先通过 TreeSet 的 Iterator()获得 iterator 对象，循环输出里面的值；

第 2~5 行：循环输出迭代其中的内容。

（3）Map

Map 这个接口不属于 Collection，它相当于一个独立存在的接口。它不具有像 set 里面的一些方法。Map 是根据一种<key,value>映射关系来储存数据。其中 key 不能有重复，value 则可以重复。Map 接口也有许多实现了的子类。比较常用的是 HashMap、LinkedHashMap、TreeMap、Hashtable。前三者的区别和 Set 中一样，HashMap 和 LinkedHashMap 在内存中存储方式不一样，当然效率也就不相同，TreeMap 则是按照自然顺序进行排列。

① HashMap 和 Hashtable 的区别

Map 接口的子类中，最难区分的就是 HashMap 和 Hashtable，因为这二者很相似。下面先看看它们二者的区别。

- ✓ 历史原因：Hashtable 是基于陈旧的 Dictionary 类的，HashMap 是 Java1.2 新引进的 Map 接口的一个实现。
- ✓ 同步性：Hashtable 是线程安全的，也就是说是同步的，而 HashMap 是线程不安全的，不是同步的。

② TreeMap

TreeMap 和 TreeSet 用法大致相同，只是 TreeMap 由原来的单个元素，变成了元素对。同样也有个 SortedMap 接口，这个接口和 SortedSet 一样都有获得第一个元素的键，获取某段的元素对等，API 上有详细介绍，这里不再赘述。

在项目 5 中学习过数据库访问后，尝试实现会员信息列表时，在线用户显示，离线用户显示。

订单信息管理列表　　全选　统计　修改　删除

选择	序号	会员名	地址	性别	积分	注册日期	是否在线	操作
□	1	tom	江苏省苏州市吴中区国际教育园	男	0	2013-12-28		注销
□	2	wen	江苏省苏州市吴中区国际教育园	男	0	2014-4-8		注销
□	3	jack	上海市浦东区群英大厦	男	0	2014-4-9		注销

任务 4.4　通过 JavaBean 实现用户注册

用户注册是网站的常见功能，本任务中完成的用户注册没有涉及数据库的操作，而是采用 JSP+JavaBean 的开发模式接收注册信息，如果信息正常接收则显示用户注册成功，并在用户信息界面中显示出来，否则显示用户注册失败，如图 4-4-1、图 4-4-2 和图 4-4-3 所示。

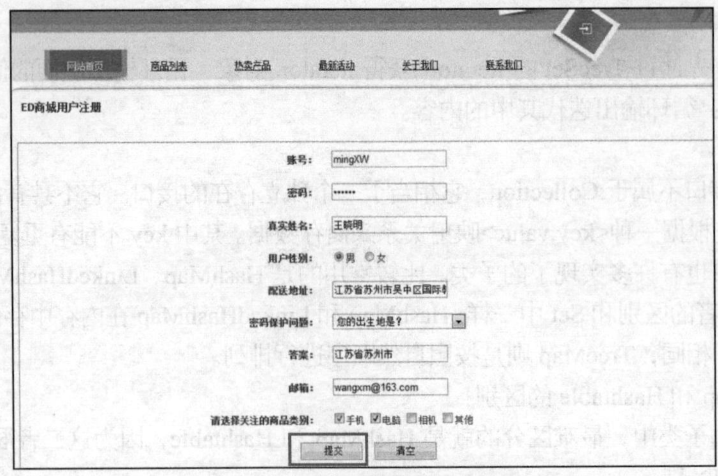

图 4-4-1 用户注册页面 regist.jsp

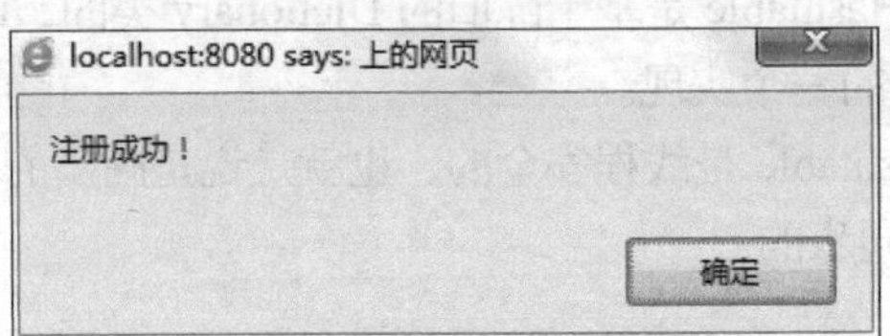

图 4-4-2 注册提示

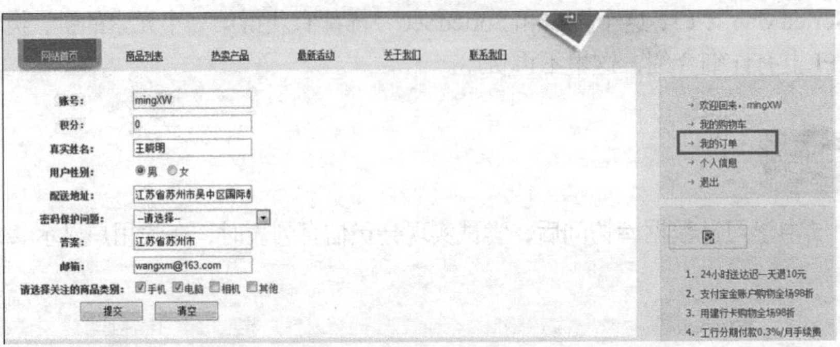

图 4-4-3 个人信息显示页面 userInfo.jsp

任务目标

- 知识目标
  - ✓ 了解 JavaBean 的概念，掌握编写 JabaBean 的方法；
  - ✓ 掌握在 JSP 中通过 JSP 动作使用 JavaBean 的方法。
- 技能目标
  - ✓ 能够根据功能需求创建和使用 JavaBean。

任务分析

用户注册功能可以分解为以下几个关键环节：

第一，能够在 doRegist.jsp 页面中接收到 regist.jsp 表单提交的用户信息；

第二，判断关键字段信息不为 null 或“”时提示注册成功，否则提示注册失败；

第三，注册成功后，页面延迟 2 秒钟后跳转到首页，index.jsp；

第四，在首页上，通过“个人信息”超链接打开 userInfo.jsp 显示用户信息。

步骤一： 根据用户注册表单实现 JavaBean——User.java。

在任务 4.2 用户登录功能实现过程中，创建过一个简单的 Java 类——User.java，只有两个字段：name 和 password，在实现用户注册功能时，需要继续完善这个类，添加注册相关的字段，包括：realName（真实姓名）、sex（性别）、address（地址）、question（安全问题）、answer（答案）、email（邮箱）、favorate（爱好），score（积分，用户注册时不需要添加，默认为 0），类的设计如图 4-4-4 所示。

```
User
---------------------------
- String userName
- String password
- String realName
- String sex
- String address
- String question
- String answer
- String email
- String favorate
- int score
---------------------------
+ User()
+ Getters and Setters
```

图 4-4-4　个人信息显示页面 userInfo.jsp

User 类就是一个典型的 JavaBean，包含私有属性的字段、公有属性的 Getters and Setters 方法以及无参的构造方法。

User 类中的字段名称与注册表单字段名称一一对应，为后续参数接收做好准备，User 类的代码略。

步骤二： 创建 doRegist.jsp，接收参数并进行逻辑处理。

doRegist.jsp 页面代码如下：

```
<%@ page language="java" import="java.util.* " pageEncoding="UTF-8"%>
<!DOCTYPE HTML PUBLIC "-//W3C//DTD HTML 4.01 Transitional//EN">
<html>
  <head>
    <title>用户注册处理</title>
  </head>
 <body>
 <jsp:useBean id="user" class="com.digitalweb.model.User"
scope="session"></jsp:useBean>
 <jsp:setProperty name="user" property="*"/>
 <%
if(user.getUserName()==null||user.getUserName().equals("")||user.
getPassword()==null||user.getPass word().equals("")){
 out.print("<script type='text/javascript'>alert('注册失败！')</script>");
  }else{
```

```
14. out.print("<script type='text/javascript'>alert('注册成功!')</script>");
15.  }
16.  response.setHeader("refresh", "2;URL=index.jsp");
17.  %>
18.  </body>
19. </html>
```

程序说明：

第 8 行：应用<jsp:userBean>动作声明使用 User，其 id 为“user”，其关联的类为“com.digitalweb.model.User”，生存空间为 session；

第 9 行：应用<jsp:setProperty>动作，property 设置为“*”，表示为 user 对象的所有属性赋值，为属性赋的值就是 register.jsp 表单提交的参数信息；

第 11 行：如果关键属性用户名和密码不为 null 也不为“”，则显示注册成功，否则显示注册失败，用 out 对象打印输出的形式打印 javascript 脚本代码；

第 16 行：应用 response 对象的 setHeader 方法延迟 2 秒后进行页面跳转。

步骤三： 在 userInfo.jsp 中显示用户信息。

userInfo.jsp 关键代码如下：

```
 <jsp:useBean id="user" class="com.digitalweb.model.User" scope="session"></jsp:useBean>
<%if(user==null){ out.print("<h1>请重新登录! </h1>");}
else{%>
  <form name="registform" id="registform" action="UserServlet" method="post" >
<table>
<tr> <th>账号: </th>
<td><input  type="text" name="userName" value="<%=user.getUserName() %>" size="20" maxlength="20" /></td></tr>
<tr><th>积分: </th>
<td><input  type="text" name="score" size="20" value="<%=user.getScore() %>" /></td> </tr>
 <tr>   <th>真实姓名: </th>
<td><input  type="text" name="realName" value="<%=user.getRealName() %>" size="20" maxlength="20" /></td> </tr>
<tr> <th>用户性别: </th>
 <td>
<%if(user.getSex().equals("男")){ %>
  <input name="sex" type="radio" value="男" checked />男 
  <input type="radio" name="sex" value="女" />女
  <%}else{ %>
   <input name="sex" type="radio" value="男" />男 
```

```
  <input type="radio" name="sex" value="女" checked />女
 <%} %>
 </td></tr>
 <tr><th>配送地址：</th>
<td><input type="text" name="address"  size="20"
value="<%=user.getAddress() %>" maxlength="20" /></td> </tr>
 <tr><th>密码保护问题：</th>
<td><select name="question">
<option value="">--请选择--</option>
<%String[] questiones={"您的出生地是？","您父亲的生日是？","您母亲的生日是？
","您身份证号码的后6位是？","您手机号码的后6位是？" ,"您手机号码的后6位是？","您
父亲的姓名是？","您母亲的姓名是？"};
for(String q:questiones){
 if(q.equals(user.getQuestion())){out.print("<option value='"+q+"'
selected>"+q+"</option>");}
 else{out.print("<option value='"+q+"'>"+q+"</option>");}
}%>
 </select>
</td>    </tr>
 <tr><th>答案：</th>
<td><input  type="text" name="answer" value="<%=user.getAnswer() %>"
size="20" maxlength="20" /></td> </tr>
 <tr><th>邮箱：</th>
<td><input  type="text" name="email" value="<%=user.getEmail() %>"
size="20" maxlength="20" /></td> </tr>
 <tr>    <th>请选择关注的商品类别：</th>
<td>
<%String favorate[] = {"手机","电脑","相机","其他"};
 for(String f : favorate) {
    boolean flag = false;
    for(String fb : user.getFavorate()){
        if(fb.equals(f)){  flag=true;  break;}
    }
 if(flag){ out.println("<input type='checkbox'  name='favorate'
value="+f+" checked />"+f); }
 else{ out.println("<input type='checkbox'  name='favorate' value="+f+"
/>"+f); }
}%>
</td> </tr>
  <tr><td colspan="2" align="center">
```

```
51. <input type="submit" name="submit" value=" 提交" class="picbut" />
      
52. <input name="reset" type="reset" value="清空" class="picbut" />
53. </td></tr></table>
54.  </form>
55. <%} %>
```

程序说明：

第 1 行：应用<jsp:useBean>动作声明使用 User，id 为 user，这里的 user 就是在 doRegist.jsp 页面中声明的 user；

第 2 行：如果用户为空，显示“请先登录”；

第 6～21 行：显示账号、积分、真实姓名信息；

第 12～20：显示用户性别信息，并根据原有选择设定单选框的选中项；

第 24～33 行：显示用户安全问题，并根据原有的选择设定下拉列表框的选中项；

第 34～37 行：显示用户答案、邮箱信息；

第 38～48 行：显示用户关注类别，并根据原有选择设定选复选框的选中项。

注：

用户登录成功后跳转到首页，从首页链接到 userInfo.jsp 页面，在这个页面中访问的 user 对象与用户注册时通过 JavaBean 声明的 user 对象是同一个，在注册页面中 user 对象生存空间是 session，即会话，显然这个过程中都是共用同一个会话对象，因此取到的 user 对象也是同一个。如果，当时在注册页面中设定的 user 对象的 scope 为 request 或者 page，则在 userInfo.jsp 页面中就无法访问到了。

1．JavaBean 简介

JavaBean 是一种 JAVA 语言写成的可重用组件。为写成 JavaBean，类必须是具体的和公共的，并且具有无参数的构造器。JavaBean 通过提供符合一致性设计模式的公共方法将内部域暴露成员属性。众所周知，属性名称符合这种模式，其他 Java 类可以通过自身机制发现和操作这些 JavaBean 的属性。

JavaBean 可分为两种：一种是有用户界面（UI，User Interface）的 JavaBean；还有一种是没有用户界面，主要负责处理事务（如数据运算，操纵数据库）的 JavaBean。JSP 通常访问的是后一种 JavaBean，本教材所用的 JavaBean 也都是后一种。

JavaBean 优点：

- ✓ 提高代码的可复用性：对于通用的事务处理逻辑，数据库操作等都可以封装在 JavaBean 中，通过调用 JavaBean 的属性和方法可快速进行程序设计；
- ✓ 程序易于开发维护：实现逻辑的封装，使事务处理和显示互不干扰；
- ✓ 支持分布式运用：多用 JavaBean，尽量减少 Java 代码和 html 的混编。

2．JavaBean 的开发

JavaBean 也可以说是一个 Java 类，但是除了是一个 Java 类外，它的开发还需要需要注意一下几点：

- ✓ 所有的属性必须封装；

- ✓ 所有要访问的属性可以通过 setter、getter 方法设置和取得；
- ✓ 使用 jsp 标签去调用 JavaBean 时必须有一个无参构造方法（在 jsp 中的限制）。

3. JavaBean 在 JSP 中的引用

（1）<jsp:useBean>标签

功能：在当前页面声明使用 JavaBean，语法格式如下。

<jsp:useBean id="name" class="classname" scope="page|request|session|application"/>

动作的基本属性说明见表 4-4-1。

表 4-4-1 <jsp:useBean>标签属性

属性名	说明
id	代表 JSP 页面中的实例对象，通过这个对象引用类中的成员，是 JavaBean 对象的唯一标志
scope	指明了 JavaBean 的生存时间，默认为 page，除此外还包括：request、session、application
class	代表 JavaBean 类，如： class="com.Test"表示引用 com 包中的 Test 类

（2）<jsp:setProperty>标签

功能：将请求页面中的表单值赋值/或者自定义的值赋给 JavaBean 中的属性，语法格式如下。

<jsp:setProperty name="beanName" last_syntax />

last_syntax 语法格式如下：

- ✧ property="*"
- ✧ property="propertyName"
- ✧ property="propertyName" param="parameterName"
- ✧ property="propertyName" value="value"

动作的基本属性说明见表 4-4-2。

表 4-4-2 <jsp:setProperty>标签属性

属性名	说明
name	代表<jsp:useBean>标签定义的 JavaBean 对象实例
property	代表要设置 JavaBean 中的属性的名字，property="*"程序会自动查找匹配 Request 中和 JavaBean 中所有名称匹配的属性并赋值
param	代表页面请求 Request 中参数的名字
value	代表附给 JavaBean 的属性 property 的值，在<jsp:setProperty>标签中 param 和 value 不能同时使用

（3）<jsp:getProperty>标签

功能：与<jsp:setProperty>功能相反，从 JavaBean 中取值，用法一样，语法格式如下。

<jsp:getProperty name="BeanName" property="propertyName">

动作的基本属性说明见表 4-4-3。

表 4-4-3　<jsp:getProperty>标签属性

属性名	说明
name	代表 JavaBean 实例，与<jsp:useBean>中的 id 属性对应
property	代表想要获得的 JavaBean 中属性 property 的名字

（4）JavaBean 的生命周期

- ✓ page：当一个页面有新的 JSP 程序产生并传送到客户端时，属于 page 范围内的 JavaBean 也将清除，生命周期结束，这也是 JavaBean 的默认生存空间；
- ✓ request：与 JSP 程序的 request 对象同步，请求结束或重定向时，JavaBean 被清除；
- ✓ session：与 JSP 程序的 session 对象同步，当会话结束或浏览器关闭时 JavaBean 将被清除；
- ✓ application：与 JSP 程序的 application 对象同步，当服务器重启或关闭时，JavaBean 将被清除。

4．用户登录的 JavaBean 实现

（1）创建用户登录的 JavaBean，要求；

- ✓ 属性：包含用户名和密码，在这里可以使用 User.java；
- ✓ 方法：属性的 Getters 和 Setters 方法，另外添加一个用户验证方法，输入参数为用户名、密码，输出参数为 int，代码如下。

```
public class User{
//属性声明
//无参构造方法
//Getters and Setters
public int verify(){
    int flag = 0;
    if(!userName.equals("tom")&&!userName.equals("wen")){//用户名不存在
      flag = 1;
    }else if(!password.equals("123")){//密码不匹配
      flag = 2;
    }else{//验证成功
        flag = 3;
    }
    return flag;
}}
```

（2）在 doLogin.jsp 页面中应用 JavaBean——user。

```
<jsp:useBean id="user" scope="session"
class="com.digitalweb.model.User" />
<jsp:setProperty name="user" property="userName" param="txtUser" />
<jsp:setProperty name="user" property="password" param="txtPassword"
/>
```

```
4. <%
5.     String loginInfo = "";
6.     switch(user.verify()){
7.     case 1:loginInfo = "用户名不存在";break;
8.     case 2:loginInfo = "密码错误";break;
9.     case 3:
10.    HashMap<String,User> userMap = (HashMap<String,User>)
   application.getAttribute("userMap");
11.    if(userMap==null){
12.        userMap = new HashMap<String, User>();
13.    }
14.    userMap.put(user.getUserName(), user);
15.    application.setAttribute("userMap", userMap);
16.    response.addCookie(new Cookie("userName",user.getUserName()));
17.    response.addCookie(new Cookie("password",user.getPassword()));
18.    break;
19.    }
20.    session.setAttribute("loginInfo",loginInfo);
21.    response.sendRedirect("index.jsp");
22. %>
```

程序说明：

第 1 行：通过<jsp:useBean>标签声明使用 JavaBean：user，生命空间为 session；

第 2 行：将表单对象“texUser”参数的值赋给 user 的属性“userName”；

第 3 行：将表单对象“texPassword”参数的值赋给 user 的属性“password”；

第 6～19 行：调用 user 中的验证方法，根据返回值进行逻辑处理。

注：

之前在做用户登录时，如果登录成功将 user 对象放在 session 属性中，采用<jsp:useBean>的形式，就不需要另外将 user 放入 session 的语句，因为<jsp:useBean>标签本身就包含了 session.setAttribute(“user”,user)，session 中用到的一直是同一个 user 引用。

JSP 动作

JSP 容器支持两种 JSP 动作，即标准动作和自定义动作。JSP 动作元素可以将代码处理程序与特殊的 JSP 标记关联在一起。在 JSP 中，动作元素是使用 XML 语法来表示的。JSP 中的动作包括<jsp:useBean>、<jsp:setProperty>、<jsp:getProperty>、<jsp:param>、<jsp:include>、<jsp:forward>、<jsp:plugin>。其中，前三个已经在任务中详细讲解，下面将对另外的四个一一介绍。

（1）<jsp:param>

<jsp: param >动作用来以“name=value”的形式传递参数，一般会与<jsp:include>、<jsp:forward>、<jsp:plugin>等动作一起使用。

语法：

```
<jsp:param name="paramName" value="paramValue" />
```

动作属性说明见表 4-4-4。

表 4-4-4 <jsp:param>标签属性

属性名	说明
name	表示属性的名称
value	表示属性的值

（2）<jsp:include>

<jsp:include>动作表示包含一个静态的或者动态的文件。

语法：

```
<jsp:include page="path" flush="true" />
或
<jsp:include page="path" flush="true">
    <jsp:param name="paramName" value="paramValue" />
</jsp:include>
```

动作属性说明见表 4-4-5。

表 4-4-5 <jsp:include>标签属性

属性名	说明
page="path"	为相对路径，或者表示相对路径的表达式
flush="true"	默认值为 false，使用时必须设置为 true
<jsp:param>	能传递一个或多个参数给动态文件，也可在一个页面中使用多个<jsp:param> 来传递多个参数给动态文件

在任务 4.1 中，学习过 include 指令，那么 include 指令和 include 动作有什么区别呢？两者的对比见表 4-4-6。

表 4-4-6 include 指令与<jsp:include>动作对比

对比	include 指令	<jsp:include>动作
执行时间	在 JSP 的翻译阶段执行	在请求处理阶段执行
引入内容	引入静态文本，在翻译成 Servlet 之前与调用页面融合成一体	引入执行页面或 Servlet 所生产的应答文本
维护	较难	较易
影响调用页面	可以	不可以
编译效率	较低（因为直接引入代码，资源需要解析）	较高
执行效率	较高（因为已经与调用页编译在同一个执行文件中）	较低（需要调用引用页面的执行文件）

（3）<jsp:forward>

<jsp:forward>动作表示重定向一个静态 html/jsp 的文件，或者是一个程序段。

语法：

```
<jsp:forward page="path"} />
或
<jsp:forward page="path"} >
    <jsp:param name="paramName" value="paramValue" />
</jsp:forward>
```

动作属性说明见表 4-4-7。

表 4-4-7　<jsp:forward>标签属性

属性名	说明
page="path"	为相对路径，或者表示相对路径的表达式
<jsp:param>	name 指定参数名，value 指定参数值。参数被发送到一个动态文件，参数可以是一个或多个值，而这个文件却必须是动态文件。要传递多个参数，则可以在一个 JSP 文件中使用多个<jsp:param>将多个参数发送到一个动态文件中

（4）<jsp:plugin>

<jsp:plugin>是用来产生客户端浏览器的特别标签（Object 或者 embed），可以使用它来插入 Applet 或者 JavaBean。一般来说<jsp:plugin>元素指定对象是 applet 还是 bean，同样也会指定 class 的名字，另外还会指定将从哪里下载这个 Java 插件。

语法：

```
<jsp:plugin  type="bean | applet"
code="classFileName"
codebase="classFileDirectoryName"
[……]
[ <jsp:params>
  [<jsp:param name="parameterName" value="{parameterValue | <%= expression %>}" /> ]
[ <jsp:fallback> text message for user </jsp:fallback> ]
</jsp:plugin>
```

动作属性说明见表 4-4-8。

表 4-4-8　<jsp:plugin>标签属性

属性名	说明
type="bean/applet"	被执行的插件对象的类型，必须指定是 bean 还是 applet
code="classFileName"	插件执行 JAVA 类文件的名称。在名称中必须加上扩展名，且此文件必须放在用 codebase 属性的目录下
codebase="classFileDirectory Name"	包含插件将运行的 JAVA 类的目录或指向这个目录的路径。默认为 JSP 文件的当前路径
<jsp:params>	表示需要向 Applet 或 Bean 传送的参数或值
<jsp:fallback>	回滚，下载失败则显示里面的内容，此标记只能在<jsp:plugin>内部使用

1. 下列关于 JSP 指令的语法正确的是（ ）。

A. <% %> B. <%@ %>

C. <%! %> D. <% @ %>

2. 在“<%=”和“%>”标记之间放置（ ），可以直接输出其值。

A. 变量 B. Java 表达式 C. 字符串 D. 数字

3. 下列选项中，正确的表达式是（ ）。

A. <%int i =1%> B. <%! int i =1;%>

C. <%=(5+4)%> D. <%=(5+4);%>

4. 表达式<%=”5+2”%>将会输出（ ）。

A. 7 B. 5+2 C. 52 D. 程序报错

5. 在 JSP 文件中下列哪个选项是默认引入，不需要在 page 指令中声明引入的（ ）。

A. java.lang.* B. java.util.* C. java.sql.* D. java.io.*

6. page 指令的（ ）属性用于引用需要的包或类。

A. language B. import C. extends D. pageEncoding

7. 下列不属于 JSP 动作的是（ ）。

A. <jsp:include> B. <jsp:bean>

C. <jsp:forward> D. <jsp:setProperty>

8. 假设对象 s 是一个合法的对象引用，void getScore()是这个对象上的一个合法的方法，下列 JSP 代码中哪个是正确的？（ ）

A. <%s.getScore() %> B. <%=s.getScore();%>

C. <%=s.getScore()%> D. <% s.getScore();%>

9. 已知表单有一个参数名为“userName”的参数，提交后，能够正确获得表单对象值的代码是（ ）。

A. request.getParameter(“userName”);

B. response.getParameter(“userName”);

C. request.getParameter(“username”);

D. request.getParameterValues(“userName”);

10. JSP 内置对象 request 的 getParameterValues()方法返回值是（ ）。

A. String[] B. Object[] C. String D. Object

11. 下列不能够将页面跳转到 a.jsp 的是（ ）。

A. response.sendRedirect(“a.jsp”);

B. request.getRequestDispatcher("a.jsp").forward(request, response);

C. request.setAttribute(“a”,”a.jsp”);

D. response.setHeader("refresh", "2;URL=a.jsp");

12. 在 test.jsp 文件中有如下一行代码：<jsp:useBean id=”user” scope=”____” type=”com.UserBean”/> 要使 user 对象在用户对其发出请求时存在，下划线中应填入（ ）。

A. Page B. request C. Session D. application

13. 如果编写一个计数器程序，用来记载当前网站的访问量，最好采用 JSP 中的（ ）对象。

A. page　　B. session　　C. request　　D. application

14. 当利用 request 的方法获取 Form 中元素时，默认情况下字符编码是（　）。

A. ISO-8859-1　　B. GB2312　　C. GB3000　　D. ISO-8259-1

15. 在 JSP 页面中使用<jsp:setProperty name=""bean 的名字"" property =""*"" />格式，将表单参数为 Bean 属性赋值，property=""*""格式要求 Bean 的属性名字（　）。

A. 必须和表单参数类型一致　　B. 必须和表单参数名称一一对应

C. 必须和表单参数数量一致　　D. 名称不一定对应

16. JSP 的内置对象中，按作用域由小到大的排列是（　）。

A. page->request->application　　B. request->page->response

C. response->request->application　　D. session->application->page

17. 在 Servlet 里，能正确获取 session 的语句是（　）。

A. HttpSession session = request.getSession(true);

B. HttpSession session = request.getHttpSession(true);

C. HttpSession session = response.getSession(true);

D. HttpSession session = response. getHttpSession (true);

18. 在 Servlet 里，能正确获取 application 的语句是（　）。

A. ServletContext application=(ServletContext)session.getServletContext();

B. ServletContext application=(ServletContext)request.getServletContext();

C. ServletContext application=(ServletContext)session.getServletContext(true);

D. ServletContext application=(ServletContext)response.getServletContext();

19. 怎样应用 request、session、application 进行参数的存取？这三种类型的内置对象分别适用于什么场？举例说明。

20. 写出 9 个 JSP 内置对象的 Java 类型。

request　对应 ____________________

response　对应 ____________________

session　对应 ____________________

application　对应 ____________________

page　对应 ____________________

out　对应 ____________________

pageContext　对应 ____________________

exception　对应 ____________________

PART 5 项目 5 JDBC 数据库访问实现商品显示

项目描述

ED 电子商城的数据存放在数据库中，要将商品信息提供给用户查看和选择，则需要从数据库中将商品信息读取出来，本项目将带领读者实现商品的概要显示及详细显示等功能。介绍 Java Web 开发中对数据库访问基础知识及 JDBC 应用，实现数据的读取。

知识目标

- ☑ 熟悉 JDBC 数据访问基础知识。

技能目标

- ☑ 能正确使用 JDBC 访问数据；
- ☑ 能将数据在控制台输出显示。

项目任务总览

任务编号	任务名称
任务 5.1	创建 JDBC 数据库连接
任务 5.2	封装数据库访问公共类
任务 5.3	商品列表信息显示
任务 5.4	商品详细信息显示

任务 5.1 创建 JDBC 数据库连接

利用 JDBC 建立与 MySQL 数据库连接，若连接成功，则输出 digital 数据库中商品表 product_info 的商品编号、商品名称及商品价格相关信息，如图 5-1-1 所示。

```
Problems  Tasks  Web Browser  Console  Servers
<terminated> SimpleConnection [Java Application] C:\Program Files (x86)\MyEclipse 6.5\jre\bin\javaw.exe (Apr 22, 2014 9:57:49 AM)
A10001, 戴尔(Dell) M4040(Ins14VR-6206B) 14英寸笔记本电脑 （双核E2-1800 2G 500G DVD刻 HD7450M 512M独显）黑色,  199,    2399.0
A10002, 戴尔（DELL） Ins14zR-2318R 14英寸笔记本电脑（双核i3-3227U 2G 500G HD7570M 1G独显 蓝牙 Win8）红,196,    3299.0
B10002, samsung9300,    100,    3299.0
B10002, 诺基亚9990,     100,    2099.0
```

图 5-1-1 控制台显示数据库中商品信息

- 知识目标
  - ✓ 了解 JDBC 工作原理；
  - ✓ 掌握 JDBC 数据库访问的步骤。
- 技能目标
  - ✓ 能正确加载数据库驱动程序；
  - ✓ 能正确建立与数据库的连接；
  - ✓ 能正确将数据库中数据读出。

JDBC 是数据库连接技术的简称，提供了连接和访问各种数据库的能力，使用 JDBC 连接的主要步骤如下。

（1）注册和加载驱动器；

（2）与数据库建立连接；

（3）发送 SQL 语句；

（4）处理结果；

（5）关闭连接。

准备工作： 任务准备。创建包及数据库连接程序。

（1）创建包 com.digitalweb.connection。右击 src，在弹出的菜单中选择 new->pakage；在弹

出的对话框中输入包名 com.digitalweb.connection，如图 5-1-2 所示。

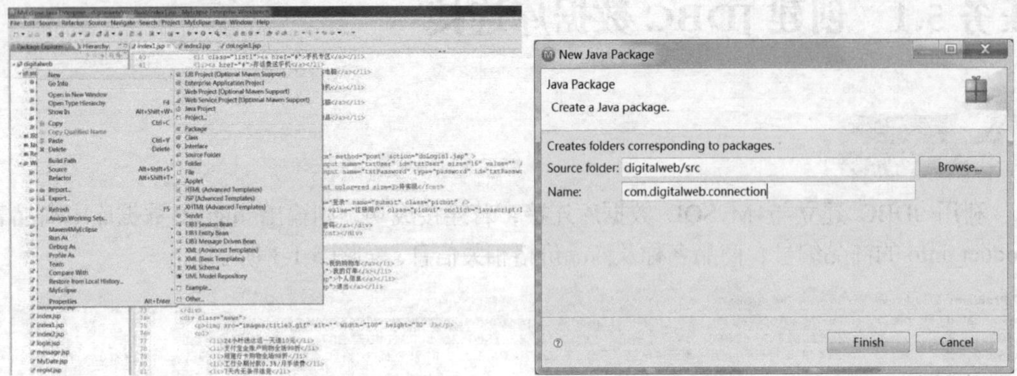

图 5-1-2　新建 com.digitalweb.connection 包

（2）新建 SimpleConnection.java 文件。在新建的包上右击，在弹出的菜单中选择 new->class（如图 5-1-3 所示）；在弹出的对话框中输入 SimpleConneciton，同时选择“public static void main(String[] args)”如图 5-1-4 所示，单击【Finish】，完成文件的创建。

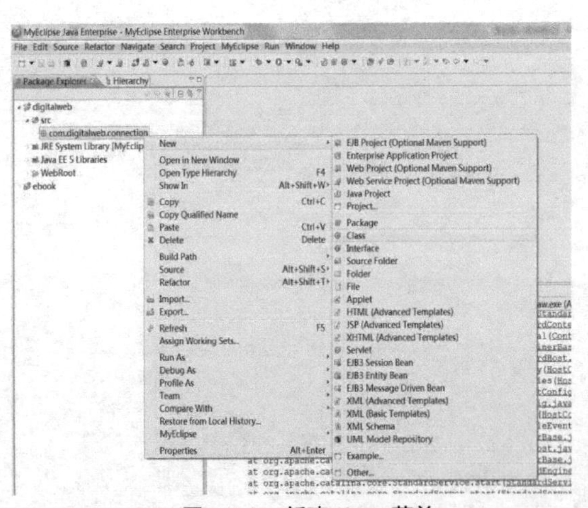

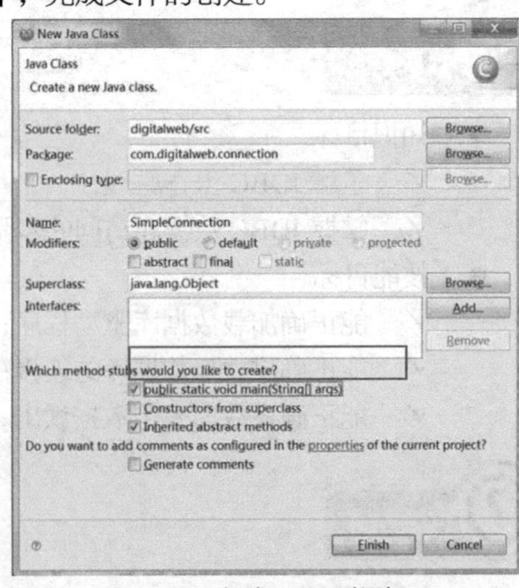

图 5-1-3　新建 class 菜单　　　图 5-1-4　新建 class 对话框

自动生成代码如下：

```
package com.digitalweb.connection;
public class SimpleConnection {
    /**
     * @param args
     */
    public static void main(String[] args) {
        // TODO Auto-generated method stub
}
}
```

步骤一：注册和加载驱动器。

（1）下载 JAVA 连接 MySQL 的驱动程序.jar 包 mysql-connector-java-5.1.13 。

（2）将第 1 步中下载的驱动包，复制到 WebRoot->WEB-INF->lib 文件夹中，如图 5-1-5 所示。

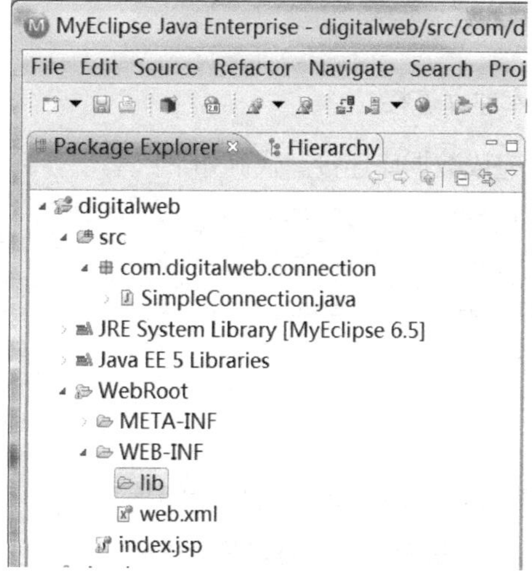

图 5-1-5 添加驱动包到项目中

（3）打开在步骤一中新建的 SimpleConnection.java 文件，在 main ( ) 中添加如下代码，完成驱动器的注册与加载。

```
package com.digitalweb.connection;
import java.sql.*
public class SimpleConnection {
    /**
     * @param args
     */
    public static void main(String[] args) {
        // TODO Auto-generated method stub
            String driver =" com.mysql.jdbc.Driver ";
        try {
            // 1  注册和加载驱动器
             Class.forName(driver);
            // 2  与数据库建立连接
            //3.1 创建 Statement 对象
            // 3.2 发送 SQL 语句
            // 4  处理结果
            // 5 关闭连接
                 } catch (Exception e) {
             e.printStackTrace();
        }
```

```
21.      }
22.  }
```

程序说明：

第 2 行：引入数据访问包 java.sql.*；

第 8 行：定义驱动包名称变量；

第 11 行：注册和加载驱动器。

步骤二： 与数据库建立连接。

修改步骤二中的代码，完成数据库连接。代码如下：

```
1.   package com.digitalweb.connection;
2.   import java.sql.*;
3.   public class SimpleConnection {
4.    /**
5.     * @param args
6.     */
7.    public static void main(String[] args) {
8.        // TODO Auto-generated method stub
9.        String driver ="com.mysql.jdbc.Driver";
10.       String url = "jdbc:mysql://127.0.0.1:3306/digital?useUnicode=true&amp;
     characterEncoding=utf-8&amp;zeroDateTimeBehavior=convertToNull&amp;t
     ransformedBitIsBoolean=true";
11.       String userName = "root";
12.       String pwd = "888888";
13.       try {
14.           // 1  注册和加载驱动器
15.             Class.forName(driver);
16.           // 2  与数据库建立连接
17.             Connection con=DriverManager.getConnection(url,userName,pwd);
18.           //3.1 创建 Statement 对象
19.           // 3.2 发送 SQL 语句
20.           // 4  处理结果
21.           // 5 关闭连接
22.       } catch (Exception e) {
23.             e.printStackTrace();
24.       }
25.   }
26.  }
```

程序说明：

第 10 行：创建连接字符串。其中 127.0.0.1 是本地机器 IP 地址，3306 为端口号，digital 是数据库名；

第 11 行：访问数据库的用户名；

第 12 行：访问数据库的密码；

第 17 行：与数据库建立连接。

步骤三： 发送 SQL 语句。

建立连接后就可以向数据库发送 SQL 语句了。可以使用 Connection 接口中的 CreateStatement 方法创建对象，用于发送 SQL。在上述程序段中添加代码后如下所示：

```
1.  package com.digitalweb.connection;
2.  import java.sql.*;
3.  public class SimpleConnection {
4.   /**
5.    * @param args
6.    */
7.   public static void main(String[] args) {
8.        // TODO Auto-generated method stub
9.        String driver ="net.sourceforge.jtds.jdbc.Driver";
10.       String url =
    "jdbc:mysql://127.0.0.1:3306/digital?useUnicode=true&amp;characterEn
    coding=utf-8&amp;zeroDateTimeBehavior=convertToNull&amp;transformedB
    itIsBoolean=true";
11.       String userName = "root";
12.       String pwd = "888888";
13.       String sql="select code,name,num,price from product_info ";
14.       try {
15.           // 1  注册和加载驱动器
16.            Class.forName(driver);
17.           // 2  与数据库建立连接
18.            Connection con=DriverManager.getConnection(url,userName,pwd);
19.           //3.1 创建 Statement 对象
20.            PreparedStatement psmt = con.prepareStatement(sql);
21.           // 3.2 发送 SQL 语句
22.            ResultSet rs = psmt.executeQuery();
23.           // 4  处理结果
24.           // 5 关闭连接
25.       } catch (Exception e) {
26.            e.printStackTrace();
27.       }
28.  }
29. }
```

程序说明 ：

第 13 行：配置 SQL 语句，查找 Product_info 表的 code、name、num、price 信息。

第 19 行：创建 Statement 对象；

第 22 行：发送 SQL 语句。

步骤四： 处理结果。

执行完查询操作，Statement 对象执行完查询操作后，将查询结果以结果集（ResultSet）对象形式返回，可根据用户需求，将数据显示出来。

```
1.  package com.digitalweb.connection;
2.  import java.sql.*;
3.  public class SimpleConnection {
4.   /**
5.    * @param args
6.    */
7.   public static void main(String[] args) {
8.       // TODO Auto-generated method stub
9.       String driver ="net.sourceforge.jtds.jdbc.Driver";
10.      String url = "jdbc:mysql://127.0.0.1:3306/digital?useUnicode=true&amp;characterEncoding=utf-8&amp;zeroDateTimeBehavior=convertToNull&amp;transformedBitIsBoolean=true";
11.      String userName = "root";
12.      String pwd = "888888";
13.      String sql="select code,name,num,price from product_info ";
14.      try {
15.           // 1  注册和加载驱动器
16.             Class.forName(driver);
17.           // 2  与数据库建立连接
18.             Connection con=DriverManager.getConnection(url,userName,pwd);
19.            //3.1 创建 Statement 对象
20.             PreparedStatement psmt = con.prepareStatement(sql);
21.            // 3.2 发送 SQL 语句
22.             ResultSet rs = psmt.executeQuery();
23.            // 4  处理结果
24.             while (rs.next()) {
25.              String pcode=rs.getString("code");
26.             String pname = rs.getString("name");
27.             int pnum = rs.getInt("num");
28.             float pprice = rs.getFloat("price");
29.                          System.out.println(pcode+",\t"+pname+",\t"+pnum+",\t"+pprice);
30.             }
```

```
31.            // 5 关闭连接
32.        } catch (Exception e) {
33.             e.printStackTrace();
34.        }
35.  }
36. }
```

程序说明：

第24行：依次读取ResultSet的数据；

第25~28行：将当前记录的各个字段值读取出来；

第29行：将读取的数据输出显示。

步骤五： 关闭数据连接。访问完成后，关闭数据库连接，释放与连接有关的资源。添加代码：con.close(); 最终完成代码如下：

```
package com.digitalweb.connection;
import java.sql.*;
public class SimpleConnection {
 /**
  * @param args
  */
 public static void main(String[] args) {
     // TODO Auto-generated method stub
     String driver ="net.sourceforge.jtds.jdbc.Driver";
     String url =
 "jdbc:mysql://127.0.0.1:3306/digital?useUnicode=true&amp;characterEn
 coding=utf-8&amp;zeroDateTimeBehavior=convertToNull&amp;transformedB
 itIsBoolean=true";
     String userName = "root";
     String pwd = "888888";
     String sql="select code,name,num,price from product_info ";
     try {
         // 1  注册和加载驱动器
          Class.forName(driver);
         // 2  与数据库建立连接
          Connection con=DriverManager.getConnection(url,userName,pwd);
         //3.1 创建 Statement 对象
          PreparedStatement psmt = con.prepareStatement(sql);
         // 3.2 发送 SQL 语句
          ResultSet rs = psmt.executeQuery();
         // 4  处理结果
          while (rs.next()) {
           String pcode=rs.getString("code");
                String pname = rs.getString("name");
```

```
                int pnum = rs.getInt("num");
                float pprice = rs.getFloat("price");
                  System.out.println(pcode+",\t"+pname+",\t"+pnum+",
\t"+pprice);
            }
            // 5 关闭连接
            con.close();
        } catch (Exception e) {
            e.printStackTrace();
        }
    }
}
```

步骤六：运行。单击运行程序，结果如图 5-1-6 所示。

```
Problems  Tasks  Web Browser  Console  Servers
<terminated> SimpleConnection [Java Application] C:\Program Files (x86)\MyEclipse 6.5\jre\bin\javaw.exe (Apr 22, 2014 9:57:49 AM)
A10001, 戴尔(Dell) M4040(Ins14VR-6206B) 14英寸笔记本电脑 (双核E2-1800 2G 500G DVD刻 HD7450M 512M独显) 黑色,  199,    2399.0
A10002, 戴尔 (DELL) Ins14zR-2318R 14英寸笔记本电脑 (双核i3-3227U 2G 500G HD7570M 1G独显 蓝牙 Win8) 红,196,    3299.0
B10002, samsung9300,    100,    3299.0
B10002, 诺基亚9990,     100,    2099.0
```

图 5-1-6　运行结果

1. 什么是 JDBC 数据库访问

Java 数据库连接（JDBC-Java Data Base Connectivity）是一种用于执行 SQL 语句的 Java API，可以为多种关系数据库提供统一访问，它由一组用 Java 语言编写的类和接口组成（见图 5-1-7）。JDBC 为工具/数据库开发人员提供了一个标准的 API，据此可以构建更高级的工具和接口，使数据库开发人员能够用纯 Java API 编写数据库应用程序。

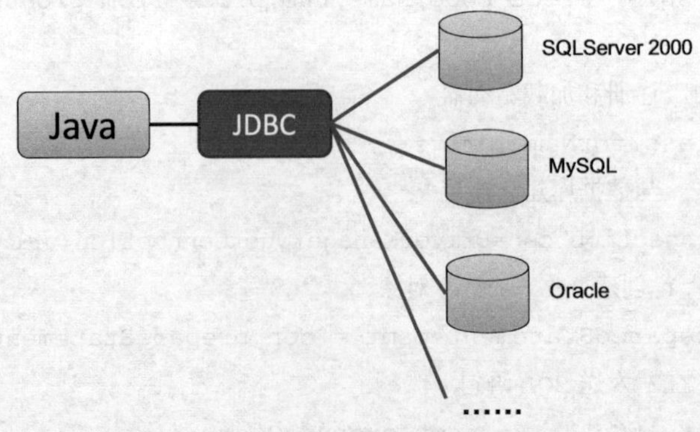

图 5-1-7　JDBC 模型

2. JDBC 数据访问模型

JDBC API 既支持数据库访问的两层模型，也支持 3 层模型。

（1）两层模型

在两层模型中，Java applet或应用程序将直接与数据库进行对话。需要一个JDBC驱动程序来与所访问的特定数据库管理系统进行通讯。用户的SQL语句被送往数据库中，结果将被送回给用户。数据库可以位于另一台计算机上，用户通过网络连接到上面。这就叫做客户机/服务器配置，其中用户的计算机为客户机，提供数据库的计算机为服务器。网络可以是Intranet（它可将公司职员连接起来），也可以是Internet。两层模型如图5-1-8所示。

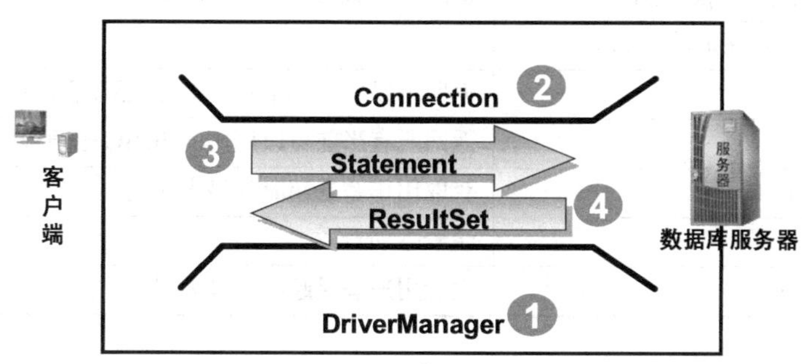

图5-1-8 数据库访问的两层模型

（2）三层模型

在三层模型中，命令先是被发送到服务的“中间层”，然后由它将SQL语句发送给数据库；数据库对SQL语句进行处理并将结果送回到中间层，中间层再将结果送回给用户，如图5-1-9所示。三层模型很吸引人，因为可用中间层来控制对公司数据的访问和可更新的种类。中间层的另一个好处是，用户可以利用易于使用的高级API，而中间层将把它转换为相应的低级调用。最后，许多情况下三层结构可提供一些性能上的好处。

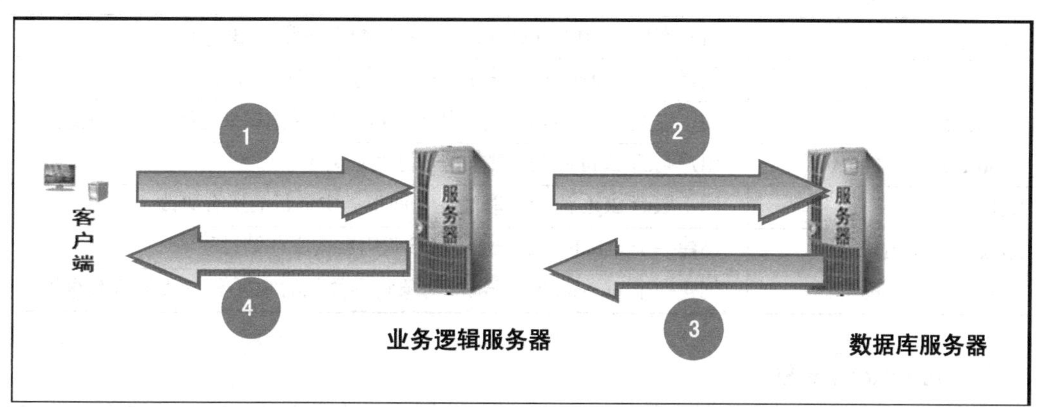

图5-1-9 数据库访问的三层模型

3．DriverManager

DriverManager管理一组JDBC驱动程序的基本服务，作用于用户和驱动程序之间。它跟踪可用的驱动程序，并在数据库和相应驱动程序之间建立连接。另外，DriverManager类也处理诸如驱动程序登录时间限制及登录和跟踪消息的显示等事务。对于简单的应用程序，一般需要在此类中直接使用的唯一方法是DriverManager.getConnection。正如名称所示，该方法将建立与数据库的连接。JDBC允许用户调用DriverManager的方法getDriver、getDrivers和registerDriver及Driver的方法connect。但多数情况下，让DriverManager类管理建立连接的细节为上策。

DriveManager常用的方法见表5-1-1。

表 5-1-1　DriveManager 常用方法

名　称	说　明
deregisterDriver(Driver)	删除一个驱动程序
getConnection(String)	返回一个 JDBC Connection 对象
getConnection(String, Properties)	
getConnection(String, String, String)	
getDriver(String)	返回可以连接到给定 URL 的驱动程序的 Driver 对象
getDrivers()	返回所有当前可以调用的 JDBC 驱动程序集
getLoginTimeout()	获取用户登录超时的最大时间
registerDriver(Driver)	注册驱动器
setLoginTimeout(int)	设置用户登录超时的最大时间

4．Connection 对象

Connection 接口代表与数据库的连接，并拥有创建 SQL 语句的方法，以完成基本的 SQL 操作，同时为数据库事务处理提供提交和回滚方法。一个应用程序可与单个数据库有一个或多个连接，也可以与多个数据库有连接。

Connection 常用方法见表 5-1-2。

表 5-1-2　Connection 常用方法

名　称	说　明
Close()	断开连接，释放 Connection 对象的数据库和 JDBC 资源
createStatement()	创建一个 Statement 对象将 SQL 语句发送到数据库
Commit()	用于提交 SQL 语句，确认从上一次提交/回滚以来进行的所有更改
isClose()	用户判断 Connection 对象是否已经被关闭
Rollback()	用于取消 SQL 语句，取消在当前事务中进行的所有更改
prepareCall(sql)	创建一个 callableStatement 对象调用数据库存储过程
prepareStatement	创建一个 preparedStatement 对象将参数化的 SQL 语句发送到数据库

5．Statement 对象

Statement 接口用于执行不带参数的简单 SQL 语句。用来向数据库提交 SQL 语句并返回 SQL 语句的执行结果，提交的 SQL 语句可以是查询语句、修改语句、插入语句、删除语句。

Statement 接口常用方法见表 5-1-3。

表 5-1-3　Statement 常用方法

名　称	说　明
Close()	释放 Statement 对象的数据库和 JDBC 资源
execute(sql)	执行给定的 SQL 语句，该语句可返回多个结果
executeQuery(sql)	执行给定的 SQL 语句，返回单个 ResultSet 对象
executeUpdate(sql)	执行给定的 Insert、Update、Delete 语句，返回影响的行数

续表

名　称	说　明
getConnection()	获取生成该对象的 Connection 对象
getFetchSize()	获取结果集合的行数，该数是根据此 Statement 对象生成的 ResultSet 对象的默认获取大小
getMaxRows()	获取由此 Statement 对象生成的 ResultSet 对象可以包含的最大行数

6．ResultSet 对象

ResultSet 对象包含了 Statement 和 PreparedStatement 的 executeQuery 方法中 SELECT 查询的结果集，即符合指定 SQL 语句中条件的所有行。ResultSet 对象提供了许多方法用来操作结果集中的记录指针，同时提供了一套 get 方法，提供了对这些数据的访问。

ResultSet 接口常用方法见表 5-1-4。

表 5-1-4　ResultSet 常用方法

名　称	说　明
next()	指针从当前位置下移一行
first()	将指针移到结果集的第一行
previous()	将指针移到结果集的上一行
last()	将指针移到结果集的最后一行
beforeFirst()	将指针移到结果集的开头（第一行之前）
afterLast()	将指针移到结果集的末尾（最后一行之后）
isFirst()	该方法的作用是检查当前行是否记录集的第一行，如果是返回 true， 否则返回 false
isLast()	该方法的作用是检查当前行是否记录集的最后一行，如果是返回 true ，否则返回 false
isAfterLast();	该方法检查数据库游标是否处于记录集的最后面，如果是返回 true ，否则返回 false
isBeforeFirst()	该方法检查数据库游标是否处于记录集的最前面，如果是返回 true ，否则返回 false
rowDeleted()	如果当前记录集的某行被删除了，那么记录集中将会留出一个空位；调用 rowDeleted()方法，如果探测到空位的存在，那么就返回 true； 如果没有探测到空位的存在，就返回 false 值
rowInserted()	如果当前记录集中插入了一个新行，该方法将返回 true，否则返回 false
rowUpdated()	如果当前记录集的当前行的数据被更新，该方法返回 true，否则返回 false
insertRow()	该方法将执行插入一个新行到当前记录集的操作
updateRow()	该方法将更新当前记录集当前行的数据
deleteRow()	该方法将删除当前记录集的当前行

7．PreparedStatement 接口

PreparedStatement 接口是 Statement 接口的子接口，直接继承并重载了 Statement 的方法。

PreparedStatement 实例包含已编译的 SQL 语句。这就是使语句“准备好”。包含于 PreparedStatement 对象中的 SQL 语句可具有一个或多个 IN 参数。IN 参数的值在 SQL 语句创建时未被指定。相反的，该语句为每个 IN 参数保留一个问号（“? ”）作为占位符。每个问号的值必须在该语句执行之前，通过适当的 setXXX 方法来提供。

由于 PreparedStatement 对象已预编译过，所以其执行速度要快于 Statement 对象。因此，多次执行的 SQL 语句经常创建为 PreparedStatement 对象，以提高效率。

作为 Statement 的子类，PreparedStatement 继承了 Statement 的所有功能。另外它还添加了一整套方法，用于设置发送给数据库以取代 IN 参数占位符的值。同时，三种方法 execute、executeQuery 和 executeUpdate 已被更改以使之不再需要参数。这些方法的 Statement 形式（接受 SQL 语句参数的形式）不应该用于 PreparedStatement 对象。

（1）PreparedStatement 常用方法见表 5-1-5。

表 5-1-5　PreparedStatement 常用方法

名　称	说　明
execute()	在 PreparedStatment 对象中执行任何 SQL 语句
executeQuery()	在 PreparedStatement 对象中执行 SQL 查询，并返回该查询生成的结果集
executeUpdate()	在 PreparedStatement 对象中执行 SQL 语句，该语句必须是 INSERT、UPDATE、DELETE 语句或 DDL 语句
getMetaData()	检索包含有关 ResultSet 对象的列消息的 ResultSetMetaData 对象，ResultSet 对象将在执行此 PreparedStatement 对象时返回
getParameterMetadata()	检索 PreparedStatement 对象的参数的编号、类型和属性
setInt(x,y)	将第 X 个参数设置为 int 值
setString(x,y)	将第 X 个参数设置为 String 值

（2）PreparedStatement 与 Statement 的比较见表 5-1-6。

表 5-1-6　PreparedStatement 与 Statement 的比较

	PreparedStatement	Statement
使用范围	当执行相似 SQL（结构相同，具体值不同）语句的次数比较少	当执行相似 SQL 语句的次数比较多时（例用户登录，频繁操作表）语句一样，只是具体的值不一样，被称为动态 SQL
优　点	语法简单	语句只编译一次，减少编译次数。提高了安全性（阻止了 SQL 注入）
缺　点	使用硬编码效率低，安全性较差	执行非相似 SQL 语句时，速度较慢
原　理	硬编码，每次执行时相似 SQL 都会进行编译	相似 SQL 只编译一次，减少编译次数

使用示例：

```
1. PreparedStatement perstmt = con.prepareStatement("insert into user_info
   (username,password,realName,address,score) values (?,?,?,?)");
2. perstmt.setString(1, "tom");
3. perstmt.setString(2, "123");
4. perstmt.setString(3, "李明");
5. perstmt.setString(4, "苏工院");
6. pestmt.setInt(5,100);
```

程序说明：

第1行：创建PreparedStatement对象；

第2~6行：根据输入参数的SQL类型选用合适的SetXXX方法，如是String类型，则使用setString()进行赋值。

任务5.2　封装数据库访问公共类

在“ED数码商城”项目中，几乎每个页面、每个功能模块的实现，都离不开数据库访问操作。本任务将创建两个数据库访问相关的公共类ConnectionManager和SuperOpr，将创建连接、关闭连接等常用操作都封装在这些类中，如图5-2-1所示。开发中一旦需要进行数据库访问，可以直接使用这些类（或其子类）来完成，这样可以大大减少代码的冗余，提高开发效率。

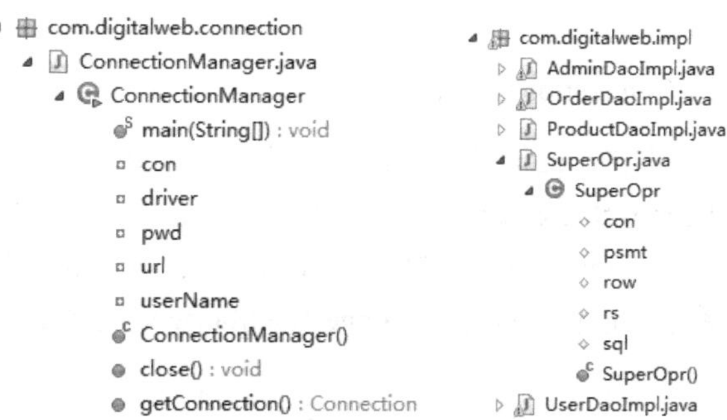

图5-2-1　数据库访问公共类ConnectionManager和SuperOpr

- 知识目标
  - ✓ 了解封装的意义；
  - ✓ 掌握数据库访问公共类的封装方法。
- 技能目标
  - ✓ 能正确实现数据库访问公共类的封装。

本任务要创建的第一个数据库访问公共类 ConnectionManager，主要实现创建数据库连接、关闭数据库连接两个功能，将定义 getConnection()、close()两个方法，实现上述功能。无参构造方法实现数据库驱动程序、URL、用户名、密码的初始化及驱动的加载，ConnectionManager 类结构如图 5-2-2 所示。

第二个公共类 SuperOpr，封装了 Connection、PreparedStatement、RecordSet 等一些实现数据库访问的核心对象，SuperOpr 类结构如图 5-2-3 所示。它将被用作父类来创建不同的子类，如 ProductDaoImpl 类、OrderDaoImpl 类等，实现对“ED 数码商城”项目中各实体的增、删、查、改等操作。本任务仅介绍该类的定义方法，具体的使用将在后续项目任务中详细介绍。

ConnectionManager
-driver : String -url : String -userName : String -pwd : Single -con : Connection
+ConnectionManager() +getConnection() : Connection +close() : void

图 5-2-2 ConnectionManager 类结构

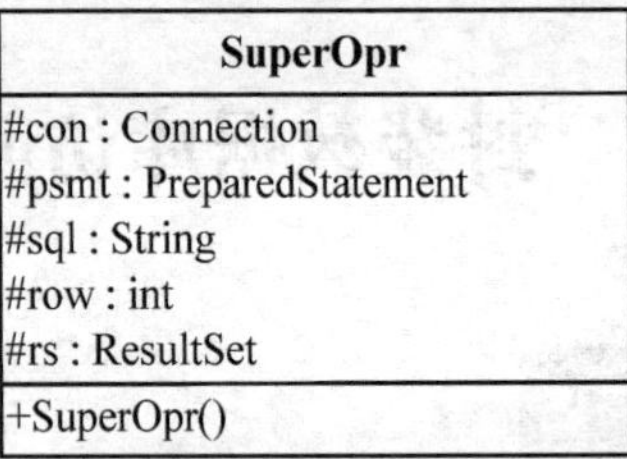

图 5-2-3 SuperOpr 类结构

步骤一： 创建 ConnectionManager 类。

在 MyEclipse 中，首先右击“digital”项目的“scr”结点，单击“New→Package”菜单项，创建包，包名为“com.digitalweb.connection”，这个包中包含所有与数据连接相关的类，包名的命名习惯为“com.项目名.connection”，如图 5-2-4 所示。右击“com.digitalweb.connection”，单击“New→Class”菜单项，在包中创建类 ConnectionManager，如图 5-2-5 所示。

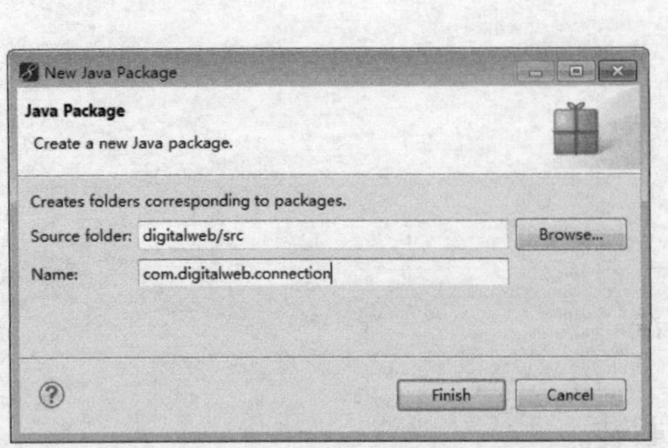

图 5-2-4 创建包

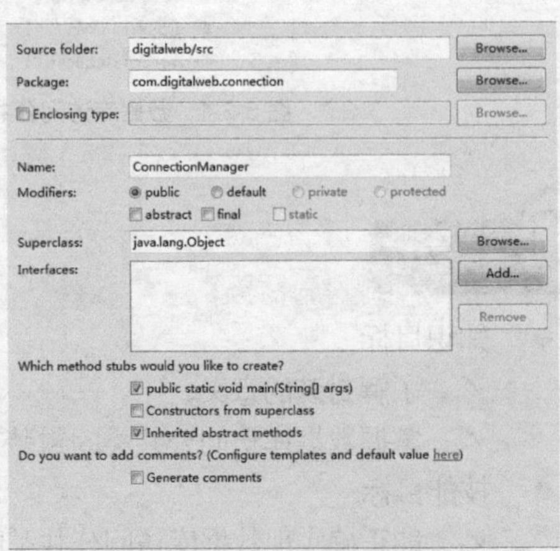

图 5-2-5 创建 ConnectionManager 类

步骤二： 编写类代码，封装数据库访问公共类。

（1）定义类字段

在 ConnectionManager 类中定义如下 5 个私有字段：

```
import java.sql.*;
public class ConnectionManager {
private String driver ;       //数据库驱动程序
private String url;           //数据库连接 URL
private String userName ;     //数据库访问用户名
private String pwd;           //数据库访问密码
private Connection con;       //连接对象
……
}
```

（2）定义无参构造方法 ConnectionManager()

在 ConnectionManager 类中定义无参构造方法，创建类的对象时，将初始化 driver、url 等字段，并加载驱动。具体代码如下：

```
public ConnectionManager() {
 driver = "com.mysql.jdbc.Driver";
 url =
"jdbc:mysql://127.0.0.1:3306/digital?useUnicode=true&amp;characterEncodin
g=utf-8&amp;zeroDateTimeBehavior=convertToNull&amp;transformedBitIsBoolea
n=true";
 userName = "root"
 pwd = "888888";
 try {
     Class.forName(driver);
     } catch (ClassNotFoundException e) {
     e.printStackTrace();
     }
}
```

（3）定义创建数据库连接方法 getConnection ()和关闭连接方法 close()

在 ConnectionManager 类 getConnection ()中，通过调用 DriverManager 类的 getConnection() 方法创建连接对象 con，并返回 con。close()方法中实现了连接对象的关闭。两个方法的具体实现代码如下：

```
// getConnection()方法：创建连接
public Connection getConnection(){
     try {
         con = DriverManager.getConnection(url,userName,pwd);
     } catch (SQLException e) {
         e.printStackTrace();
     }
```

```
        return con;
    }
    //close()方法：关闭连接
    public void close(){
        try {
            con.close();
        } catch (SQLException e) {
            e.printStackTrace();
        }
    }
```

步骤三：测试 ConnectionManager 类。

目前，“ED 数码商城”项目中还涉及数据库访问相关的功能，我们通过在 ConnectionManager 类中添加 main()主方法的方式来测试 ConnectionManager 类的使用。main()方法中测试代码如下：

```
public static void main(String[] args) {
    ConnectionManager cm = new ConnectionManager(); //创建ConnectionManager对象cm
    Connection con=cm.getConnection(); //调用cm对象的getConnection()方法
    String sql = "select * from product_info";
    PreparedStatement psmt;
    try {
            psmt = con.prepareStatement(sql);
            ResultSet rs = psmt.executeQuery();
            while (rs.next()) {
                String code= rs.getString("code");
                String type = rs.getString("type");
                float price = rs.getFloat("price");
                System.out.println(code+"\t\t"+type+"\t\t"+price);
            }
        } catch (SQLException e) {
            e.printStackTrace();
        }finally{
            cm.close();   //调用 cm 对象的 close()方法
    }
}
```

程序运行界面如图 5-2-6 所示。

```
Console
<terminated> ConnectionManager [Java Application] C:\Program Files\Java\jdk1.7.0_45\bin\javaw.exe
A10001          电脑          2399.0
A10002          电脑          3299.0
B10002          手机          3299.0
B10002          手机          2099.0
B10003          手机          1900.0
C10001          手机          4800.0
D10001          手机          1500.0
E10001          数码相机      1000.0
E10002          数码相机      599.0
E10003          数码相机      1160.0
```

图 5-2-6　ConnectionManager 类测试运行界面

步骤四： 创建 SuperOpr 类。

创建包“com.digitalweb.impl”，在包中创建 SuperOpr 类。根据图 5-2-3 中的类结构，创建 SuperOpr 类代码如下，需要引入 ConnectionManager 类。

```
import java.sql.*;
import com.digitalweb.connection.ConnectionManager;

public class SuperOpr {
     protected Connection con;
     protected PreparedStatement psmt;
     protected String sql;
     protected int row;
     protected ResultSet rs;
     public SuperOpr() {
         ConnectionManager cm = new ConnectionManager();
         con = cm.getConnection();
 }
```

至此，我们完成了“ED 数码商城”项目中的数据库访问公共类，当需要数据库操作时，可以直接使用这个类。

任务 5.3　商品列表信息显示

用户进入 ED 电子商城后，在网站的首页上会显示最新入库的四个商品信息，用户可以通过单击“更多>>”链接查看更多的商品信息，如图 5-3-1 所示。

图 5-3-1　商品显示列表页面

任务目标

- 知识目标
  - ✓ 掌握数据库操作 SQL 语句；
  - ✓ 掌握 JDBC 中实现数据访问的类与接口的作用与常用方法。
- 技能目标
  - ✓ 能正确的从数据库取出数据；
  - ✓ 能正确的封装数据；
  - ✓ 能正确的在 JSP 页面显示数据。

任务分析

根据任务概述的情况，商品列表显示功能的实现，涉及的类包括数据实体层（Product）、数据库访问层（ProductDaoImpl）、控制层（ProductServlet），本任务的重点是数据访问层中数据的显示 JDBC 事务处理的实现，具体的序列如图 5-3-2 所示。

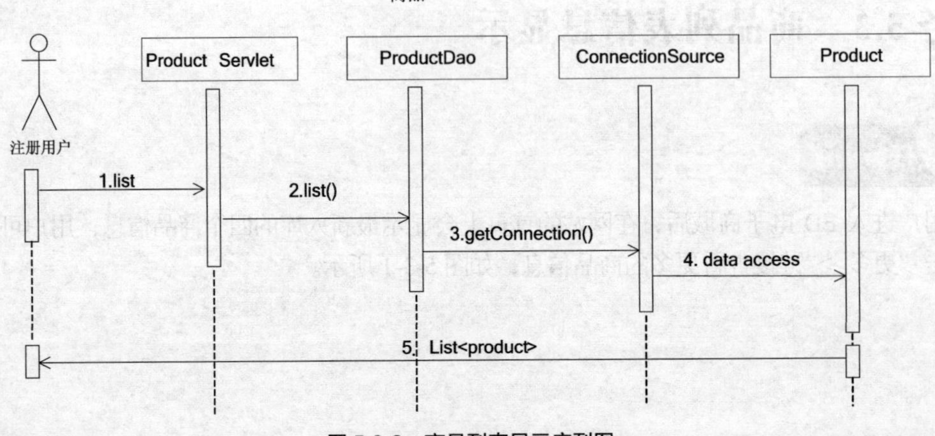

图 5-3-2　商品列表显示序列图

数据访问层 **ProductDaoImpl** 中的商品显示方法是本任务的重点，将体现 JDBC 事务处理，主要功能就是读取 product_info 表中的信息。控制层 **ProductServlet** 中调用 ProductDaoImpl 中的显示方法，将商品信息存放在 session 中参数传递给商品显示页面。

步骤一：创建商品实体类 Product。

（1）新建 Product.java 文件。右击 com.digitalweb.model 包，选择菜单 new->Class，如图 5-3-3 所示。在弹出的对话框中，输入类名 Product，完成创建，如图 5-3-4 所示。

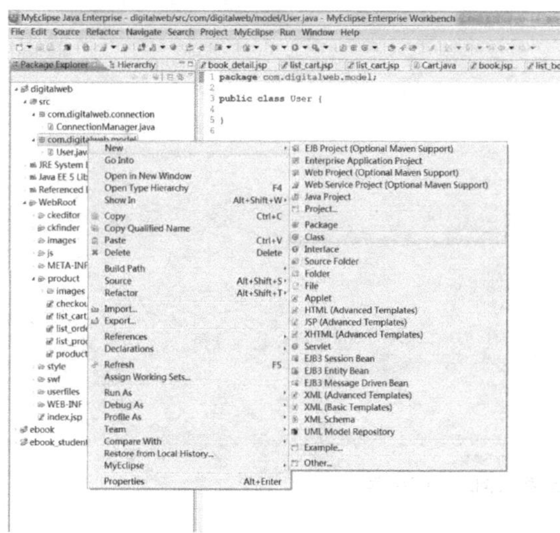

图 5-3-3　新建类菜单

图 5-3-4　添加类对话框

（2）添加 Product 类的字段，代码如下所示。

```
package com.digitalweb.model
public class Product {
 private int id;
 private String code;
 private String name;
 private String type;
 private String brand;
 private String pic;
 private int num;
 private double price;
 private double sale;
 private String intro;
 private int status;

}
```

程序说明：

第 3 行：定义自定义标识的 id 号；

第 4 行：定义商品编号字段；

第 5 行：定义商品名称字段；

（3）添加 Product 类的无参数构造函数。

在 product 类代码段内空白处右击，在弹出的菜单内选择 Source->Generate Constructors from Superclass（如图 5-3-5 所示），在弹出的对话框（如图 5-3-6 所示）中单击【Finish】，完成无参数构造函数的创建。

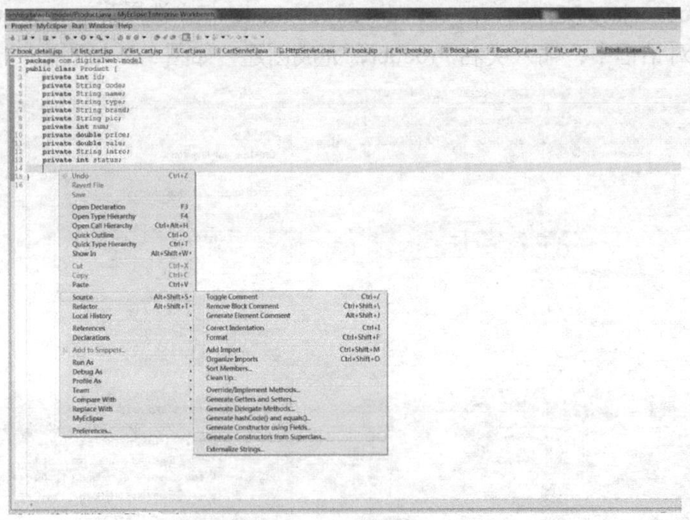

图 5-3-5　添加无参数构造函数菜单

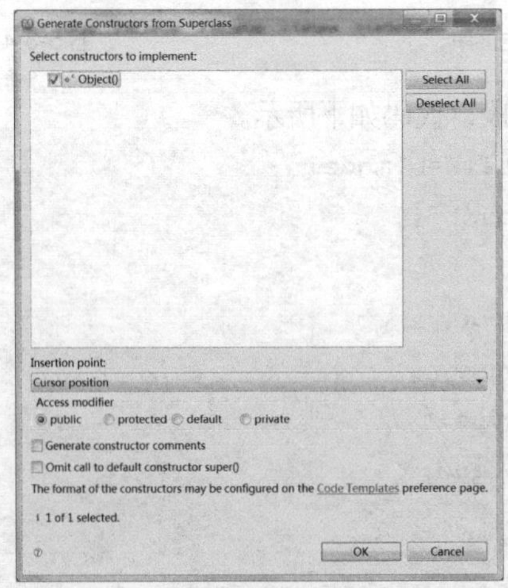

图 5-3-6　添加无参数构造函数对话框

自动添加如下代码段：

```
public Product() {
    super();
    // TODO Auto-generated constructor stub
}
```

（4）添加 Product 类的带参数构造函数。

在 product 类代码段内空白处右击，在弹出的菜单内选择“Source->Generate Constructors using Fields”（见图 5-3-7），在弹出的对话框中，单击【Select All】按钮，单击【OK】完成带参数构造函数的创建（见图 5-3-8）。

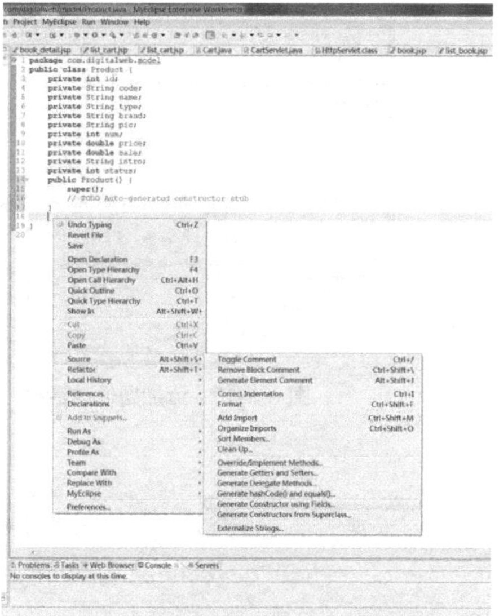

图 5-3-7　添加带参数构造函数菜单

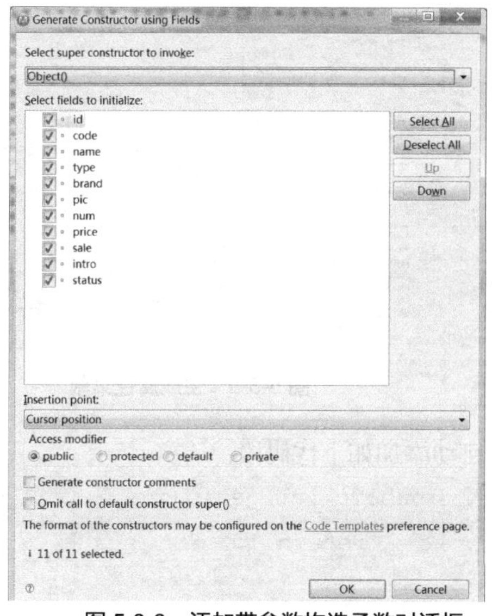

图 5-3-8　添加带参数构造函数对话框

自动添加如下代码段：

```
 public Product(int id, String code, String name, String type, String brand,
          String pic, int num, double price, double sale, String intro,
          int status) {
      super();
      this.id = id;
      this.code = code;
      this.name = name;
      this.type = type;
      this.brand = brand;
      this.pic = pic;
      this.num = num;
      this.price = price;
      this.sale = sale;
      this.intro = intro;
      this.status = status;
 }
```

（5）添加各字段属性。

在 product 类代码段内空白处右击，在弹出的菜单内选择“Source->Generate Getters and Setters”（见图 5-3-9），在弹出的对话框中，单击【Select All】按钮，单击【OK】完成带字段属性的创建（见图 5-3-10）。

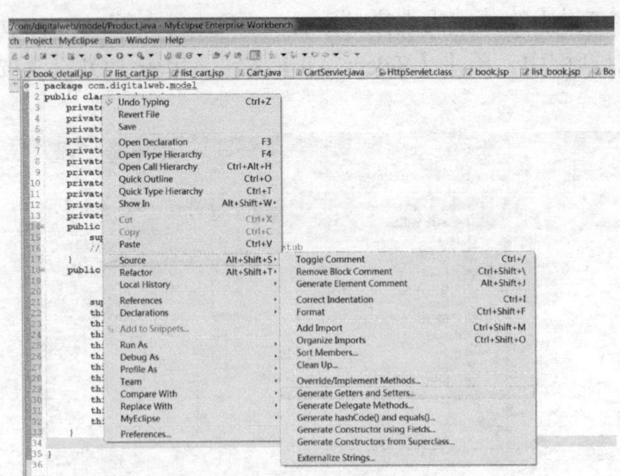

图 5-3-9　生成属性菜单

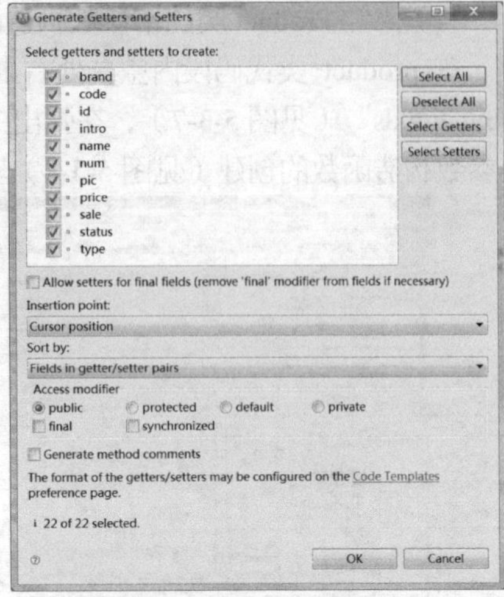

图 5-3-10　添加属性对话框

自动添加如下代码段：

```
public int getId() {
    return id;
}
public void setId(int id) {
    this.id = id;
}
public String getCode() {
    return code;
}
public void setCode(String code) {
    this.code = code;
}
public String getName() {
    return name;
}
public void setName(String name) {
    this.name = name;
}
public String getType() {
    return type;
}
public void setType(String type) {
    this.type = type;
}
public String getBrand() {
    return brand;
```

```
}
public void setBrand(String brand) {
    this.brand = brand;
}
public String getPic() {
    return pic;
}
public void setPic(String pic) {
    this.pic = pic;
}
public int getNum() {
    return num;
}
public void setNum(int num) {
    this.num = num;
}
public double getPrice() {
    return price;
}
public void setPrice(double price) {
    this.price = price;
}
public double getSale() {
    return sale;
}
public void setSale(double sale) {
    this.sale = sale;
}
public String getIntro() {
    return intro;
}
public void setIntro(String intro) {
    this.intro = intro;
}
public int getStatus() {
    return status;
}
public void setStatus(int status) {
    this.status = status;
}
```

步骤二：创建商品操作类 ProductOpr。

（1）新建 com.digitalweb.impl 包。右击左侧的树型项目窗口的“src”，在弹出的菜单中选择“new->Pagkage”，在弹出的对话框中，输入包名，即完成包的创建。用此方法分别创建包，com.digitalweb.dao、com.digitalweb.dao.impl 用来存放实现接口的数据处理类。

（2）新建 ProductDao.java 商品管理相关功能接口。右击“com.digitalweb.dao”，选择菜单“new->interface”，如图 5-3-11 所示。在弹出的对话框中，输入类名 ProductDao，完成创建。

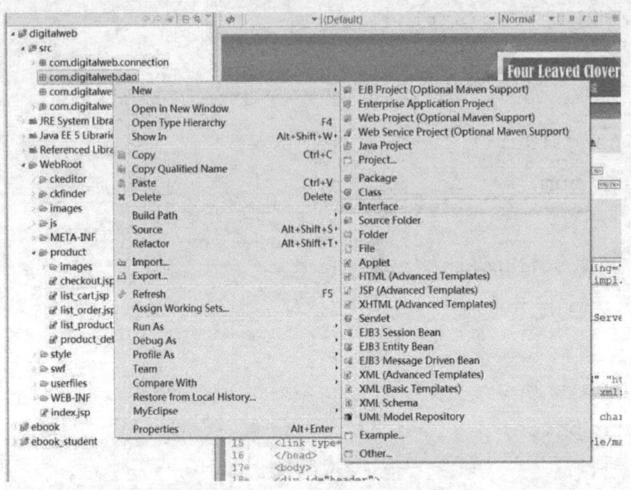

图 5-3-11 添加属性对话框

自动生成代码如下：

```
package com.digitalweb.dao;
public interface ProductDao {

}
```

修改上述代码，结果如下：

```
1.  package com.digitalweb.dao;
2.  import java.util.List;
3.  import com.digitalweb.model.Product;
4.  public interface ProductDao {
5.   public List<Product> list();
6.  }
```

程序说明：

第 2~3 行：引入包；

第 5 行：创建接口方法，显示商品列表信息；

（3）新建 ProductDaoImpl.java 商品管理处理功能实现类。

- 右击 src，在弹出菜单中选择“new->class”，弹出图 5-3-12 所示对话框，输入类名 ProductDaoImpl，单击【Browse】按钮，在弹出的图 5-3-13 所示的对话框的“choose a type”中输入要继承的类名“SuperOpr”，单击【OK】按钮完成添加。

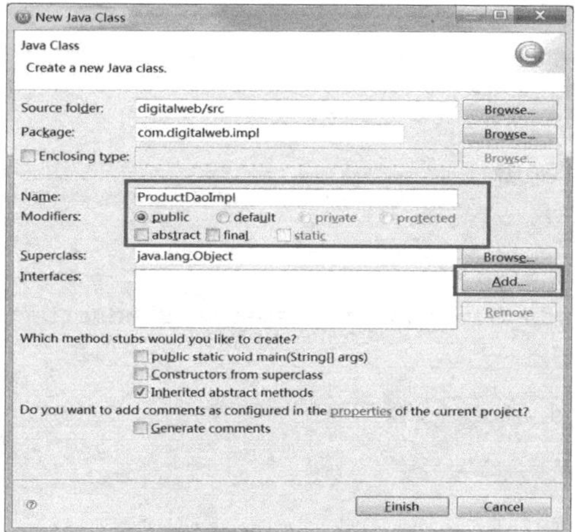

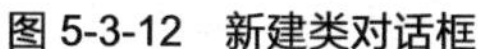
图 5-3-12 新建类对话框

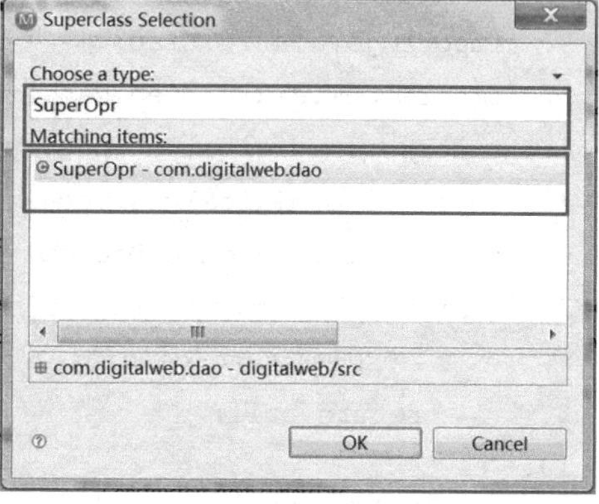

图 5-3-13 选择继承类

- 选择需要实现的接口类。单击图 5-3-14 中的【Add】按钮，在弹出对话框的“choose interface”文本框中输入接口类名称“ProductDao”（见图 5-3-15），单击【Ok】完成添加。

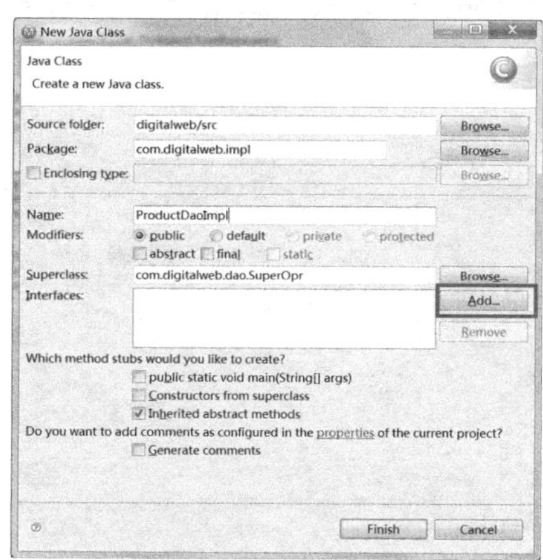

图 5-3-14 新建类对话框

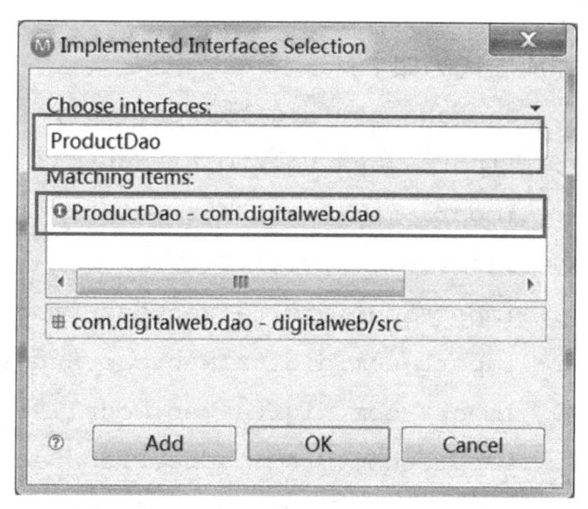

图 5-3-15 选择继承类

- 单击【finish】按钮完成类的创建（见图 5-3-16）。

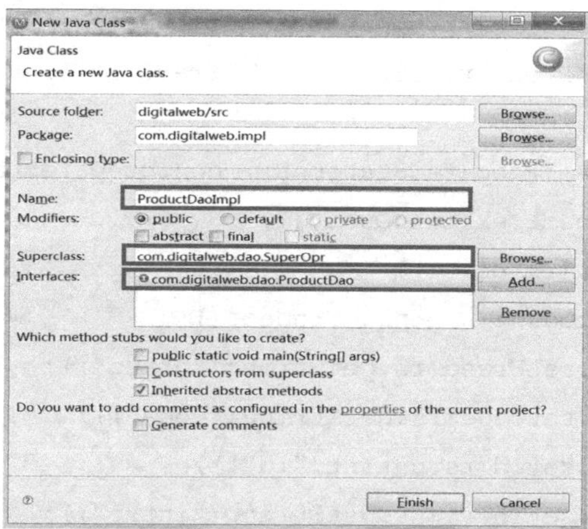

图 5-3-16 单击【Finish】完成添加

自动生成代码如下：

```
1.  package com.digitalweb.impl;
2.  import java.util.List;
3.  import com.digitalweb.dao.ProductDao;
4.  import com.digitalweb.dao.SuperOpr;
5.  import com.digitalweb.model.Product;
6.  public class ProductDaoImpl extends SuperOpr implements ProductDao {
7.   public List<Product> list() {
8.       // TODO Auto-generated method stub
9.       return null;
10.  }
11. }
```

程序说明：

第 6 行：显示商品管理接口类实现，继承 SuperOpr 类；

第 7~10 行：实现商品显示方法代码。

（4）完善商品信息列表显示的相关代码。在上述代码的 list 方法中添加代码，实现商品信息显示。

完成后代码如下：

```
package com.digitalweb.impl;
import java.sql.SQLException;
import java.util.ArrayList;
import java.util.List;
import com.digitalweb.dao.ProductDao;
import com.digitalweb.dao.SuperOpr;
import com.digitalweb.model.Product;
import com.mysql.jdbc.PreparedStatement;
public class ProductDaoImpl extends SuperOpr implements ProductDao {
 public List<Product> list() {
     // TODO Auto-generated method stub
     sql = "select * from product_info where status = 1";
     ArrayList<Product> list = new ArrayList<Product>();
     try {
         psmt = (PreparedStatement) con.prepareStatement(sql);
         rs = psmt.executeQuery();
         while (rs.next()) {
             Product p = new Product();
             p.setBrand(rs.getString("brand"));
             p.setCode(rs.getString("code"));
             p.setId(rs.getInt("id"));
             p.setIntro(rs.getString("intro"));
             p.setName(rs.getString("name"));
```

```
24.                 p.setNum(rs.getInt("num"));
25.                 p.setPic(rs.getString("pic"));
26.                 p.setPrice(rs.getDouble("price"));
27.                 p.setSale(rs.getDouble("sale"));
28.                 p.setStatus(1);
29.                 p.setType(rs.getString("type"));
30.                 list.add(p);
31.             }
32.         } catch (SQLException e) {
33.             // TODO Auto-generated catch block
34.             e.printStackTrace();
35.         }
36.         return list;
37.     }
38. }
```

程序说明：

第 2～8 行：引入各类需要的包；

第 12 行：配置 SQL 语句，从数据表 product_info 读取所有记录信息；

第 13 行：创建商品列表，存放当前所有的商品信息；

第 15 行：发送 SQL 语句；

第 16 行：执行 SQL 语句，将结果存放到 ResultSet 数据集；

第 17～30 行：将数据集中的数据读取出来，存放至商品列表 list 中；

步骤三： 显示商品信息到 list_product.jsp 页面。

（1）添加 page 指令，引入相关包。代码如下：

```
<%@ page import="com.digitalweb.model.*,com.digitalweb.impl.ProductDaoImpl" %>
```

（2）添加脚本，读取商品列表信息。

显示商品信息层 HTML 代码为

```
<div class="productslist">
 <div>
     <a href=""><img src="" width="170" height="128" /></a>
 </div>
 <strong><br /> 经济高效，超低成本！<br /></strong> 四叶草价：
 <span class="price"></span>
 <br />
 促销信息： <span class="onsale">直降</span>
 </div>
```

效果如图 5-3-17 所示。

图 5-3-17　页面效果图

在层代码前添加脚本代码获取商品信息，代码实现如下：

```
1. <%
2.  ProductDaoImpl pdi = new ProductDaoImpl();
3.  ArrayList<Product> pList = pdi.list();
4.  %>
```

程序说明：

第 2 行：创建 ProductDaoImpl 对象 pdi；

第 3 行：调用 ProductDaoImpl 的 list()方法获取数据库中所有商品的信息。

（3）显示商品列表信息到页面。

- 在上述代码段内添加下列代码：

```
if(pList!=null){
 for(Product p : pList){
```

- 在 Div 层代码后面添加下列代码：

```
<%
   } }
%>
```

- 使用表达式显示各字段的值，代码如下：

```
<div class="productslist">
 <div>
     <a href=""><img src="<%=p.getPic() %>" width="170" height="128" /> </a>
 </div>
     <strong><%=p.getName() %><br /> 经济高效，超低成本! <br /> </strong> 四叶草价:
     <span class="price">￥<%=p.getPrice() %></span>
         <br />
         促销信息:
         <span class="onsale">直降<%= p.getPrice() -p.getSale() %></span>
</div>
```

（4）启动 TomCat 服务器，运行显示如图 5-3-18 所示。

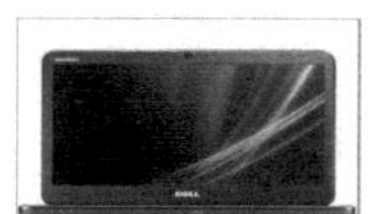

图 5-3-18　商品列表显示

任务 5.4　商品详细信息显示

用户进入 ED 电子商城后，在网站的首页上显示最新入库的四个商品信息，当用户对商品感兴趣时，可以单击商品图片，进入商品详细查看页面，显示该商品的详细信息，如图 5-4-1 所示。

图 5-4-1　图书详细查看页面

- 知识目标
  - ✓ 掌握数据库数据操作 SQL 语句。
- 技能目标
  - ✓ 能够根据商品编号将数据库数据显示到页面。

根据任务概述的情况，商品详细信息显示功能的实现，涉及的类包括数据实体层（Product）、数据库访问层（ProductDao），本任务的重点是数据访问层中根据条件显示数据的 JDBC 事务处理的实现，具体的序列如图 5-4-2 所示。

数据访问层 ProductsDaoImpl 中的根据商品编号显示商品信息方法是本任务的重点，将体现 JDBC 事务处理，主要功能就是根据提供的 id 值读取 Product_info 表中的信息，将商品信息存放在 session 中参数传递给商品显示页面。

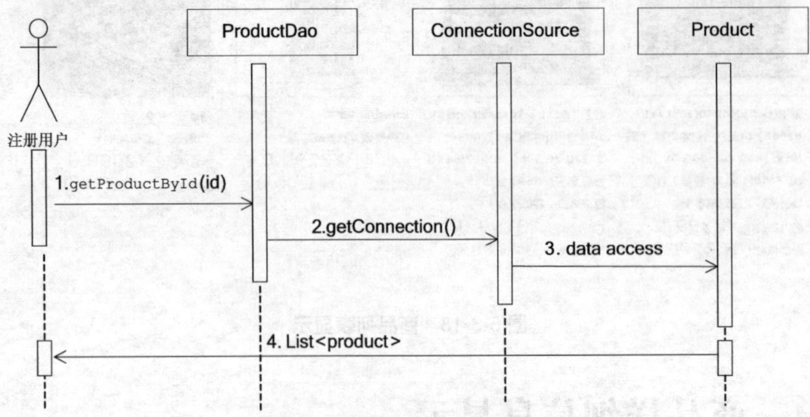

图 5-4-2　商品详细显示时序图

步骤一：在 ProductDao 接口中添加根据编号查询商品方法 getProductById()。

（1）打开 ProductDao.java 文件，添加如下代码：

```
public Product getProductById(int id);
```

（2）添加后，代码如下所示。

```
package com.digitalweb.dao;
import java.util.List;
import com.digitalweb.model.Product;
public interface ProductDao {
 public List<Product> list();
 public Product getProductById(int id);
}
```

步骤二：添加根据编号查询商品方法的实现。打开 ProductDaoImpl.java 文件，在文件中添加如下代码：

```
public Product getProductById(int id) {
    sql = "select * from product_info where status = 1 and id = " + id;
    Product p = new Product();
    try {
        psmt = con.prepareStatement(sql);
        rs = psmt.executeQuery();
        if (rs.next()) {
```

```
8.              p.setBrand(rs.getString("brand"));
9.              p.setCode(rs.getString("code"));
10.             p.setId(rs.getInt("id"));
11.             p.setIntro(rs.getString("intro"));
12.             p.setName(rs.getString("name"));
13.             p.setNum(rs.getInt("num"));
14.             p.setPic(rs.getString("pic"));
15.             p.setPrice(rs.getDouble("price"));
16.             p.setSale(rs.getDouble("sale"));
17.             p.setStatus(1);
18.             p.setType(rs.getString("type"));
19.         }
20.     } catch (SQLException e) {
21.         // TODO Auto-generated catch block
22.         e.printStackTrace();
23.     }
24.     return p;
25. }
```

程序说明：
第2行：配置SQL语句根据编号查询商品；
第3行：创建商品对象；
第5~7行：从数据库中获取查询的结果集；
第8~18行：将获取的商品信息存放到商品对象中。

步骤三： 为商品显示页面显示的图片添加链接，同时传递参数商品id。

（1）打开list_product.jsp页面，找到商品图片显示，为其添加链接，代码如下所示：

```
<a href=""><img src="<%=p.getPic() %>" width="170" height="128" /> </a>
```

（2）设置超链接的href，修改上述代码为：

```
<a href="product_detail.jsp?id=<%=p.getId() %>"><img src="<%=p.getPic()
%>" width="170" height="128" /> </a>
```

步骤四： 在商品详细显示页面接受参数商品id，获取要显示的商品信息。

（1）打开商品详细显示页面product_detail.jsp。
（2）在页面中添加脚本，并添加如下代码：

```
<%
String strId = request.getParameter("id");
if (strId == null)
    response.sendRedirect("list_product.jsp");
int id = Integer.parseInt(strId);
ProductDaoImpl pdi = new ProductDaoImpl();
Product p = pdi.getProductById(id);
```

```
8.  %>
```

程序说明：

第 2 行：获取从 list_product.jsp 传递的参数商品编号 id；

第 3～4 行：如果获取的 id 为空，则仍跳回商品列表页面；

第 5 行：将获取的参数转换成整数类型；

第 6 行：创建新的商品管理处理对象；

第 7 行：根据编号查询商品信息。

步骤五： 将商品信息显示到 product_detail.jsp 页面上。

（1）使用表达式显示商品各字段的值，修改 HTML 代码如下：

```
<div id="productinfodiv">
            <div id="productimg">
                <img src="<%=p.getPic()%>" width="310" height="310" />
            </div>
    <div id="tips" style="float: left; width: 430px; height: 200px">
        <form action=". " method="post" name="addCarForm">
        <h1><%=p.getName()%></h1>
        <ul>
        <li style="list-style: none;" class="bt"></li>
        <li style="list-style: none;" class="text">商品编号：<%=p.getCode()%></li>
        <li style="list-style: none;" class="text">价      格：￥<%=p.getPrice()%></li>
        <li style="list-style: none;" class="text">促销信息：直降￥<%=p.getPrice() - p.getSale()%></li>
        <li style="list-style: none;" class="bt">库      存：<%=p.getNum()%></li>
        <li style="list-style: none; font-size: 13px; font-family: 黑体; color: red;">我要买：
            <input type="text" name="num" id="num" size="3">件 </li>
        </ul>
                <img hspace="50" src="../images/gwc.png"
                    onclick="javascript:checkAddCarForm();" s>
            </form>
        </div>
        <div class="cl"></div>
        <div id="main2">
            <div id="intro" style="margin-top: 10px">
                <%=p.getIntro()%>
                <div class="cl"></div>
            </div>
```

```
                    <div class="cl"></div>
                </div>
            </div>
```

（2）启动 tomcat，运行 list_product.jsp 页面，单击其中一个商品的图片，即跳到 product_detail.jsp 页面，如图 5-4-3 和图 5-4-4 所示。

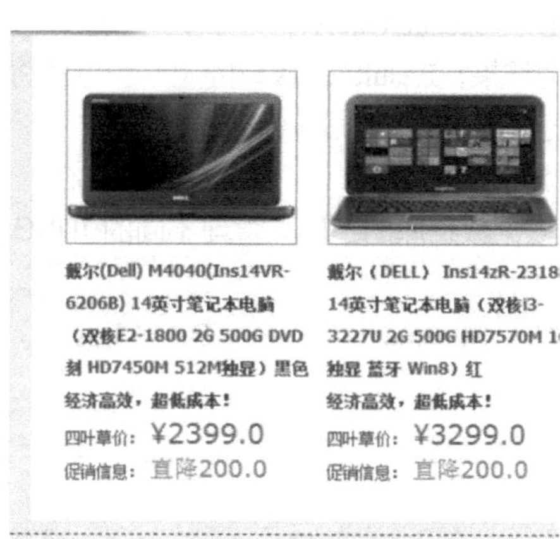

图 5-4-3　商品列表显示

图 5-4-4　商品详细显示

1. 以下关于 JDBC 的描述错误的是（　）。

A.　JDBC 由一组用 Java 语言编写的类和接口组成

B.　JDBC 级支持数据库访问的两层模型，也支持三层模型

C.　JDBC 只能连接 MySQL 数据库

D.　JDBC 是一种访问数据库的 Java API

2. 在 Java 中开发 JDBC 应用程序时，使用 DriverManager 类的 getConnection()方法建立与数据源连接的语句如下：

Connection con = DriverManager.getConnection(“jdbc:mysql://127.0.0.1:3306/test”);

其中 URL 链接中的“test”表示的是（　）。

A.　数据库中表的名称　　　　B.　数据库中服务器的机器名

C.　数据源的名称　　　　　　D.　用户名

3. 在 Java 中，欲成功更新表 course 中数据（hours 字段为 int 型，coursethitle 为 nvarchar 型），假设已经获得了数据库连接，Connection 的对象 con，则在以下程序段的下划线处应该填写的代码是（　）。

PreparedStatement pstmt=con.prepareStatement("update course set hours=?where coursetitle=?");

______________________________//此处填写代码

pstmt.setString(2,"accp");
pstmt.executeUpdate();

A. pstmt.setInt(2,800); B. pstmt.setInt(1,800);
C. pstmt.setString(2,"800"); D. pstmt.setString(1,"800");

4. 在 JDBC 应用程序中，使用 Statement 接口的（ ）办法，执行查询语句，并可返回结果集。

A. execute() B. close()
C. executeUpdate() D. executeQuery()

5. 在 Java 中，使用结果集（ResultSet）返回查询结果，ResultSet 接口的（ ）方法将游标从当前位置下移一行，并且如果该行包含数据，则返回 true，否则返回 false。

A. first() B. next() C. last() D. close()

6. 在 JDBC API 中所提供的（ ）类的职责是:依据数据库的不同，管理不同的 JDBC 驱动程序。

A. DriverManager B. Connection C. Statement D. Class

7. 下面哪一项不是加载驱动程序的方法？（ ）

A. 通过 DriverManager.getConnection 方法加载
B. 调用方法 Class.forName
C. 通过添加系统的 jdbc.drivers 属性
D. 通过 registerDriver 方法注册

8. 下面哪一项不是 JDBC 的工作任务？（ ）

A. 与数据库建立连接
B. 操作数据库，处理数据库返回的结果
C. 在网页中生成表格
D. 向数据库管理系统发送 SQL 语句

9. 下面( )是 ResultSet 接口的方法。（多选）

A. next() B. close() C. back() D. forward()

10. 使用 JDBC 访问数据时，常用的接口有（ ）。（多选）

A. Record
B. ResultSet Statement PreparedStatement
C. SQLConnection
D. Connection

11. 在 Java 中，较为常用的 JDBC 驱动方式是（ ）和（ ）。

A. JDBC-ODBC 桥连 B. mssqlserver 驱动程序
C. 纯 ODBC 驱动程序 D. 纯 JAVA 驱动程序

PART 6 项目 6 JSP+Servlet+JavaBean 实现购物车

项目描述

购物车（ShoppingCart），顾名思义，就是电子商务网站为广大买家提供的具有与超市购物车相同功能的一种快捷购物工具。它是网站中的一个功能模块，买家可以将多个商品加入购物车后一次性批量购买。一个典型的在线购物车应具有以下功能：

- 将商品添加至购物车
- 显示当前购物车中的中的商品清单、数量和价格
- 修改购物车中某件商品的订购数量
- 删除购物车中的商品
- 清空购物车

本项目将带领读者实现“ED 数码商城”的购物车功能，通过添加、修改购物车等功能的实现，了解 JSP+Servlet+JavaBean 的开发模式，熟悉 Java Web 开发中 Servlet、过滤器等相关知识、掌握 Servlet、Filter 过滤器的应用等技能。

知识目标

- ☑ 了解 Servlet 的基本概念、基本结构、运行原理及生命周期；
- ☑ 熟悉创建、编写和调用 Servlet 的方法；
- ☑ 掌握 Servlet 处理客户端请求和页面转向等知识；
- ☑ 掌握使用 JSP+Servlet+JavaBean 模型开发 Web 应用程序的步骤和方法。

技能目标

- ☑ 会创建、编写和调用 Servlet；
- ☑ 会正确配置 Servlet；
- ☑ 会运用 Servlet 处理客户端请求，解决实际问题。

项目任务总览

任务编号	任务名称
任务 6.1	创建并配置购物车 Servlet
任务 6.2	应用 JSP+Servlet+JavaBean 实现购物车添加
任务 6.3	应用 JSP+Servlet+JavaBean 实现购物车修改
任务 6.4	应用 Filter 实现中文乱码处理
任务 6.5	应用 Filter 实现购物权限控制

任务 6.1　创建并配置购物车 Servlet

Servlet 和 JSP 技术是用 Java 开发服务器端应用的主要技术。JSP+Servlet+JavaBeans 这一模型结合了 JSP 和 Servlet 技术，并充分利用这两种技术的优势。Servlet 是一种在服务器端运行的 Java 小程序，与 JSP 有着紧密的联系。在本任务中，将创建一个购物车 Servlet，为本项目在 JSP+Servlet+JavaBeans 模式下实现购物车功能完成 Servlet 部分的创建，如图 6-1-1 所示。

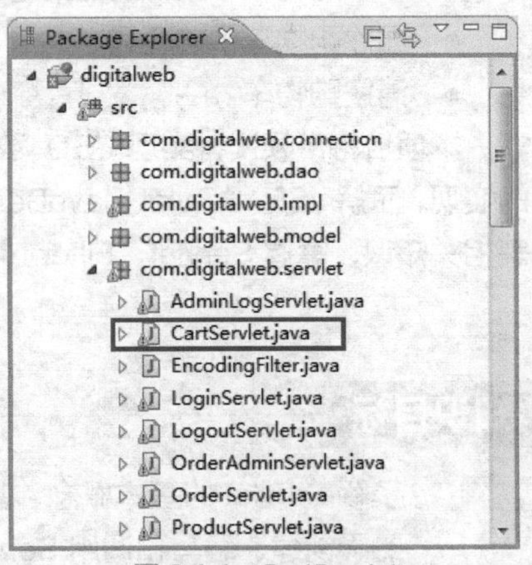

图 6-1-1　CartServlet

- 知识目标
  - ✓ 了解 Servlet 的概念和作用；
  - ✓ 了解 Servlet 的运行机制和生命周期；
  - ✓ 了解 Servlet 的基本结构；
  - ✓ 掌握创建、配置、调用 Servlet 的基本方法。
- 技能目标
  - ✓ 能够在 Web 项目正确创建 Servlet；
  - ✓ 能够根据实际情况配置并正确使用 Servlet。

Servlet 是一种运行在 Web 服务器内部的 Java 应用程序，直接一点说，一个 Servlet 就是一个 Java 类。它可以生成动态的 Web 页面，通过“请求—响应”模式来访问应用程序。Servlet

由 Web 服务器进行加载，接收客户端请求，对请求的数据进行处理，并对客户端做出响应。Servlet 所运行的 Web 服务器称为 Servlet 容器。

本任务中，我们创建一个简单的 Servlet，它继承自 HttpSerlvet，使用 HTTP 请求和 HTTP 响应标题与客户端进行交互。Servlet 应用程序的体系结构如图 6-1-2 所示。

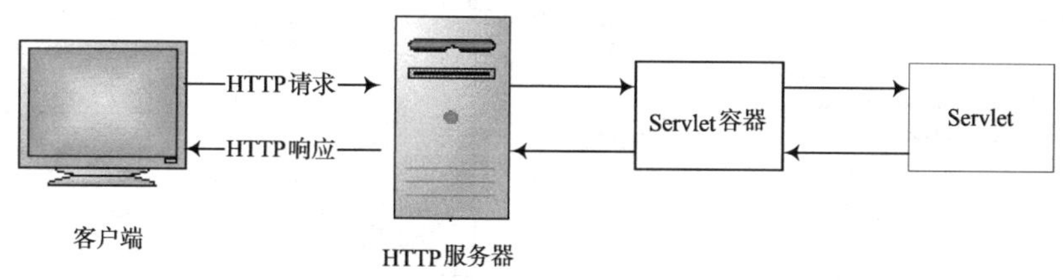

图 6-1-2　Servlet 应用程序体系结构

一个简单 Servlet 的基本结构如下：

```
public class SomeServlet extends HttpServlet {
  ……
  //doGet()方法
  public void doGet(HttpServletRequest request, HttpServletResponse response)
throws ServletException, IOException{
  ……
  }
  //doPost()方法
  public void doGet(HttpServletRequest request, HttpServletResponse response)
throws ServletException, IOException {
  ……
  }
}
```

本任务所要创建的 Servlet 接收并处理来自浏览器的 Http 请求，将在 doGet()或 doPost()方法编写代码处理请求事务，并将处理结果输出至浏览器。

步骤一： 创建一个 Servlet。

（1）打开“digitalweb”项目，在“Package Explore”视图中，右击该项目目录中的“src”文件夹，单击“New→Package”菜单项，创建名为“com.digitalweb.servlet”的包，项目中所有的 Servlet 将都存放在这个包中，如图 6-1-3 所示。

（2）右击“com.digitalweb. servlet”包，选择“New→Other…”菜单项，在打开的“New”对话框的菜单树中，选择“MyEclipse→Servlet”项，单击【Next】按钮，如图 6-1-4 所示。

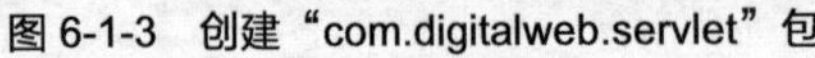

图 6-1-3　创建“com.digitalweb.servlet”包

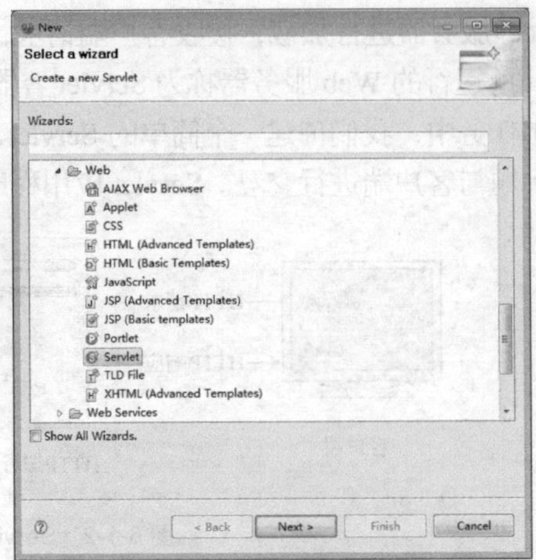

图 6-1-4　创建 Servlet

（3）在图 6-1-5 所示的“Create a new Servlet”对话框中，在 Name 项输入名称“CartServlet”，在对话框下方要创建的方法复选框列表中，勾选“doGet()”和“doPost()”两项，表示在 CartServlet 类中重写父类的这两个同名方法。关于这些方法的介绍请详见本任务的“技术要点”，单击【Next】按钮，进入下一步。

（4）进入“Create a new Servlet”对话框的“XML Wizard”步骤，对 Servlet 进行详细配置。如图 6-1-6 所示，在“Servlet/JSP Name”项中输入名称“CartServlet”，在“Servlet/JSP Mapping URL”项中输入“/CartServlet”，表示 CartServlet 所映射的 URL 访问地址，“Path of web.xml”是指保存 Servlet 配置的 web.xml 文件路径。最后，单击【Finish】按钮，完成创建。

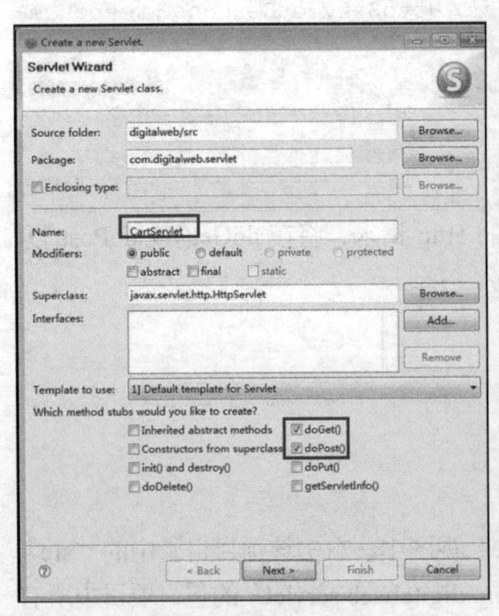

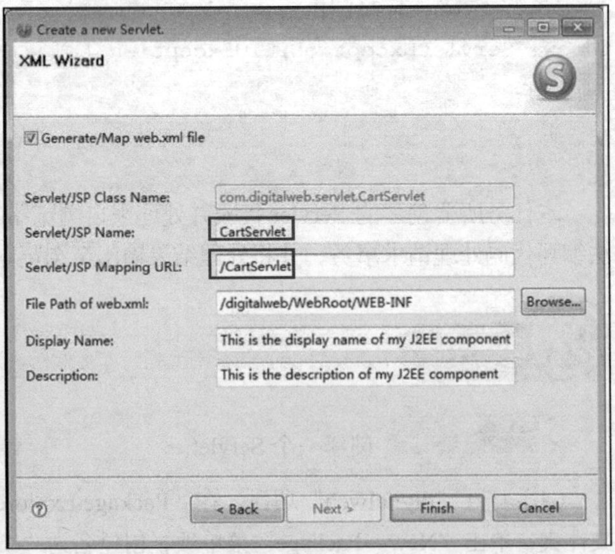

图 6-1-5　创建 Servlet

图 6-1-6　配置 Servlet

步骤二： 编写 Servlet。

双击“CartServlet”，编辑器中打开 CartServlet.java 文件，代码如下所示：

```
package com.digitalweb.servlet;
//创建Servlet需要导入的包
```

```
import java.io.IOException;
import java.io.PrintWriter;
import javax.servlet.ServletException;
import javax.servlet.http.HttpServlet;
import javax.servlet.http.HttpServletRequest;
import javax.servlet.http.HttpServletResponse;
public class CartServlet extends HttpServlet {
//重写doGet()方法
    public void doGet(HttpServletRequest request, HttpServletResponse response)
    throws ServletException, IOException {
        response.setContentType("text/html");
        PrintWriter out = response.getWriter();
        out.println("<!DOCTYPE HTML PUBLIC \"-//W3C//DTD HTML 4.01 Transitional//EN\">");
        out.println("<HTML>");
        out.println("<HEAD><TITLE>A Servlet</TITLE></HEAD>");
        out.println("<BODY>");
        out.print("This is ");
        out.print(this.getClass());
        out.println(", using the GET method");
        out.println("</BODY>");
        out.println("</HTML>");
        out.flush();
        out.close();
}
//重写doPost()方法
    public void doPost(HttpServletRequest request, HttpServletResponse response)
    throws ServletException, IOException {

        response.setContentType("text/html");
        PrintWriter out = response.getWriter();
        out.println("<!DOCTYPE HTML PUBLIC \"-//W3C//DTD HTML 4.01 Transitional//EN\">");
        out.println("<HTML>");
        out.println("<HEAD><TITLE>A Servlet</TITLE></HEAD>");
        out.println("<BODY>");
        out.print("This is ");
        out.print(this.getClass());
        out.println(", using the POST method");
```

```
39.         out.println("</BODY>");
40.         out.println("</HTML>");
41.         out.flush();
42.         out.close();
43.     }
44. }
```

在上面的代码中,我们看到 CartSerlet 类继承了父类 HttpServlet,并重写了 doGet()和 doPost()方法，两个方法的实现代码类似，以 doGet()方法为例进行介绍。

程序说明:

第 3~8 行：导入包操作;

第 11~12 行：重写 doGet()方法，处理客户端发出的 GET 请求;

第 13 行:利用 setContentType 方法,设置返回文档类型为“text/html”,即输出内容为 HTML,如要在输出中显示中文,需要设置响应页面的字符集为 GBK,代码改为 response.setContentType ("text/html;charset=GBK");

第 14 行：获得一个可向客户端发送字符文本的 PrintWriter 对象 out;

第 15~23 行：使用 out 对象的 print()/println()方法向客户端输出 HTML 文档，该 HTML 文档比较简单，输出字符串“This is CartServlet, using the POST method”，getClass 方法是获取对象的运行时类;

第 41~42 行：清空缓存，并关闭输出流。

步骤三： 访问 Servlet。

在 Eclipse 中部署该 Web 项目，启动 Tomcat，打开浏览器，在地址栏输入 Servlet 的 URL 地址：http://localhost:8080/digitalweb/CartServlet，运行效果如图 6-1-7 所示。从图中可见，从浏览器或 HTML、JSP 页面访问 Servlet 时，不指定方法的情况下，会默认调用 Servlet 的 doGet()方法。

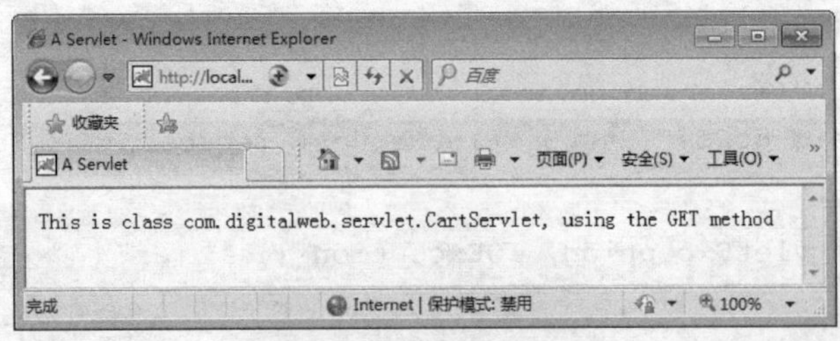

图 6-1-7　Servlet 运行效果

在浏览器中查看页面的源文件,可以看到 Servlet 动态生成的 HTML 代码,如图 6-1-8 所示。

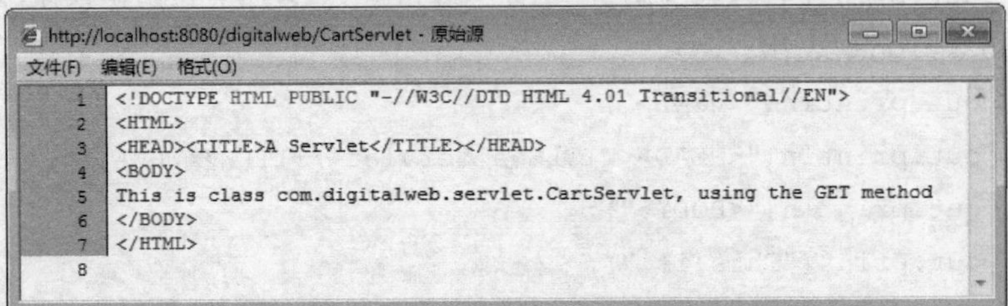

图 6-1-8　Servlet 动态生成的源文件

步骤四： 查看 Servlet 的配置信息。

在 MyEclipse 中创建 Servlet 时，会在应用程序的 WEB-INF 文件夹中的配置文件 web.xml 中创建相关的配置信息，双击 web.xml 文件，切换到“source”视图，web.xml 文件的内容如下所示：

```
<?xml version="1.0" encoding="UTF-8"?>
<web-app version="2.5"
    xmlns="http://java.sun.com/xml/ns/javaee"
    xmlns:xsi="http://www.w3.org/2001/XMLSchema-instance"
    xsi:schemaLocation="http://java.sun.com/xml/ns/javaee
    http://java.sun.com/xml/ns/javaee/web-app_2_5.xsd">

  <servlet>
    <description>This is the description of my J2EE component</description>
    <display-name>This is the display name of my J2EE component</display-name>
    <servlet-name>CartServlet</servlet-name>
    <servlet-class>com.digitalweb.servlet.CartServlet</servlet-class>
  </servlet>
  <servlet-mapping>
    <servlet-name>CartServlet</servlet-name>
    <url-pattern>/CartServlet</url-pattern>
  </servlet-mapping>
  <welcome-file-list>
    <welcome-file>index.jsp</welcome-file>
  </welcome-file-list>
</web-app>
```

在上述 Servlet 的配置信息中，使用<Servlet>元素配置 Servlet，包括<description>、<display-name>、<servlet-name>等子元素，具体的配置说明请见本任务的“技术要点”。用户可以根据实际需要来修改这些信息，对应用程序进行灵活配置。

1. Servlet 简介

Servlet 通常译为服务器小应用程序，是基于 Java 的一种技术和标准，也是当今万维网上使用最频繁的 J2EE 组件。Servlet 是运行在服务器端的 Java 应用程序，与传统的从命令行启动的 Java 应用程序有所区别，必须由 Web 服务器进行加载，与平台和协议无关。那么，Servlet 是如何运行和工作的呢？我们浏览网页，需要一个 Web 服务器，在过去，大多是静态网页，只需把资源放在 Web 服务器上即可。如今随着应用的发展，客户与服务器需要动态交互，浏览网页的过程就是浏览器通过 HTTP 协议与 Web 服务器交互的过程。为了实现这一目标，就需要开发一个遵循 HTTP 协议的服务器端应用软件，来处理各种请求。Servlet 就是一个基于 Java 的 Web 组件，运行在服务器端，利用它可以很轻松地扩展 Web 服务器的功能，使它满足特定的需要。

Servlet 由 Servlet 容器（也称为 Servlet 引擎）管理，是 Servlet 的运行环境，给发送的请求和响应之上提供网络服务，Tomcat 就是常用的 Servlet 容器。

Servlet 的基本运行流程如下：

（1）客户端（通常是浏览器）访问 Web 服务器，发送 HTTP 请求。

（2）Web 服务器接收到请求后，传递给 Servlet 容器。

（3）Servlet 容器加载 Servlet，产生 Servlet 实例。

（4）Servlet 接收客户端的请求信息，并进行相应的处理。

（5）Servlet 容器将从 Servlet 收到的处理结果发送回客户端，并负责确保响应正确送出。

2. Servlet 的基本结构

在本任务的分析中，展示了一个简单的 Servlet 的基本结构：

（1）引入相关包

需要引入的包有：java.io 包、javax.servlet 包、javax.servlet.http 包。

（2）通过继承 HttpServlet 类得到 Servlet

如果某个类要成为 Servlet，则它应该从 HttpServlet 类继承。Servlet 通过重写一些方法（如 doGet()、doPost()等）来处理客户端的请求。根据数据是通过 GET 还是 POST 发送，重写 doGet、doPost 方法之一或全部。

（3）重写 doGet 或 doPost 方法

在步骤一创建的 CartServlet 中，重写了 doGet()和 doPost()方法，它们都具有如下的结构：

```
public void doGet(HttpServletRequest request, HttpServletResponse
response)
throws ServletException, IOException {
……
}
public void doPost(HttpServletRequest request, HttpServletResponse
response)
throws ServletException, IOException {
……
}
```

doGet 和 doPost 方法都有两个参数，分别为 HttpServletRequest 类型和 HttpServletResponse 类型。HttpServletRequest 提供访问有关请求的信息的方法，例如表单数据、HTTP 请求头等。HttpServletResponse 提供用于指定 HTTP 应答状态（200，404 等）、应答头（Content-Type，Set-Cookie 等）的方法。

（4）实现 Servlet 具体功能

在 doGet()或 doPost()方法中，利用 HttpServletResponse 的一个用于向客户端发送数据的 PrintWriter 类的 print 或 println 方法生成向客户端发送的页面。

3. Servlet 常用 API

Servlet 使用 Servlet API 所定义的类和接口实现，包括“javax.servlet”和“javax.servlet.http”两个包。在编写 Servlet 时经常要用到的类和接口见表 6-1-1。

表 6-1-1　编写 Servlet 使用的类与接口

类或接口名	说　　明
Servlet 接口	定义了 Servlet 必须实现的方法
HttpServlet 类	提供 Servlet 接口的 HTTP 特定实现
HttpServletRequest 接口	为 Servlet 获取客户端的请求信息
HttpServletResponse 接口	帮助 Servlet 向客户端发送响应信息
ServletContext 接口	与 Servlet 容器进行通信
ServletConfig 接口	用于在 Servlet 初始化时向它传递信息

javax.servlet.Servlet 接口是 Servlet API 的核心，所有的 Servlet 类都必须实现这一接口。该接口定义了 5 个方法，如图 6-1-9 所示。

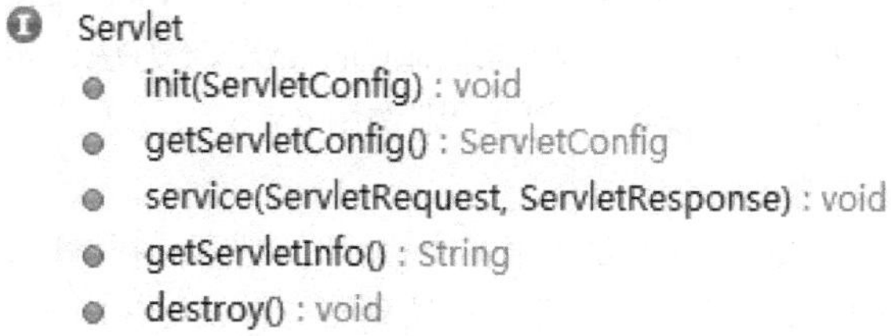

Servlet
- init(ServletConfig) : void
- getServletConfig() : ServletConfig
- service(ServletRequest, ServletResponse) : void
- getServletInfo() : String
- destroy() : void

图 6-1-9　Servlet 接口的方法

（1）init()方法：初始化 Servlet 对象，它由 Servlet 容器控制，只能被调用一次。

（2）service()：接受客户端请求对象，执行业务操作，利用响应对象响应客户端请求。

（3）destroy()：当容器监测到一个 Servlet 从服务中被移除时，容器调用该方法，释放资源。

（4）getServletConfig()：返回一个 ServletConfig 对象，该对象返回初始化信息和 Servlet 上下文。

（5）getServletInfo()：获取 Servlet 相关信息，如作者、版本等信息。

对于 Servlet 接口，一般采用间接实现，即通过“javax.servlet.GenericServlet”或“javax.servlet.http.HttpServlet”派生。HttpServlet 类的常用方法见表 6-1-2。

表 6-1-2　HttpServlet 类的常用方法

方法名	功　能
void doGet()	由 Servlet 容器调用处理一个 HTTP GET 请求
void doPost()	由 Servlet 容器调用处理一个 HTTP POST 请求
void doPut()	处理一个 HTTP PUT 请求，请求 URI 指出被载入文件的位置
void doDelete()	处理一个 HTTP DELETE 请求，请求 URI 指出资源被删除
void service()	将请求导向 doGet()和 doPost()方法

4．Servlet 的生命周期

Servlet 有良好的生命周期的定义，包括加载、实例化、初始化、处理请求及服务结束。Servlet 在 Servlet 容器中运行其生命周期由容器进行管理，通过 javax.servlet.Servlet 接口的 init()、 service()、destroy()方法来实现。

（1）加载和实例化

当 Servlet 容器启动或 Servlet 容器检测到需要这个 Servlet 服务的第一个请求时，Servlet 容器会加载该 Servlet，并生成 Servlet 实例。

（2）初始化

当 Servlet 实例化后，容器将调用这个对象的 init()方法进行初始化，初始化的目的是在这个实例为请求提供服务前完成初始化工作，如建立配置连接，获取配置信息等。每个 Servlet 实例，容器只调用一次 init()方法。Servlet 实例可以使用容器为其提供的 ServletConfig 对象，从 Web 应用程序的配置信息中（即 web.xml 文件），获取初始化的参数信息。

（3）请求处理

Servlet 容器调用 Servlet 实例的 service()方法来对请求进行处理。需要强调的是，在 service()方法调用之前，init()方法必须成功执行。在 service()方法中，Servlet 实例通过 ServletRequest 对象来获取客户端的相关信息和请求信息；处理完成后，Servlet 实例通过 ServletResponse 对象来设置相应信息。Service()方法自动运行与请求对应的 doXXX 方法，如果请求是 get 方式的，则调用 doGet()方法；如果请求是 post 方式的，则调用 doPost()方法。

（4）服务结束

当容器检测到某个 Servlet 实例需要在服务中移除时，则容器将调用 Servlet 实例的 destroy()方法，以便释放实例所使用的资源，并将数据存储到持久存储设备中。当调用 destroy()方法后，容器将释放此 Servlet 实例，该实例随后将由垃圾回收器进行垃圾回收处理。如果再有对此实例的服务请求时，容器将重新创建一个新的 Servlet 实例。

5．Servlet 的配置和使用

（1）Servlet 的配置

要让 Servlet 正常运行，需要进行适当的配置。Servlet 的配置包括 Servlet 的名字，Servlet 的类、初始化参数、启动装入的优先级、Servlet 的映射，运行的安全设置等。Servlet 的配置文件为 WEB-INF 文件夹下的 web.xml，下面进行详细介绍。

使用<servlet></servlet>元素来声明一个 Servlet 的数据，它有以下子元素：

<servlet-name></servlet-name>：指定 Servlet 的名称

<servlet-class></servlet-class>：指定 Servlet 的类名称

<description></ description>：对 Servlet 的描述信息

<init-param></ init-param>：定义单个初始化参数，可包含多个<init-param >元素，它包含子元素<param-name>和<param-value >，用来初始化参数名和参数值

<load-on-startup></ load-on-startup >：为 Servlet 启动指定一个优先级数据，数据越小越优先。

在配置 Servlet 时，首先必须指定 Servlet 的名字，Servlet 的类（如果是 JSP，必须指定 JSP 文件的位置）。另外，可选择性地给 Servlet 增加一定的描述，或配置初始化参数，设置启动载入的优先级等。例如：

```
<servlet>
   <description>Study Servlet Config</description>  <!--Servlet 描述>
   <display-name>HelloWorld Config</display-name>
   <servlet-name>HelloWorld</servlet-name>  <!--Servlet 名称>
   <servlet-class>com.digitalweb.servlet.HelloWorldServlet</servlet-class>
<!--Servlet 类名>
```

```
    <init-param>
        <param-name>driver</param-name>  <!--Servlet 参数名>
        <param-value>aaaaaa-8</param-value>  <!--Servlet 参数值>
    </init-param>
    <load-on-startup>1</load-on-startup>
</servlet>
```

使用<servlet-mapping></servlet-mapping>元素来为 Servlet 设置映射，例如下面的代码为名为 HelloWorld 的 Servlet 配置映射。可以用下面的 URL 来调用（假设项目的名为 digitalweb）http://localhost:8080/digitalweb/hello。

```
<servlet-mapping>
    <servlet-name>HelloWorld</servlet-name> <!--Servlet 名称，与 servlet 标签中名称一致>
    <url-pattern>/hello</url-pattern>
</servlet-mapping>
```

（2）Servlet 的使用

在 Java Web 项目开发中，要调用 Servlet，可以像本任务中提到的由 URL 调用，也可以在<form> 标记中调用。HTML 格式使用户能在 Web 页面（即从浏览器）上输入数据，并向 Servlet 提交数据。例如：

```
<form  method="get"  action="/servlet/LoginServlet" name="frmlogin">
    用户名：<input  type="text"  name="username" value=""> <br>
    密  码：< input  type="text"  name="password " value=""><br>
    <input  type="submit "  value="确定">
</form>
```

form 表单中的 action 特性表明了用于调用 Servlet 的 URL。关于 method 的特性，如果用户输入的信息是通过 get 方法向 Servlet 提交的，则 Servlet 必须优先使用 doGet()方法。反之，如果用户输入的信息通过 post 方法向 Servlet 提交，则 Servlet 必须优先使用 doPost()方法。

（1）在 MyEclipse 中创建一个 Servlet，并在其 doPost()方法中编写代码，运行该 Servlet，从页面输出“HelloWord!”。

（2）修改本任务创建的 CartServlet，运行后，在页面显示中文字符“这是一个购物车 Servlet”。

（3）对上述两个 Servlet 进行配置、运行，并查看运行结果，体会 web.xml 配置文件的作用。

任务 6.2　应用 JSP+Servlet+JavaBean 实现购物车添加

购物车主要有添加商品、删除商品、修改数量、等主要功能，本任务将通过

JSP+Servlet+JavaBean 模型实现购物车的添加功能，购物车添加的具体步骤为查看商品详细信息—加入购物车—显示将购物车中的商品列表，添加购物车的页面效果如图 6-2-1 所示。

图 6-2-1　添加购物车页面效果

- 知识目标
  - ✓ 了解 JSP+Servlet+JavaBean 开发模型；
  - ✓ 掌握在 Servlet 中使用内置对象的方法；
  - ✓ 掌握 JSP 页面与 Servlet 间参数传递的方法；
  - ✓ 掌握集合类 ArrayList 的使用。
- 技能目标
  - ✓ 能在 Servlet 中灵活正确使用内置对象；
  - ✓ 能够在 Servlet 中重写 doPost()与 doGet()方法，实现处理购物车添加的业务逻辑。

任务分析

所谓 JSP+Servlet+JavaBeans 开发模型，使用 JSP 技术来表现页面，使用 Servlet 技术完成大量的事务处理，使用 Bean 来存储数据。Servlet 用来处理请求的事务，充当一个控制者的角色，创建 JSP 需要的 Bean 和对象，然后根据用户请求的行为，决定将哪个 JSP 页面发送给客户。JSP+Servlet+JavaBeans 开发模型如图 6-2-2 所示。

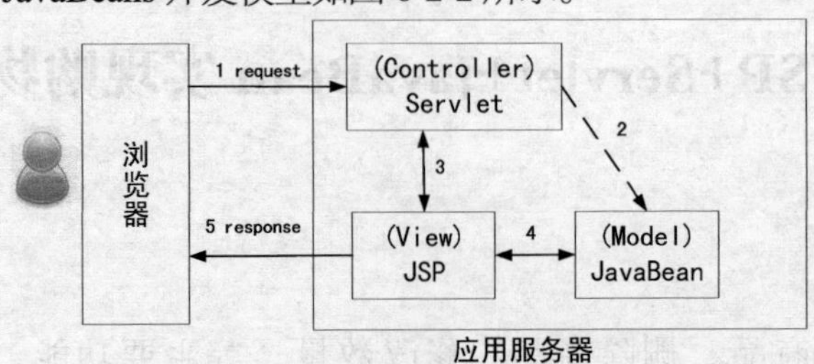

图 6-2-2　JSP+Servlet+JavaBeans 开发模型

本任务采用 JSP+Servlet+JavaBean 模型实现“添加购物车”功能，JSP、Servlet、JavaBean 这三部分的分析如下：

JSP 部分：涉及两个 JSP 页面：“查看商品详情页面（product_detail.jsp，在任务 5.4 中实现）”和“购物车商品列表页面（list_cart.jsp）”。

Servlet 部分：任务 6.1 中，我们创建了一个购物车 Servlet—CartServlet，在本任务中，结合购物车添加功能，我们将继续完善 CartServlet。

JavaBean 部分：本任务将创建一个 JavaBean——购物车实体类 Cart。

实现思路：product_detail.jsp 页面中将表单提交给 CartServlet，CartServlet 接收、处理表单数据并将数据存放在 session 对象中，并将页面跳转至 list_cart.jsp，在 list_cart.jsp 页面中读取 session 数据，形成列表并显示。

步骤一： 创建购物车实体类 Cart。

在 digitalweb 项目的“com.digitalweb.model”包中创建 Cart 实体类，它的类结构如图 6-2-3 所示。

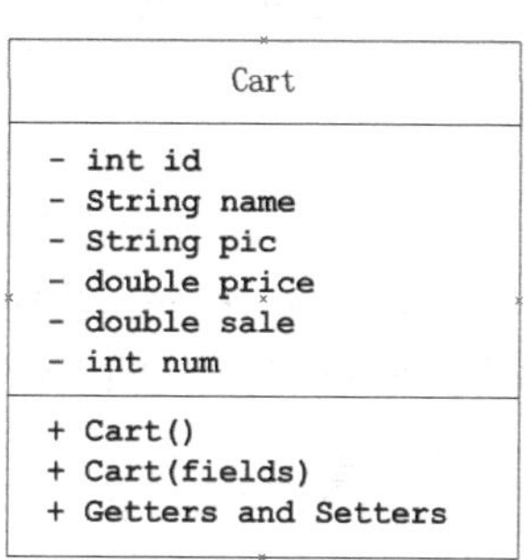

图 6-2-3 Cart 类图

步骤二： 编辑前台 JSP 页面 product_detail.jsp。

在任务 5.4 完成“查看商品详情”功能的基础上，打开 product_detail.jsp 页面，将表单“addCartForm”的 action 属性设置为“../CartServlet?type=add”，“../”表示返回上一级目录，若 CartServlet 与当前页面处于同级目录，则可直接设置为“action=CartServlet”。表单的 method 属性设置为“post”，这表明表单“addCartForm”将采用“POST”方式提交给“CartServlet”进行处理。此外，book_detail.jsp 页面中必须含有相关的隐藏域与 Cart 对象的属性一一对应，表单的 HTML 代码如下所示。

```
<form action="../CartServlet?type=add" method="post" name="addCartForm">
    <h1><%=p.getName()%></h1>
        <input type="hidden" name="id" value="<%=p.getId()%>" />
        <input type="hidden" name="code" value="<%=p.getCode()%>" />
        <input type="hidden" name="name" value="<%=p.getName()%>" />
        <input type="hidden" name="price" value="<%=p.getPrice()%>" />
        <input type="hidden" name="sale" value="<%=p.getSale()%>" />
        <input type="hidden" name="pic" value="<%=p.getPic()%>" />
        <ul>
            <li style="list-style: none;" class="bt"></li>
            <li style="list-style: none;" class="text">商品编号：<%=p.getCode()%></li>
            <li style="list-style: none;" class="text">价格：
¥<%=p.getPrice()%></li>
            <li style="list-style: none;" class="text">促销信息：直降
```

```
¥<%=p.getSale()%></li>
            <li style="list-style: none;" class="bt">库存：<%=p.getNum()%></li>
            <listyle="list-style: none; font-size: 13px; font-family: 黑体;
color: red;">
            我要买：
            <input type="text" name="num" id="num" size="3">件
            </li>
        </ul>
        <img hspace="50" src="../images/gwc.png"
onclick="javascript:checkAddCartForm();" >
</form>
```

由上述代码可见，表单将通过单击图 6-2-1 中的“加入购物车”图片提交。在提交表单时，使用 JavaScript 方法 checkAddCartForm()对商品购买数量进行验证。JavaScript 代码如下：

```
function checkAddCartForm() {
    if (document.getElementById("num").value.length <= 0)
        alert("请输入购买数量！");
    else
        document.addCarForm.submit();
}
```

这里的 JavaScript 代码仅仅验证了用户是否输入购买数量，读者可以进一步添加其他验证，如数据格式以及数值的正确性等。

步骤三： 编写 CartServlet 逻辑处理代码。

任务 6.1 中创建的 CartServlet 的主要职责是接收页面请求并进行逻辑处理，CartServlet 将根据接收到的表单参数 type 的值而进行“添加”、“修改”或“删除”购物车的操作，如图 6-2-4 所示。当 type 值为 add 时，CartServlet 执行添加操作。

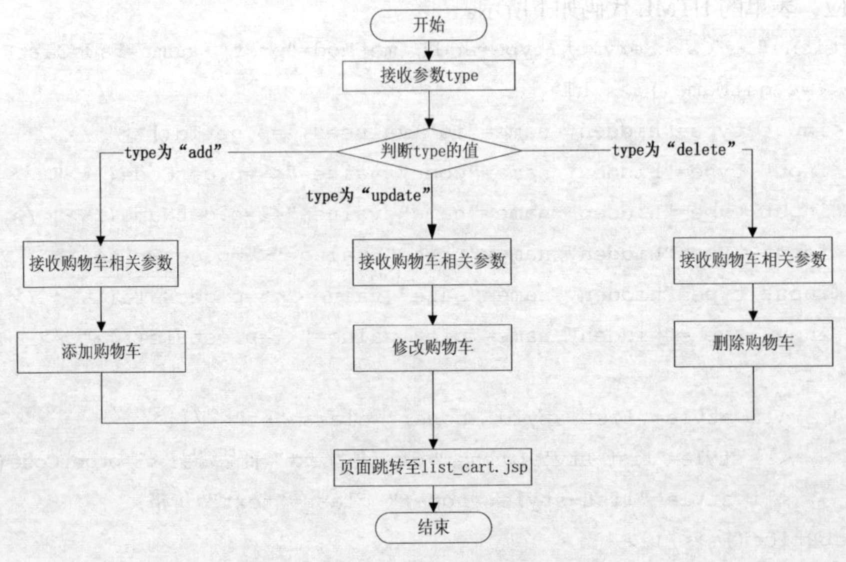

图 6-2-4　CartServlet 业务逻辑处理

添加购物车操作的流程如图 6-2-5 所示。

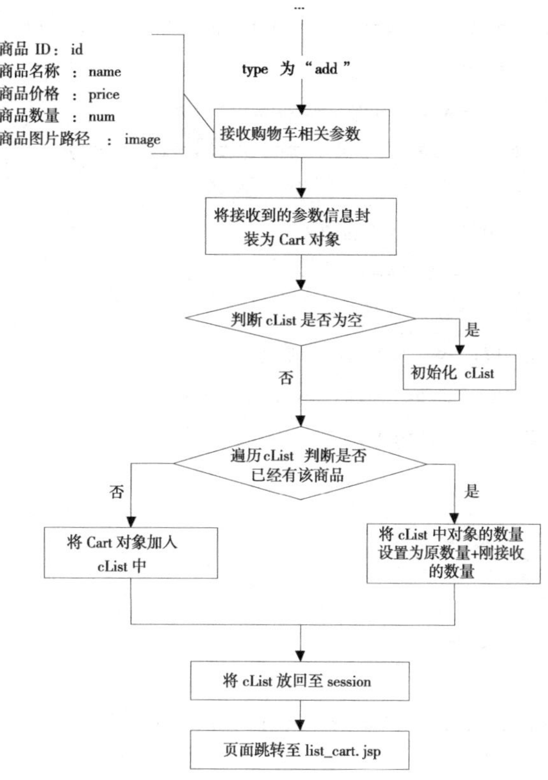

图 6-2-5 添加购物车流程（核心部分）

在 CartServlet 的 doPost()方法中编写代码，实现购物车添加。在 doGet()方法中，调用 doPost()方法，如此一来，不管页面以何种方式提交表单，都可以进行相同的处理。doPost()方法中的代码如下：

```
public void doPost(HttpServletRequest request, HttpServletResponse response)
    throws ServletException, IOException {
    String nextPage = "product/list_cart.jsp";
    HttpSession session = request.getSession();    //获取session对象
    //接收购物车参数
    HashMap<String,String[]> map = (HashMap<String,String[]>) request.
  getParameterMap();
    ArrayList<Cart> cartList =
  (ArrayList<Cart>)session.getAttribute("cartList");
    if(map.get("type")[0].equals("add")){
    //封装Cart对象
    Cart cart = new Cart();
    cart.setId(Integer.parseInt(map.get("id")[0]));
    cart.setName(map.get("name")[0]);
    cart.setSale(Double.parseDouble(map.get("sale")[0]));
```

```
13.     cart.setPrice(Double.parseDouble(map.get("price")[0]));
14.     cart.setPic(map.get("pic")[0]);
15.     cart.setNum(Integer.parseInt(map.get("num")[0]));
16.     if(cartList == null){
17.         cartList = new ArrayList<Cart>();
18.         session.setAttribute("cartList",cartList);
19.     }
20.     //判断cartList中是否有同样的商品
21.     boolean hasCart = false;
22.     for(Cart c : cartList){
23.         if(c.getId() == cart.getId()){
24.             c.setNum(c.getNum()+cart.getNum());
25.             hasCart = true;
26.             break;
27.         }
28.     }
29.     if(!hasCart)
30.         cartList.add(cart);
31.     }
32.     response.sendRedirect(nextPage);  //页面跳转
33. }
```

程序说明：

第 3 行：通过 request 对象的 getSession()方法创建 session；

第 5 行：批量接收 product_detail.jsp 页面传递的所有参数，放在一个 HashMap 对象 map 中，详见本任务技术要点；

第 6 行：从 session 中获取当前的购物车列表；

第 7 行：判断参数“type”的值是否为“add”；

第 9~15 行：封装 Cart 对象；

第 16~19 行：若购物车为空（即第一次添加购物车），则实例化购物车列表 cartList 对象，并保存在 session 中；

第 21~31 行：判断 cartList 中是否有同样的商品，有则直接修改购物车中数量；

第 32 行：跳转到购物车列表页面“cart_list.jsp”。

在购物车列表页面“cart_list.jsp”中显示购物车信息。

在 cart_list.jsp 页面中，使用表格来显示购物车列表，如图 6-2-6 所示。

图 6-2-6　购物车列表页面

页面对应的 HTML 代码如下所示：

```
<div id="shoppingcart">
    <p><img src="images/buycar_logo.gif" alt="购物车" /></p>
    <table>
        <tr>
            <th width="6%" >选项</th>
            <th width="15%">商品图片</th>
            <th width="20%">商品名称</th>
            <th width="8%">商品单价</th>
            <th width="28%">数量</th>
            <th width="11%">单价优惠</th>
            <th width="6%">小计</th>
            <th width="6%">删除</th>
        </tr>
        <tr>
            <td><input type="checkbox" name="chkBox" value="checkbox" /></td>
            <td>此处显示商品图片</td>
            <td>此处显示商品名称</td>
            <td>此处显示商品价格</td>
            <td>此处显示商品数量</td>
            <td>此处显示商品促销价</td>
            <td>此处显示商品金额小计</td>
            <td><a href=" ">删除</a></td>
        </tr>
        <tr>
            <td colspan="6">总价：</td>
            ……
        </tr>
    </table>
</div>
```

在页面中加入 Java 代码，从 session 对象中读取购物车列表中的数据，并通过循环在页面相应位置显示。商品小计和商品总价通过计算得到，具体代码如下：

```
<div id="shoppingcart">
    <p><img src="images/buycar_logo.gif" alt="购物车" /></p>
    <table>
        <tr>
            <th width="6%" >选项</th>
            <th width="15%">商品图片</th>
            ……
        </tr>
      <%
```

```
            double sum = 0.0;  //商品总价
            ArrayList<Cart> cartList =
(ArrayList<Cart>)session.getAttribute("cartList");
            if(cartList!=null){
                for(Cart c : cartList) {
        %>
        <tr>
            <td><input type="checkbox" name="chkBox" value="checkbox" /></td>
            <td> <a href="product_detail.jsp?id=<%=c.getId() %>">
            <img src="<%=c.getPic() %>" width="75" height="50" /></a>
            </td>
            <td><a href="product_detail.jsp?id=<%=c.getId() %>">
            <%=(c.getName()).substring(0,12) %></a>
            </td>
            <td>¥<%=c.getPrice() %></td>
            <td><a>-</a>
            <input type="text" size="2" name="num" id="num"
value="<%=c.getNum() %>" />
            <a>+</a>
            </td>
            <td>¥<%=c.getSale() %></td>
            <td>¥<%=c.getPrice()*c.getNum() %></td>
            <td><a href=" ">删除</a></td>
        </tr>
        <%
            sum += c.getPrice()*c.getNum();
            }
        }%>
        <tr>
            <td colspan="6">总价: <%=sum %></td>
            <td>
            <input type="button" name="totalprice" value="返回" class="picbut"
onclick="history.back(-1)" />
            </td>
            <td>
                <input type="button" name="totalprice" value="结 算"
class="picbut" onclick=" javascript:window.location.href='checkout.jsp'" />
            </td>
        </tr>
    </table>
</div>
```

至此，购物车添加功能已完成，启动 Tomcat，在浏览器中打开 list_product.jsp 页面，查看图书信息并进行添加至购物车的操作，页面效果如任务描述中的图 6-2-1 所示。

1．在 Servlet 中内置对象的使用

众所周知，在 JSP 页面上可直接通过 session.setAttribute(name,object)来设置内置对象 session，十分方便，可如果要在 Servlet 中使用 session，就和 JSP 页面有点区别了。

在 Servlet 中不能直接使用 session，Servlet 的 doPost()和 doGet()方法中，只提供 request 和 response 两个参数对象，因此，要想取得 session 对象，要通过调用 request 对象的方法来实现。通过 HttpSession session=request.getSession();得到一个 session 对象（准确来说，得到的应该是一个 HttpSession 对象），然后，就可以像在 JSP 页面中那样直接使用它了。

其实，JSP 中的 session 和 Servlet 中的 HttpSession 没有区别，JSP 页面在编译时会通过 Jsp container 将 session 对象变换为 javax.servlet.http.HttpSession 对象。

同样，JSP 中的其他内置对象，常用的如 out 对象、application 对象，也要通过相应的方法获取。通过 response 参数对象的 getWriter()方法获取 out 对象，例如：

```
public void doGet(HttpServletRequest request,HttpServletResponse response)
throws IOException,ServletException {
    ……
    PrintWriter out=response.getWriter();
    out.print("HelloWorld!");
    out.close();
}
```

在 Servlet 中，取得 application 有两种方法：可以通过无参初始化方法直接取得；也可以通过有参初始化方法，必须使用 config 对象取得，前者较为常用，例如：

```
public void doPost(HttpServletRequest request,HttpServletResponse response)
throws IOException,ServletException{
    //取得 Application 对象
    ServletContext application=this.getServletContext();
    //设置 Application 属性
    application.setAttribute("name", "Magci");
    //跳转到接收页面
    response.sendRedirect("application.jsp");
}
```

2．JSP 页面与 Servlet 之间的参数传递

在 Java Web 开发中，常常需要在 JSP 页面与 Servlet 之间的进行传值，包括从 JSP 页面传值给 Servlet 和从 Servlet 传值给 JSP 页面。

（1）JSP 页面向 Servlet 传值

表单传值、URL 是 JSP 页面向 Servlet 传值最常用的方法。例如下面的 HTML 代码：

```
<!-- JSP page -->
……
```

```
<a href="JspServlet? action=toServlet ">click me</a>
<form action="JspServlet ? action=toServlet " method="post" name="form">
    <input  name="username"  value="test" />
    <input  name="password"  value="abc" />
   <input  type="submit"  value="submit">
</form>
……
```

对于 JSP 页面 form 表单的内容，如 <input>标签，在 Servlet 中可用 request.getParameter("参数名")方式获取。

```
String uname= request.getParameter("username"); //获取表单中 username 参数值 test
String pwd= request.getParameter("password");  //获取表单中 password 参数值 abc
```

这里 <a>标签中的 href 属性与 <form>标签的 action 属性的值为“JspServlet?action=toServlet”，“?”表示 URL 中带有参数，“?”后面的表达式“action=toServlet”表示提交给 Servlet 时传递参数 action，参数值为“toServlet”，在 Servlet 中也用 request.getParameter("action")获取。若在 URL 中要设置多个参数，可以用下面的形式：

```
URL 地址?参数 1=参数值 1&参数 2=参数值 2&…
```

例如，<form action= "CartServlet?id=1&type=delete" method= "post" >，表单提交时同时传递两个参数 id 和 type。

在本任务中，商品详细信息页面（product_detail.jsp）中分别通过表单传值和 URL 两种方式向 CartServlet 传递参数，在参数数量比较多的情况下，可以通过 HttpServletRequest 参数对象 request 的 getParameterMap()方法获得 JSP 页面元素的集合。例如：

```
HashMap<String,String[]> map = (HashMap<String,String[]>) request.getPara
meterMap();
```

request.getParameterMap()方法的返回类型是 Map 类型的对象，记录着所提交的请求中请求参数和参数值的映射关系。另外，request.getParameterMap()返回值使用泛型时为 Map<String,String[]>形式，因为有时像 checkbox 这样的组件会出现一个 name 对应多个 value 的情况，所以该 Map 中键值对是“String—>String[]”的实现。正因为如此，从 Map 中读取元素时，使用 map.get("参数名")[0]这样的形式。例如，在前面例子中的 JSP 页面中的参数在 Servlet 中可以通过以下代码获取：

```
……
HashMap<String,String[]> map = (HashMap<String,String[]>)
request.getParameterMap();
String uname=map.get("username")[0];    //获取表单中 username 参数值 test
String pwd= request.getParameter("password");     //获取表单中 password 参数值 abc
String action=request.getParameter("action");  //获取 URL 中参数 action 的值
toServlet
```

（2）Servlet 向 JSP 页面传值

从 JSP 页面传值给 Servlet 可以使用表单或 URL，若要从 Servlet 传值给 JSP 页面，也有两种方法。

第一种方法，在 Servlet 中将数据保存在 session 中，使用 response 参数对象的 sendRedirect()方法跳转到 JSP 页面，然后在 JSP 页面中获取 session 中的数据，例如：

```
//1.Servlet 中存储数据于 session 并跳转页面
......
String uname= "tom";
HttpSession session=request.getSession();
session.setAttribute("username", uname);
response.sendRedirect("userinfo.jsp");
......
//2.JSP 页面中获取 session 中的值
......
<td><%=session.getAttribute("username")%></td>
......
```

本任务也采用了上述方法。

第二种方法，也是将数据保存在 session 中，使用 response 参数对象的 getRequestDispatcher() 方法跳转页面，最后在 JSP 页面中获取 session 中的数据，例如：

```
//1.Servlet 中存储数据于 session 并跳转页面
......
String uname= "tom";
HttpSession session=request.getSession();
session.setAttribute("username", uname);
RequestDispacher rd=request.getRequestDispacher("userinfo.jsp");
rd.forward(request, response);
......
//2.JSP 页面中获取 session 中的值
......
<td><%=session.getAttribute("username")%></td>
......
```

参照本任务购物车添加的实现方法，应用 JSP+Servlet+JavaBean 实现购物车删除功能，页面效果如图 6-2-7 所示。

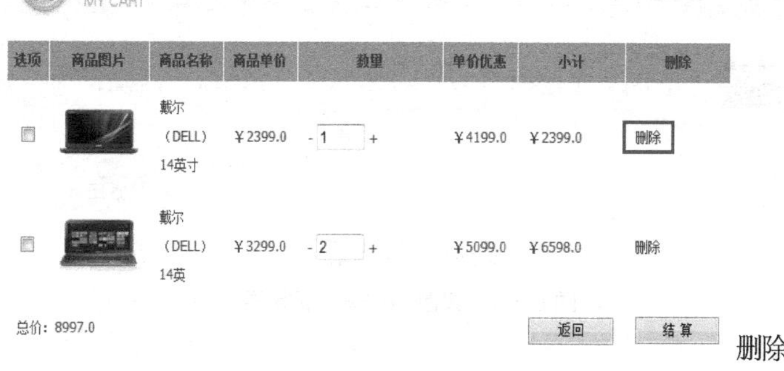

删除前

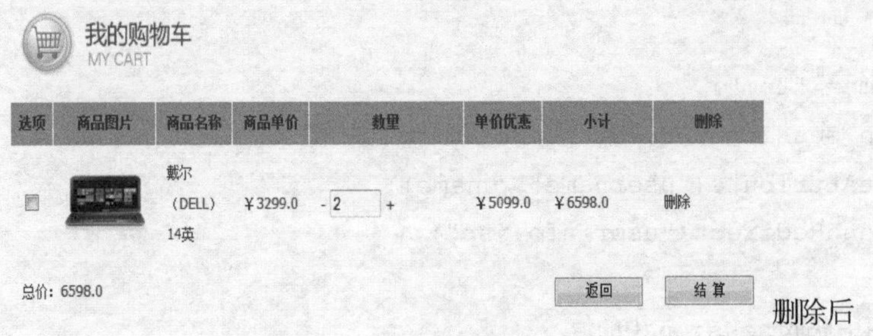

图 6-2-7　删除购物车页面效果

任务 6.3　应用 JSP+Servlet+JavaBean 实现购物车修改

本任务将实现购物车的修改功能，购物车修改是指对购物车中商品数量的修改，用户可以在数量文本框中直接输入数量，也可以通过单击文本框左右两侧的“-”和“+”按钮实现商品数量的增加与减少，商品列表下方的商品的总价随商品数量的改变而更新，页面效果如图 6-3-1 所示。

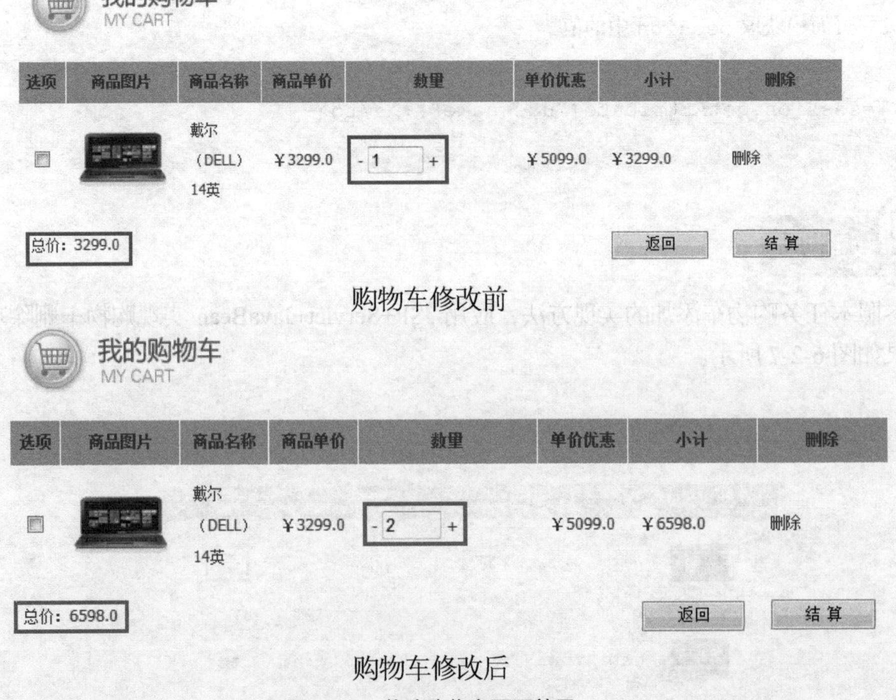

图 6-3-1　修改购物车页面效果

任务目标

- 知识目标
  - ✓ 进一步理解 JSP+Servlet+JavaBean 开发模型；
  - ✓ 掌握 JSP 与 JavaScript 相结合的开发技术；
- 技能目标
  - ✓ 能利用 javascript 向 Servlet 发出请求并传送相应的数据；
  - ✓ 能在 Servlet 中实现处理购物车修改的业务逻辑。

任务分析

本任务是在购物车页面（cart_list.jsp）中实现商品修改的功能，实现方法与添加购物车的实现方法十分类似：在 cart_list.jsp 页面将修改后的表单数据提交给 CartServlet，CartServlet 接收并处理表单数据，将数据存放回 session 对象，返回 cart_list.jsp 页面。

cart_list.jsp 页面将通过购物车列表中每个商品记录中的 “+”和“-”超链接向 CartServlet 发送请求，提交本行的表单数据，提交操作需结合 JavaScript 代码来实现。

实现过程

步骤一： 编辑购物车列表页面 cart_list.jsp。

打开 cart_detail.jsp 页面，在添加购物车功能实现的基础上，编辑该页面，作以下三处改动：

（1）将购物车列表中的每条记录放在一个<form>标记中，为了区分每一个<form>，采取动态生成表单的 id 的方式，将表单依次命名为 form1、form2、form3 等等。将<form>的 action 属性设置为“../CartServlet?type=update”；

（2）在<form>标记中，添加一个隐藏域，传递商品的 id；

（3）在表格中“商品数量列”添加“+”和“-”两个超链接，如图 6-3-2 所示。

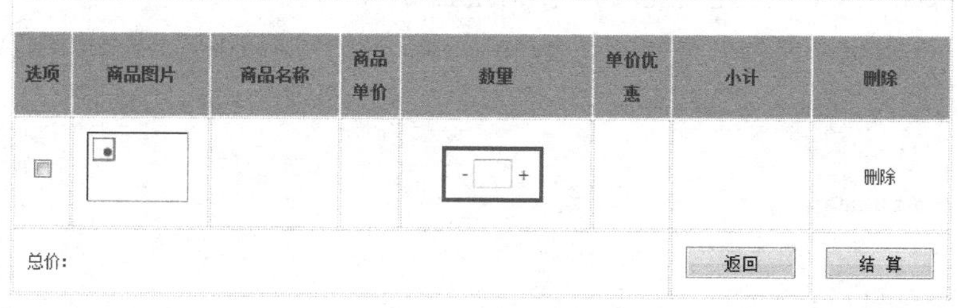

图 6-3-2 购物车列表页面中的“+”和“-”按钮

cart_list.jsp 页面相关的 HTML 代码如下：

```
<div id="shopingcart">
    <p><img src="images/buycar_logo.gif" alt="购物车" /></p>
    <table>
```

```
    <%
    double sum = 0.0;
   ArrayList<Cart> cartList =
(ArrayList<Cart>)session.getAttribute("cartList");
    if(cartList!=null){
        int i = 0;
        for(Cart c : cartList){
    %>
        <form id="form<%=i %>" method="post"
action="../CartServlet?type=update">
        <input type="hidden" name="id" value="<%=c.getId() %>" />
        <tr>
            <td><input type="checkbox" name="chkBox" value="checkbox" /></td>
            <td>
            <a href="product_detail.jsp?id=<%=c.getId() %>"><img
src="<%=c.getPic() %>" width="75" height="50" alt="<%=c.getName()%>" /></a>
            </td>
            <td>
<a href="product_detail.jsp?id=<%=c.getId() %>"><%=(c.getName()).substring
(0,12) %></a></td>
            <td>¥<%=c.getPrice() %></td>
            <td>
                <a onclick="">-</a>  <!-- 减去一个商品  -->
                <input type="text" size="2" name="num" id="num"
value="<%=c.getNum() %>" />
                <a onclick="">+</a>  <!-- 增加一个商品 -->
            </td>
            <td>¥<%=c.getSale() %></td>
            <td>¥<%=c.getPrice()*c.getNum() %></td>
            <td><a href="../CartServlet?type=delete&id=<%=c.getId() %>">删除
</a></td>
            </tr>
            </form>
            <%
                i++;
                sum += c.getPrice()*c.getNum();
             }
            }%>
            <tr>
                <td colspan="6">总价: <%=sum %></td>
            ......
```

```
        </tr>
    </table>
</div>
```

步骤二： 编写 JavaScript 代码，实现表单提交。

使用 JavaScript 脚本语言定义方法 updateCart(index,num)，该方法实现“商品数量”文本框中数据的递减或递增并通过 submit()方法提交表单，参数 index 标识要提交的表单的编号，诸如“form1”这样的表单名中的末尾的数字，num 值的正负决定了商品数量的递减或递增。changeNum(index)用于判断“商品数量”文本框中的数字的合法性并提交表单。

updateCart(index,num)方法和 changeNum(index)方法定义如下。

```
<script type="text/javascript">
    function updateCart(index,num){
      var curForm = document.getElementById("form"+index);
      if((curForm.num.value-(-num))<=0){
          alert("请输入正确的数量！");
      }else{
         curForm.num.value = curForm.num.value -(-num);
         curForm.submit();
      }
    }
    function changeNum(index){
         var curForm = document.getElementById("form"+index);
         if(curForm.num.value<=0){
           alert("请输入正确的数量！");
           curForm.num.value = 1;
         }else{
           curForm.submit();
         }
    }
</script>
```

在 cart_list.jsp 页面中调用上述两个方法，代码如下：

```
<a onclick="updateCart(<%=i %>,-1) ">-</a>  <!-- 减去一个商品 -->
<input  type="text" size="2" name="num" id="num" value="<%=c.getNum() %>"
onChange="changeNum(<%=i %>)" />
<a onclick="updateCart(<%=i %>,1) ">+</a>  <!-- 增加一个商品 -->
```

当单击“+”或“-”超链接或在“商品数量”输入合法数据时，将把表单提交给 CartServlet 进行处理。

步骤三： 编写 CartServlet 逻辑处理代码。

修改购物车操作的流程如图 6-3-3 所示。

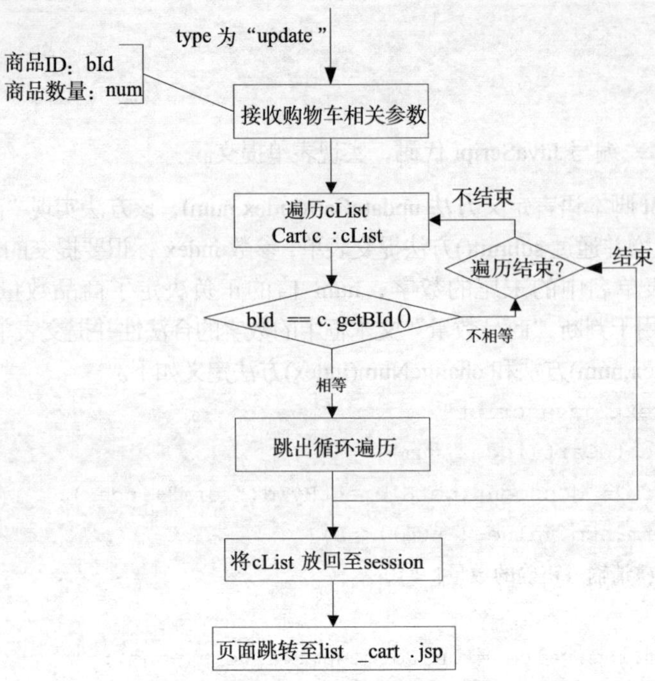

图 6-3-3　修改购物车流程（核心部分）

根据流程图，在 CartServlet 的 doPost()方法编写修改购物车的代码：

```
public void doPost(HttpServletRequest request, HttpServletResponse response)
            throws ServletException, IOException {
        String nextPage = "product/list_cart.jsp";
        HttpSession session = request.getSession();
        //接收购物车参数
        HashMap<String,String[]> map = (HashMap<String,String[]>)
request.getParameterMap();
        ArrayList<Cart> cartList =
(ArrayList<Cart>)session.getAttribute("cartList");
        if(cartList == null)
            cartList = new ArrayList<Cart>();
        if(map.get("flag")[0].equals("add")) {
            //添加购物车逻辑代码，此处略
        }else if(map.get("flag")[0].equals("delete")){
            //删除购物车逻辑代码，此处略
            }
        }else if(map.get("flag")[0].equals("update")){
            //修改购物车逻辑代码
          String id = request.getParameter("id");
            String num = request.getParameter("num");
            for(Cart c : cartList){
```

```
                if(c.getId() == Integer.parseInt(id)){
                    c.setNum(Integer.parseInt(num));
                    break;
                }
            }
        }
        response.sendRedirect(nextPage);
    }
```

这样就实现了购物车修改的功能，启动 Tomcat，在浏览器中访问 list_cart.jsp 页面后，通过单击“+”或“−”，进行购物车的中商品数量的修改，商品小计和总价也会随着商品数量的变化而更新，页面效果如任务描述中的图 6-3-1 所示。

任务 6.4　应用 Filter 实现中文乱码处理

前面两个任务实现了购物车的添加和修改功能，细心的读者会发现，在实际情况中，购物车列表页面（cart_list.jsp）中显示的商品信息一旦包含了中文字符，如商品名称，就会出现乱码，如图 6-4-1 所示，而并非像图 6-2-1 或图 6-3-1 所显示的那样。本任务将针对这一现象，应用 Filter 来解决 Java Web 项目中文乱码的问题。

选项	商品图片	商品名称	商品单价	数量	单价优惠	小计	删除
		æ ´å° ï¼ DEL	¥2399.0	- 1 +	¥4199.0	¥2399.0	删除
		æ ´å° ï¼ DEL	¥3299.0	- 1 +	¥5099.0	¥3299.0	删除
		ä½³è ½ç ¸æ º	¥4500.0	- 2 +	¥4000.0	¥9000.0	删除

中文显示乱码

总价：14698.0　　返回　　结 算

图 6-4-1　购物车列表页面中的中文乱码

- 知识目标
  - ✓ 了解 Java Web 开发中中文乱码产生的原因；
  - ✓ 了解 Filter 基本知识；
  - ✓ 掌握应用 Filter 实现中文乱码处理的方法。

- 技能目标
  - ✓ 能应用 Filter 实现中文处理。

在 Servlet 中，对于表单提交的数据可以使用 request.getParameter()或 request.getParameterMap()方法获取，但当表单中出现中文数据的时候，例如“ED 数码商城”中的商品名称中包含了中文，就会出现乱码。这是由于服务器提交的表单采用的默认编码方式为“ISO-8859-1”，而这种编码格式不支持中文字符。对于这个问题可以采用转换编码格式的方法来解决。

第一种解决方法：在使用 request.getParameter()或 request.getParameterMap()方法获取参数前加上转换编码格式的语句：

request.setCharacterEncoding("GBK"); 或 request.setCharacterEncoding("UTF-8");

同样地，这也会由于页面设置中 GbK 或 gB2312 大小写不同或者采用不同的汉语字符集而发生错误。

另一种更好的解决方式：添加一个名为 EncodingFilter 的 Filter。Filter 也称为过滤器，它是 Web 服务端组件。通过 Filter 技术，能截获请求和响应并做处理，因此它可以在请求和响应到达目的地之前向 Web 应用程序的请求和响应添加功能。过滤器的工作原理如图 6-4-2 所示。

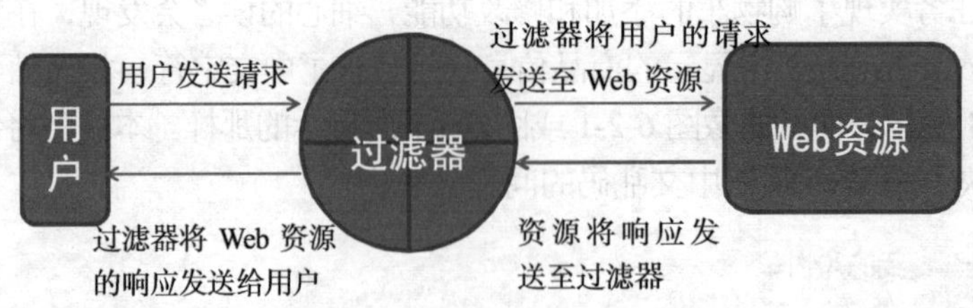

图 6-4-2　过滤器的工作原理

本任务的实现思路如下：当有对 Web 资源的请求时，先经过过滤器，设置其编码方式，同时，当 Web 资源向用户响应时，也设置编码方式，统一为“UTF-8”。

创建过滤器类 EncodingFilter，实现 Filter 接口。

在 digital 项目的包 com.digitalweb.servlet 中创建类 EncodingFilter，这个类实现 Filter 接口，如图 6-4-3 所示。

EncodingFilter 类中主要有 init()、doFilter()和 destroy()三个成员方法，类结构如图 6-4-4 所示：

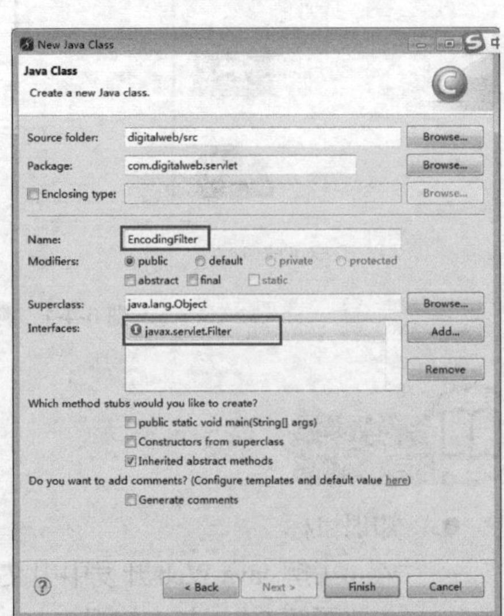

图 6-4-3　创建 EncodingFilter 类

```
package com.digitalweb.servlet;

import java.io.IOException;

import javax.servlet.Filter;
import javax.servlet.FilterChain;
import javax.servlet.FilterConfig;
import javax.servlet.ServletException;
import javax.servlet.ServletRequest;
import javax.servlet.ServletResponse;

public class EncodingFilter implements Filter {

    public void destroy() {
        // TODO Auto-generated method stub

    }

    public void doFilter(ServletRequest request, ServletResponse response,
            FilterChain chain) throws IOException, ServletException {
        // TODO Auto-generated method stub

    }

    public void init(FilterConfig filterConfig) throws ServletException {
        // TODO Auto-generated method stub

    }

}
```

图 6-4-4　EncodingFilter 类结构

步骤二： 编写 EncodingFilter 类代码。

在 EncodingFilter 类中，实现 init()、doFilter()和 destroy()三个方法，代码如下：

```
public class EncodingFilter implements Filter {
    protected String encoding = null;             //接收字符编码方式
    protected FilterConfig filterConfig = null;    //初始化配置
    protected boolean ignore = true;              //是否忽略大小写
    //初始化过滤器
    public void init(FilterConfig filterConfig) throws ServletException {
        this.filterConfig = filterConfig;
        //从web.xml文件中读取encoding和ignore参数的值
        this.encoding = filterConfig.getInitParameter("encoding");
        String value = filterConfig.getInitParameter("ignore");
        //以下三种情况均为忽略大小写
        if (value == null)
            this.ignore = true;
        else if (value.equalsIgnoreCase("true"))
            this.ignore = true;
        else if (value.equalsIgnoreCase("yes"))
            this.ignore = true;
        else
            this.ignore = false;
    }
    //过滤方法，执行过滤操作
    public void doFilter(ServletRequest request, ServletResponse response,
    FilterChain chain) throws IOException, ServletException {
```

```
24.         if (ignore || (request.getCharacterEncoding() == null)) {
25.             String encoding = selectEncoding(request);
26.             if (encoding != null)
27.                 request.setCharacterEncoding(encoding);  //设置字符集编码
28.         }
29.         chain.doFilter(request, response);
30.     }
31.     //Filter被释放时的回调方法
32.     public void destroy() {
33.         this.encoding = null;
34.         this.filterConfig = null;
35.     }
36.     //得到字符编码
37.     protected String selectEncoding(ServletRequest request) {
38.         return (this.encoding);
39.     }
40. }
```

程序说明：

第 2~4 行：定义“编码方式”“初始化配置”“是否忽略大小写”等类属性；

第 7 行：获取初始化配置；

第 9~10 行：初始化操作，从 web.xml 文件中读取 encoding 和 ignore 参数的值；

第 12~19 行：初始化操作，根据情况设置 ignore 属性的值，确实是否忽略编码方式的大小写；

第 27 行：过滤操作，设置字符集编码；

第 29 行：调用下一个 Filter。

步骤三： 配置 Filter。

在 web.xml 文件中使用<filter>和<filter-mapping>元素对编写的 filter 类进行注册，并设置它所能拦截的资源。web.xml 文件中的配置如下：

```
<?xml version="1.0" encoding="UTF-8"?>
……
<!--中文乱码处理过滤-->
<filter>
    <filter-name>EncodingFilter</filter-name>  <!--过滤器名称，自定义-->
    <filter-class>com.digitalweb.servlet.EncodingFilter</filter-class>
<!--过滤器类名-->
    <init-param>  <!--初始化参数，要指定的字符集编码-->
        <param-name>encoding</param-name>  <!--参数名-->
        <param-value>utf-8</param-value>       <!--参数值-->
    </init-param>
    <init-param>  <!--初始化参数，指定是否忽略大小写-->
```

```
        <param-name>ignore</param-name>
        <param-value>true</param-value>
    </init-param>
</filter>
<filter-mapping>
      <filter-name>EncodingFilter</filter-name>
      <url-pattern>/*</url-pattern>  <!--/*表示项目中所有资源 -->
</filter-mapping>
......
```

步骤四：运行项目。

启动 Tomcat，在浏览器中访问购物车列表页面，此时，经过过滤器 Filter 的处理，购物车页面商品列表信息中的所有乱码已经转变成正常显示的中文了，如图 6-4-5 所示。

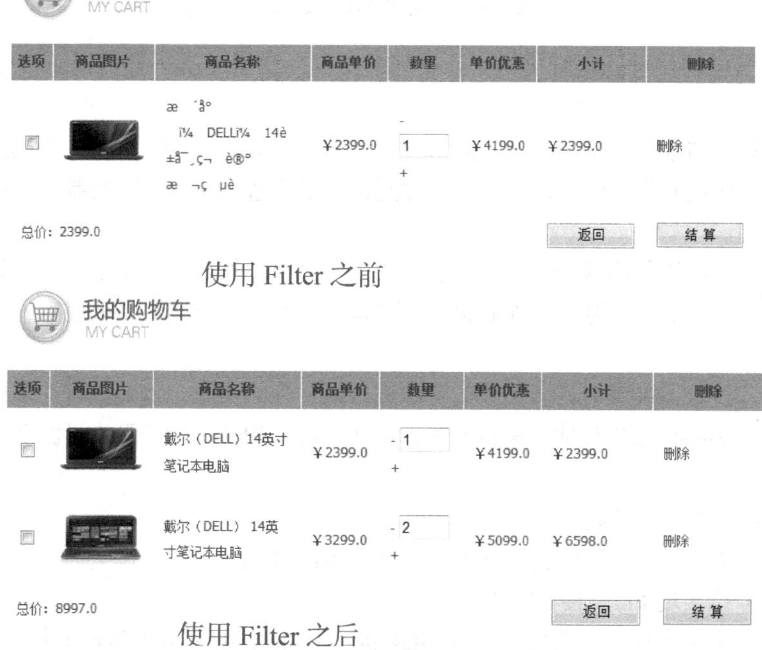

图 6-4-5 购物车列表页面中的中文显示

1．Filter 过滤器简介

Filter 也称为过滤器，它是 Servlet2.3 以上新增加的一个功能。通过 Filter 技术可以对 Web 服务器的文件进行拦截，从而实现一些特殊的功能，在 JSP 开发应用中也是必备的技术之一。

过滤器是一个程序，它可以改变一个 request（请求）和修改一个 response（响应）。它先于与之相关的 Servlet 或 JSP 页面运行在服务器上。它能够在一个 request 到达 Servlet 之前预处理 request，也可以在离开 Servlet 时处理 response。

过滤器附加到一个或多个 Servlet 或 JSP 页面上，并且可以检查进入这些资源的请求信息。在这之后，过滤器可以作如下的选择：

- 以常规的方式调用资源（即调用 Servlet 或 JSP 页面）。
- 利用修改过的请求信息调用资源。
- 调用资源，但在发送响应到客户机前对其进行修改。
- 阻止该资源调用，代之以转到其他的资源，返回一个特定的状态代码或生成替换输出。

Filter 和用户及 Web 资源关系如图 6-4-6 所示：

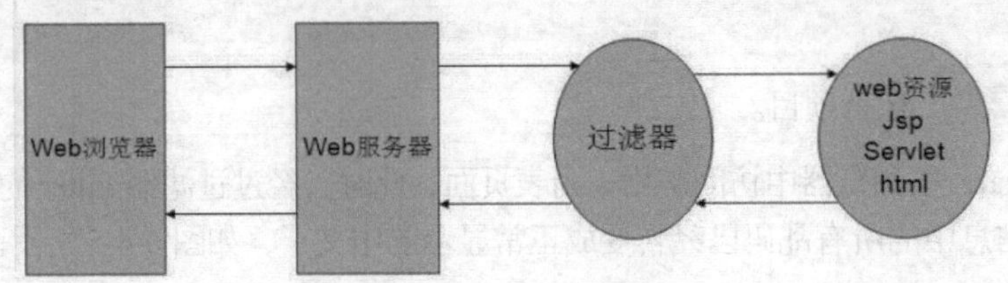

图 6-4-6　File 和 Web 资源关系

除了本任务中使用过滤器解决中文乱码问题外，过滤器 Filter 还有以下几个好处和常见应用。

首先，它以一种模块化或可重用的方式封装公共的行为。例如，有多个不同的 Serlvet 或 JSP 页面，需要压缩它们的内容以减少下载时间，可以构造一个压缩过滤器，然后将它应用到这些资源上即可。

其次，利用它能够将高级访问决策与表现代码相分离。例如，希望阻塞来自某些站点的访问而不用修改各页面，可以建立一个访问限制过滤器（见任务 6.5）并把它应用到想要限制访问的页面上。

最后，使用过滤器能够对许多不同的资源进行批量性的更改。例如，有许多现存资源，这些资源除了公司名要更改外其他的保持不变，那么，可以构造一个串替换过滤器，只要合适就使用它。

2．Filter 开发基础介绍

建立一个过滤器涉及五个步骤，下面一一作详细的介绍。

（1）建立一个实现 Filter 接口的类。

这个类需要三个方法，分别是：init()、doFilter()和 destroy()。doFilter 方法包含主要的过滤代码，而 destroy 方法进行清除。

init()方法：这是容器所调用的初始化方法。它保证了在第一次 doFilter() 调用前由容器调用。它能获取在 web.xml 文件中指定的 filter 初始化参数。

doFilter()方法：这是完成过滤行为的方法，具体见（2）。

destroy()方法：容器在销毁过滤器实例前，doFilter()中的所有活动都被该实例终止后，调用该方法。

（2）在 doFilter 方法中放入过滤行为。

doFilter 方法定义如下：

```
public void doFilter(ServletRequest request, ServletResponse response,
        FilterChain chain) throws IOException, ServletException {
```

```
}
```

doFilter 方法的第一个参数为 ServletRequest 对象。此对象给过滤器提供了对进入的信息（包括表单数据、cookie 和 HTTP 请求头）的完全访问。第二个参数为 ServletResponse，通常在简单的过滤器中忽略此参数。最后一个参数为 FilterChain，如（3）中所述，此参数用来调用 servlet 或 JSP 页。

（3）调用 FilterChain 对象的 doFilter 方法。

Filter 接口的 doFilter 方法取一个 FilterChain 对象作为它的一个参数。在调用此对象的 doFilter 方法时，激活下一个相关的过滤器。如果没有另一个过滤器与 Servlet 或 JSP 页面关联，则 Servlet 或 JSP 页面被激活。

（4）对相应的 Servlet 和 JSP 页面注册过滤器。

在配置文件（web.xml）中使用 filter 和 filter-mapping 元素，对编写的 filter 类进行注册，并设置它所能拦截的资源。容器将通过 web.xml 文件解析过滤器配置信息。有两个标记与过滤器相关：<filter>和 <filter-mapping>。<filter>标记是一个过滤器定义，它必定有<filter- name>和<filter-class>子元素。<filter-name>子元素给出了一个与过滤器实例相关的名字。<filter-class>指定了由容器载入的实现类。<filter>标记中还可以包含一个<init-param>子元素为过滤器实例提供初始化参数。<filter-mapping> 标记代表了一个过滤器的映射，指定了过滤器会对其产生作用的 URL 的子集。

（5）禁用激活器 Servlet。

防止用户利用默认 Servlet URL 绕过过滤器设置。

3. 如何实现拦截

过滤器到底是如何实现拦截的呢？其实，是利用 Filter 接口中的 doFilter 方法。当开发人员编写好 Filter，并配置对应的 Web 资源进行拦截后，Web 服务器每次在调用 Web 资源的 service 方法之前，都会先调用一下 Filter 的 doFilter 方法，因此，在该方法内编写代码可达到如下目的：

（1）调用目标资源之前，让一段代码执行。

（2）确定是否调用目标资源（即是否让用户访问 Web 资源）。

Web 服务器在调用 doFilter 方法时，会传递一个 filterChain 对象进来，filterChain 对象是 Filter 接口中最重要的一个对象，它也提供了一个 doFilter 方法，可以根据需求决定是否调用此方法，从而决定 Web 服务器是否调用 Web 资源的 service 方法，如果调用 Web 资源就会被访问，否则 Web 资源将不会被访问。

1. Filter 链

在一个 Web 应用中，可以开发编写多个 Filter，这些 Filter 组合起来称之为一个 Filter 链。Web 服务器根据 Filter 在 Web.xml 文件中的注册顺序，决定先调用哪个 Filter，当第一个 Filter 的 doFilter 方法被调用时，web 服务器会创建一个代表 Filter 链的 FilterChain 对象传递给该方法。在 doFilter 方法中，开发人员如果调用了 FilterChain 对象的 doFilter 方法，则 Web 服务器会检查 FilterChain 对象中是否还有 Filter，如果有，则调用第 2 个 Filter，如果没有，则调用目标资源。

2. Filter 的生命周期

和 Servlet 一样，Filter 的创建和销毁由 Web 服务器负责。Web 应用程序启动时，Web 服务器将创建 Filter 的实例对象，并调用其 init 方法，读取 web.xml 配置，完成对象的初始化功能，从而为后续的用户请求作好拦截的准备工作（Filter 对象只会创建一次，init 方法也只会执行一次）。开发人员通过 init 方法的参数，可获得代表当前 Filter 配置信息的 FilterConfig 对象。

doFilter 方法完成实际的过滤操作。当客户请求访问与过滤器关联的 URL 的时候，Servlet 过滤器将先执行 doFilter 方法。FilterChain 参数用于访问后续过滤器。

Filter 对象创建后会驻留在内存，当 Web 应用移除或服务器停止时才销毁。在 Web 容器卸载 Filter 对象之前被调用。该方法在 Filter 的生命周期中仅执行一次。在这个方法中，可以释放过滤器使用的资源。

任务 6.5　Filter 实现购物结算访问控制

添加好购物车后，单击【结算】按钮，如果用户尚未登录则提示“请先登录”，如图 6-5-1 所示，页面延迟 2 秒钟后跳转到首页。

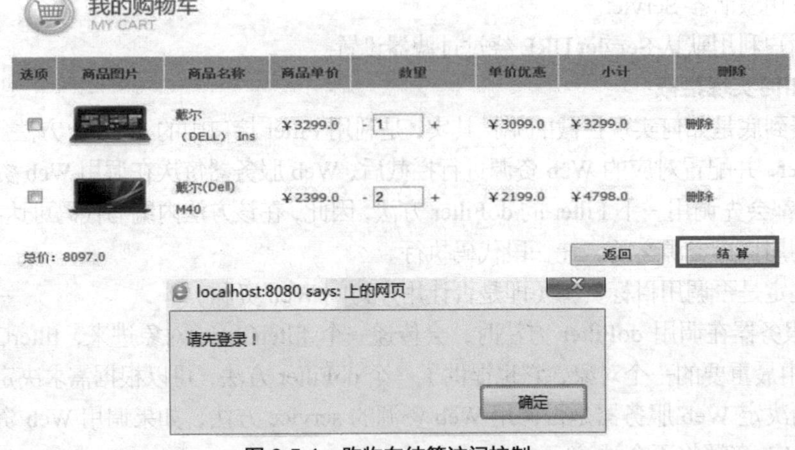

图 6-5-1　购物车结算访问控制

通过过滤器实现用户购物车结算时的访问控制。

分为两个关键环节：

首先，要创建过滤器，如果 session 中没有用户信息，表示用户未登录，则弹出提示信息并跳转，否则将继续执行；

其次，要在 web.xml 中配置过滤器，制定需要使用过滤器的文件或目录。

步骤一： 创建权限验证过滤器 AuthorityFilter.java。

代码如下：

```
1.  public class AuthorityFilter implements Filter {
2.     private FilterConfig config;
3.     public void destroy() {     }
4.     public void doFilter(ServletRequest request, ServletResponse response,
5.              FilterChain chain) throws IOException, ServletException {
6.        HttpSession session = ((HttpServletRequest)request).getSession();
7.        if(session.getAttribute("user")==null){
8.           response.setCharacterEncoding("UTF-8");
9.           response.setContentType("text/html; charset=UTF-8");
10.          PrintWriter out = response.getWriter();
11.          out.print("<script language='javascript'>alert('请先登录!');</script>");
12.          ((HttpServletResponse)response).setHeader("refresh", "2;URL=../index.jsp");
13.       }else{
14.          chain.doFilter(request, response);
15.       }
16.    }
17.    public void init(FilterConfig config) throws ServletException {
18.       this.config = config;
19.    }
20. }
```

程序说明：

第 7～13 行：如果 session 中的“user”对象为空，则输出提示信息，并进行页面跳转；

第 13～16 行：session 中的“user”对象不为空则继续执行；

第 17～19 行：初始化过滤器。

步骤二： 在 web.xml 中配置过滤器 AuthorityFilter。

```
<filter>
    <filter-name>AuthorityFilter</filter-name>
    <filter-class>com.digitalweb.servlet.AuthorityFilter</filter-class>
</filter>
<filter-mapping>
    <filter-name>AuthorityFilter</filter-name>
    <url-pattern>/buy/*</url-pattern>
```

```
8.  </filter-mapping>
```

程序说明：

第 1～4 行：配置 Filter 的名称和绑定的类；

第 5～8 行：配置名称为 AuthorityFilter 过滤器的拦截目录。

1. 当用户单击超链接向 Servlet 发出请求时，调用的是 Servlet 中的哪个方法？（　）

A. doPost()　　B. doPut()　　C. init()　　D. doGet()

2. 用户自定义 Servlet 需要继承自下列哪个类？（　）

A. HttpServletRequest　　B. HpptServletResponse

C. Servlet　　D. HttpServlet

3. Servlet 程序的入口点是（　）。

A. init()　　B. main()　　C. service()　　D. doGet()

4. 下面哪个方法当服务器关闭时被调用，用来释放 Servlet 所占的资源？（　）

A. service()　　B. init()　　C. doPost()　　D. destroy()

5. 关于 Servlet Filter，下列说法正确的有（　）。（多选）

A. Filter 其实就是一个 Servlet

B. Filter 可以产生 response

C. Filter 可以在 Servlet 被调用之前截获 request

D. Filter 可以用来处理统一认证，过滤不雅字句等

6. 给定如下 Servlet 代码，假定在浏览器中输入 URL：http://localhost:8080/servlet/HelloServlet，可以调用这个 servlet，那么这个 Servlet 的输出是（　）。

```
import java.io.*;
import javax.servlet.*;
 import javax.servlet.http.*;
public class HelloServlet extends HttpServlet{
   public void service(HttpServletRequest req, HttpServletResponse res)
   throws ServletException, IOException{
   }
   public void doGet(HttpServletRequest req, HttpServletResponse res)
   throws ServletException, IOException {
      res.setContentType(""text/html"");
      PrintWriter out = res.getWriter();
      out.println(""<html>"");
      out.println(""<body>"");
      out.println(""doGet Hello World!"");
      out.println(""</body>"");
      out.println(""</html>"");
      out.close();
   }
```

```
    public void doPost(HttpServletRequest req, HttpServletResponse res)
    throws ServletException, IOException {
        res.setContentType(""text/html"");
        PrintWriter out = res.getWriter();
        out.println(""<html>"");
        out.println(""<body>"");
        out.println(""doPost Hello World!"");
        out.println(""</body>"");
    }
}
```

A. 一个 HTML 页面，页面上显示 doGet Hello World!

B. 一个 HTML 页面，页面上显示 doPost Hello World!

C. 一个空白的 HTML 页面

D. 错误信息

7. Servlet 的初始化参数只能在 Servlet 的（ ）方法中获取。

A. doPost() B. doGet() C. init() D. destroy()

8. 在 Servlet 过滤器的生命周期方法中，每当传递请求或响应时，Web 容器会调用（ ）方法。

A. init() B. service() C. doFilter() D. destroy()

9. 给定一个 Servlet 的代码片段如下：

```
public void doGet(HttpServletRequest request,HttpServletResponse
response)throws ServletException,IOException{
______________________________
out.println("hi kitty!");
out.close();
}
```

运行次 Servlet 时输出如下：

```
hi kitty!
```

则应在此 Servlet 下划线处填充如下代码。（ ）

A. PrintWriter out = response.getWriter();

B. PrintWriter out = request.getWriter();

C. OutputStream out = response.getOutputStream();

D. OutputStream out = request.getWriter();

10. 在 J2EE 中，在 web.xml 中定义过滤器时可以指定初始化参数，以下定义正确的是（ ）。

A.
```
<filter>
    <filter-name>someFilter</filter-name>
    <filter-class>filters.SomeFilter</filter-class>
    <init-param>
        <param-name>encoding</param-name>
        <param-value>EUC_JP</param-value>
    </init-param>
```

</filter>

B. <filter>

<fiter-name>someFilter</filter-name>

<init-param>

<param-name>encoding</param-name>

<plaram-value>EUC_JP</param-value>

</init-param>

</filter>

<filter-mapping>

C. <filter-name>someFilter</filter-name>

<init-param>

<param-name>encoding</param-name>

<param-value>EUC_JP</param-value>

</init-param>

</filter-mapping>

D. <filter-mapping>

<filter-name>someFilter</filter-name>

<filter-class>filters.SomeFilter</filter-class>

<init-param>

<param-name>encoding</param-name>

<param-value>EUC_JP</param-value>

</init-param>

</filter-mapping>"

11. 已知项目 test 的 com.test.servlet 包中有一个 Servlet：TestServlet，该 Servlet 的请求地址为：http://localhost:8080/test/test/TestServlet，请写出 web.xml 中的配置代码。

12. 请简述 Servlet 的生命周期和运行机制。

PART 7　项目 7 MVC 模式下的商品信息管理

项目描述

MVC 开发模式使得互联网应用程序开发事半功倍，是学好 Java Web 开发的重要基石也是核心内容，然而，MVC 开发模式概念抽象不易理解，也成为 Java Web 开发学习的瓶颈，本项目通过用户功能模块的详细设计讲解 MVC 开发模式，再基于 MVC 开发模式实现商品信息的管理。

知识目标

- ☑ 熟悉 MVC 分层开发模式原理；
- ☑ 掌握基于 MVC 开发模式设计原理。

技能目标

- ☑ 能设计 MVC 开发模式的代码结构；
- ☑ 能实现基于 MVC 开发模式的信息更新与查询。

项目任务总览

任务编号	任务名称
任务 7.1	MVC 分层开发模式设计
任务 7.2	实现 MVC 模式下商品信息添加
任务 7.3	实现 MVC 模式下商品信息显示

任务 7.1　MVC 分层开发模式设计

采用 MVC 框架模式可以实现 Web 系统的职能分工，包括模型层、视图层、控制层。通过分层开发模式，开发人员可以只关注整个结构中的其中某一层，很容易用新的实现来替换原有层次的实现，可以降低层与层之间的依赖，有利于标准化和各层逻辑的复用。本任务是在理解 MVC 分层开发模式的基础上，根据需求功能分析进行 ED 电子商务网站的软件设计。

- 知识目标
  - ✓ 理解 MVC 设计模式，以及各层职能分工与实现形式；
  - ✓ 掌握 JSP+Servlet+JavaBean+JDBC 多种技术综合的开发方法。
- 技能目标
  - ✓ 能够根据需求分析，采用 MVC 分层开发模式设计思想，设计功能实现架构。

MVC（Model View Controller 模型-视图-控制器）设计创建 Web 应用程序的模式包括以下三个部分：

- ✓ Model（模型）是应用程序中用于处理应用程序数据逻辑的部分，负责在数据库中存取数据。
- ✓ View（视图）是应用程序中处理数据显示的部分，依据模型数据创建的。
- ✓ Controller（控制器）是应用程序中处理用户交互的部分，负责从视图读取数据，控制用户输入，并向模型发送数据。

MVC 分层开发模式中模型、视图、控制以及用户的操作形成了一个闭环，如图 7-1-1 所示。

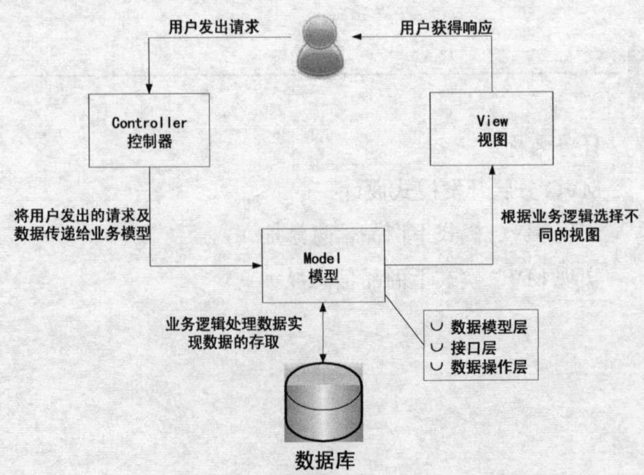

图 7-1-1　MVC 分层开发模式示意图

本任务中软件设计的过程将从模型层设计、控制层设计、视图层设计三个环节分别展开，其中模型层又包括数据模型层、接口层和数据操作层。

系统功能较多，在实现环节通过用户功能模块进行详细阐述。

步骤一： 数据实体模型层分析与设计——User.java。

数据模型层是 MVC 模式中 M（Model）中的一部分，是为了数据存储和读取方便，定义的映射数据表的结构与关系的 Java 类，数据表中的字段与类的属性一一对应，可以说实体模型类是数据表在程序中的映射表示，表与类的映射关系如表 7-1-1 所示。

表 7-1-1　数据表-实体类对照表

数据表	数据实体类
数据表	类
表字段	类属性
表记录	类对象

除了属性以外，在实体模型类中的方法还包括无参构造方法、有参构造方法和属性的 Getters and Setters，user_info 表与 User 类的对照关系如图 7-1-2 所示。

WEN-PC.digital - dbo.user_info

列名	数据类型	允许 Null 值
id	int	☐
userName	varchar(16)	☑
password	varchar(50)	☑
realName	varchar(8)	☑
sex	varchar(4)	☑
address	varchar(200)	☑
question	varchar(50)	☑
answer	varchar(50)	☑
email	varchar(50)	☑
favorate	varchar(50)	☑
score	int	☑
regDate	varchar(50)	☑
status	int	☑

```
public class User implements Serializable{
    private int id;
    private String userName;
    private String password;
    private String realName;
    private String sex;
    private String address;
    private String question;
    private String answer;
    private String email;
    private String favorate;
    private int score;
    private String regDate;
    private int status;
    public User() {}
```

图 7-1-2　user 表与 User 类对照

接口层分析与设计。

数据表结构已经在数据实体模型层中定义，数据表上的操作方法（如增、删、改、查）则在接口层进行定义。在用户功能模块中功能包括：

- ✓ 用户登录验证
- ✓ 用户注册
- ✓ 用户信息修改
- ✓ 根据用户名查询用户信息
- ✓ 用户列表
- ✓ 更新用户积分

✓ 禁用用户

✓ 重置密码

接口中定义如图 7-1-3 所示。

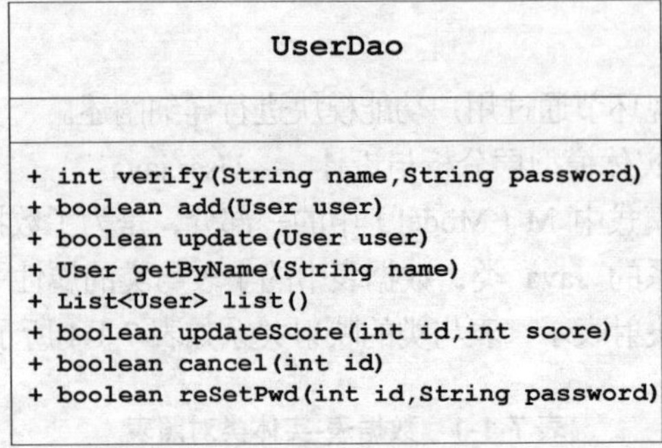

图 7-1-3 UserDao 接口定义

步骤三： 数据操作层分析与设计。

数据操作层是接口层的实现类，在数据操作类中实现接口中所定义的数据表的相关操作方法。由于不同的操作类中用到的数据库访问对象相同，如 Connection、PreparedStatement、ResultSet 等，因此定义一个操作类的父类 SuperOpr，将这些共用的属性封装在其中，不同表的操作类继承父类就可以共享获取连接的方法。

user_info 表的数据操作类 UserDaoImpl 的定义如图 7-1-4 所示。

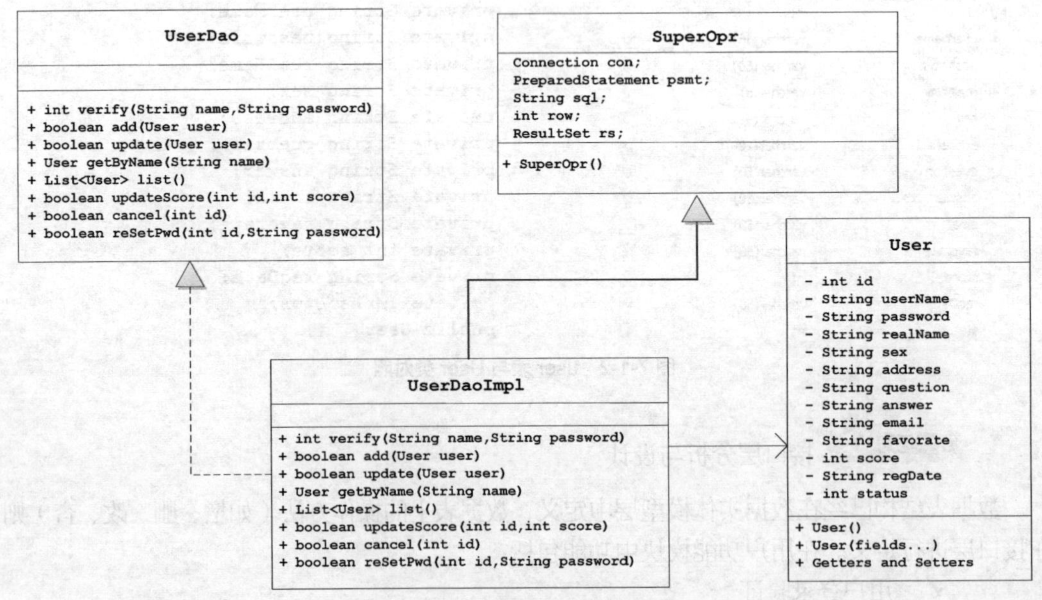

图 7-1-4 数据操作类 UserDaoImpl

数据操作类 UserDaoImpl，继承自 SuperOpr（继承了父类的共用属性），实现了 UserDao 接口（实现了不同表上的功能方法），同时与 User 实体类具有强关联关系，因为 UserDaoImpl 的方法中一直引用了 User 类进行数据的存取。

UserDaoImpl 代码略。

步骤四： 控制层分析与设计。

在 UserServlet 中只有两个方法：doGet(HttpServletRequest request, HttpServletResponse response)和 doPost(HttpServletRequest request, HttpServletResponse response)，其中，doGet 方法中调用 doPost 方法，在 doPost 方法中实现逻辑处理。

在 doPost 方法中，根据不同的操作参数进入不同的分支，处理流程如图 7-1-5 所示。

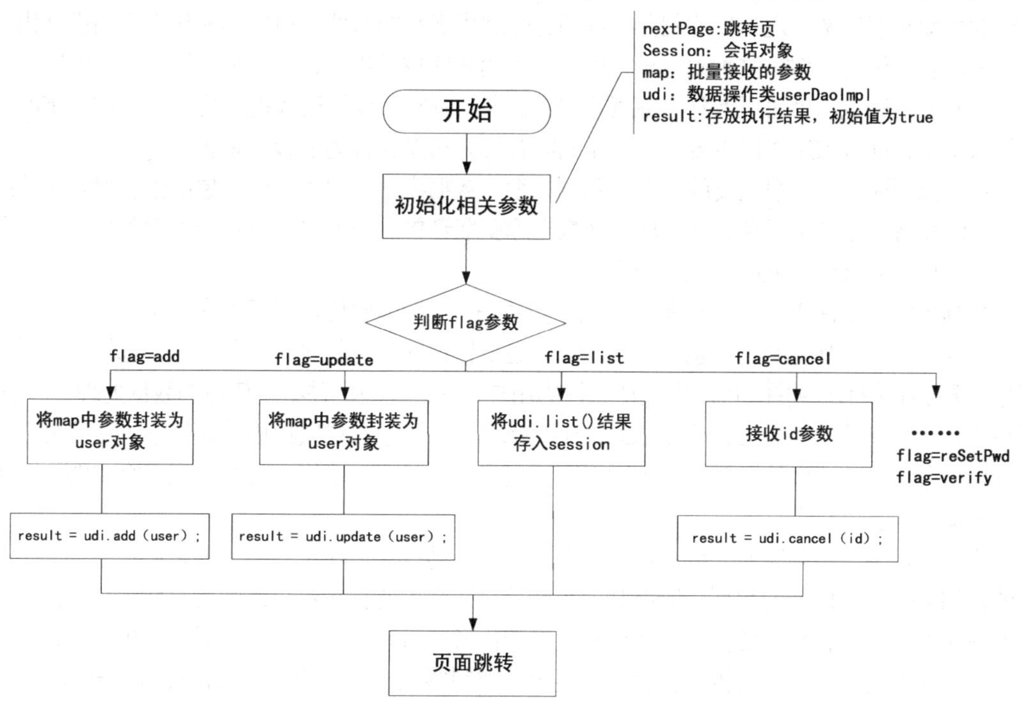

图 7-1-5　控制类 UserServlet 逻辑处理流程

步骤五： 视图层分析与设计。

视图层是与用户交互的页面部分，对于用户功能模块，视图层包括：用户注册、用户修改、用户列表（用户取消也在此页面上执行）、用户登录、找回密码共 5 个页面。页面的设计一般根据后台功能的需求来进行，例如用户注册功能，需要用到用户相关信息，包括名称、密码、住址等，因此在用户界面的表单中需要设置这些标段属性；再如用户登录功能，需要根据用户名、密码在数据库中进行验证，因此在登录界面就包含了用户名和密码以及验证码表单属性。

1．MVC 设计思想

MVC 英文即 Model-View-Controller，即把一个应用的输入、处理、输出流程按照 Model、View、Controller 的方式进行分离，这样一个应用被分成三个层——模型层、视图层、控制层。

视图（View）:代表用户交互界面，对于 Web 应用来说，可以概括为 HTML 界面，但有可能为 XHTML、XML 和 Applet。随着应用的复杂性和规模性，界面的处理也变得具有挑战性。一个应用可能有很多不同的视图，MVC 设计模式对于视图的处理仅限于视图上数据的采集和处理，以及用户的请求，而不包括在视图上的业务流程的处理。业务流程的处理交予模型（Model）处理。比如一个订单的视图只接受来自模型的数据并显示给用户，以及将用户界面的输入数据和请求传递给控制和模型。

模型（Model）：就是业务流程/状态的处理以及业务规则的制定。业务流程的处理过程对其他层来说是黑箱操作，模型接受视图请求的数据，并返回最终的处理结果。业务模型的设计可以说是 MVC 最主要的核心。目前流行的 EJB 模型就是一个典型的应用例子，它从应用技术实现的角度对模型做了进一步的划分，以便充分利用现有的组件，但它不能作为应用设计模型的框架。它仅仅告诉你按这种模型设计就可以利用某些技术组件，从而减少了技术上的困难。对一个开发者来说，就可以专注于业务模型的设计。MVC 设计模式把应用的模型按一定的规则抽取出来，抽取的层次很重要，这也是判断开发人员是否优秀的设计依据。

业务模型还有一个很重要的模型即数据模型。数据模型主要指实体对象的数据保存（持续化）。比如将一张订单保存到数据库，从数据库获取订单。我们可以将这个模型单独列出，所有有关数据库的操作只限制在该模型中。

控制（Controller）：可以理解为从用户接收请求，将模型与视图匹配在一起，共同完成用户的请求。划分控制层的作用也很明显，它清楚地告诉你，它就是一个分发器，选择什么样的模型，选择什么样的视图，可以完成什么样的用户请求。控制层并不做任何的数据处理。例如，用户单击一个连接，控制层接受请求后，并不处理业务信息，它只把用户的信息传递给模型，告诉模型做什么，选择符合要求的视图返回给用户。因此，一个模型可能对应多个视图，一个视图可能对应多个模型。

模型、视图与控制器的分离，使得一个模型可以具有多个显示视图。如果用户通过某个视图的控制器改变了模型的数据，所有其他依赖于这些数据的视图都应反映到这些变化。因此，无论何时发生了何种数据变化，控制器都会将变化通知所有的视图，导致显示的更新。这实际上是一种模型的变化—传播机制。模型、视图、控制器三者之间的关系和各自的主要功能。

2．MVC 的优点

大部分用过程语言开发出来的 Web 应用，初始的开发模板就是混合层的数据编程。例如，直接向数据库发送请求并用 HTML 显示，开发速度往往比较快，但由于数据页面的分离不是很直接，因而很难体现出业务模型的样子或者模型的重用性。产品设计弹性力度很小，很难满足用户的变化性需求。MVC 要求对应用分层，虽然要花费额外的工作，但产品的结构清晰，产品的应用通过模型可以得到更好的体现。

首先，最重要的是应该有多个视图对应一个模型的能力。在目前用户需求的快速变化下，可能有多种方式访问应用的要求。例如，订单模型可能有本系统的订单，也有网上订单，或者其他系统的订单，但对于订单的处理都是一致的。按 MVC 设计模式，一个订单模型以及多个视图即可解决问题。这样减少了代码的复制，即减少了代码的维护量，一旦模型发生改变，也易于维护。

其次，由于模型返回的数据不带任何显示格式，因而这些模型也可直接应用于接口的使用。

再次，由于一个应用被分离为三层，因此有时改变其中的一层就能满足应用的改变。一个应用的业务流程或者业务规则的改变只需改动 MVC 的模型层。

另外，控制层的概念也很有效，由于它把不同的模型和不同的视图组合在一起完成不同的请求，因此，控制层可以说是包含了用户请求权限的概念。

最后，它还有利于软件工程化管理。由于不同的层各司其职，每一层不同的应用具有某些相同的特征，有利于通过工程化、工具化产生管理程序代码。

3．MVC 的不足

（1）增加了系统结构和实现的复杂性。对于简单的界面，严格遵循 MVC，使模型、视图与控制器分离，会增加结构的复杂性，并可能产生过多的更新操作，降低运行效率。

（2）视图与控制器间的过于紧密的连接。视图与控制器是相互分离的，但却是联系紧密的部件，没有控制器的存在，视图的应用是很有限的，反之亦然，这样就妨碍了它们的独立重用。

（3）视图对模型数据的低效率访问。依据模型操作接口的不同，视图可能需要多次调用才能获得足够的显示数据。对未变化数据的不必要的频繁访问，也将损害操作性能。

（4）目前，一般高级的界面工具或构造器不支持 MVC 模式。改造这些工具以适应 MVC 需要和建立分离的部件的代价是很高的，从而造成使用 MVC 的困难。

1．MVC 框架发展过程

（1）Model 1

早期的 JSP 规范提出了两种用 JSP 技术建立应用程序的方式。这两种方式在术语中分别称作 JSP Model 1 和 JSP Model 2，它们的本质区别在于处理批量请求的位置不同。在 Model 1 体系中，如图 7-1-6 所示，JSP 页面独自响应请求并将处理结果返回客户。这里仍然存在表达与内容的分离，因为所有的数据存取都是由 Bean 来完成的。尽管 Model 1 体系十分适合简单应用的需要，它却不能满足复杂的大型应用程序的实现。不加选择地随意运用 Model 1，会导致 JSP 页内被嵌入大量的脚本片段或 Java 代码，特别是当需要处理的请求量很大时，情况更为严重。尽管这对于 Java 程序员来说可能不是什么大问题，但如果 JSP 页面是由网页设计人员开发并维护的——通常这是开发大型项目的规范——这就确实是个问题了。从根本上讲，将导致角色定义不清和职责分配不明确，给项目管理带来不必要的麻烦。工作内容包括：

- ✓ 客户将请求提交给 JSP；
- ✓ JSP 调用 JavaBean 组件进行数据处理；
- ✓ 如果数据处理需要数据库支持，则使用 JDBC 操作数据库数据；
- ✓ 当数据返回给 JSP 时，JSP 组织响应数据，返回给客户端。

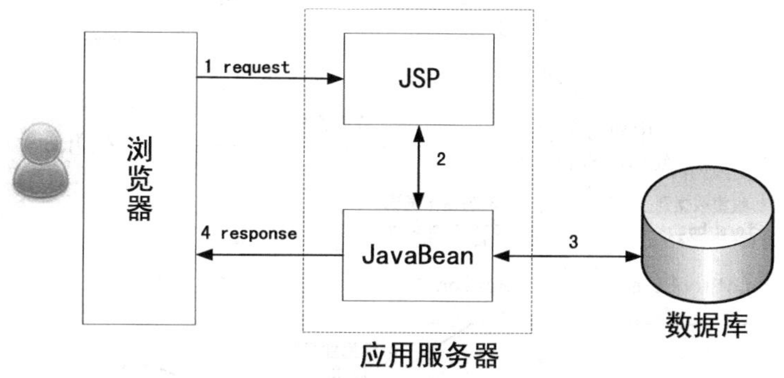

图 7-1-6 Model 1 工作流程图

（2）Model 2

Model 2 体系结构，如图 7-1-7 所示，是一种把 JSP 与 Servlet 联合使用来实现动态内容服务的方法。它吸取了两种技术各自的突出优点，用 JSP 生成表达层的内容，让 Servlet 完成深层次的处理任务。在 Model 2 中，Servlet 充当控制者的角色，负责管理对请求的处理，创建 JSP 页需要使用的 Bean 和对象，同时根据用户的动作决定把哪个 JSP 页传给请求者。特别要注意，在 JSP 页内没有处理逻辑；它仅负责检索原先由 Servlet 创建的对象或 Bean，从 Servlet 中提取动态内容插入静态模板。在我看来，这是一种有代表性的方法，它清晰地分离了表达和内容，明确了角色的定义以及开发者与网页设计者的分工。事实上，项目越复杂，使用 Model 2 体系结构的好处就越大。

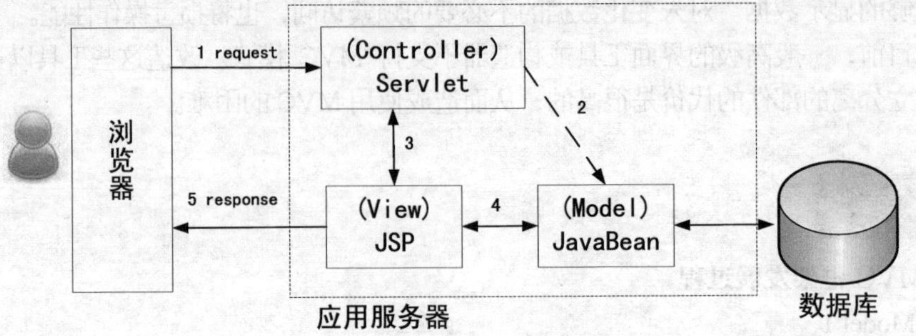

图 7-1-7　Model 2 工作流程图

Model 2 也是目前教材中所使用的开发模式。

（3）Struts 模型

Struts 工作流程如图 7-1-8 所示。

- ✓ 客户提交请求信息；
- ✓ 中央控制器类（ActionServlet）通过读取配置文件 struts-config.xml，把表单数据填充到 Form bean 中；
- ✓ 中央控制器将 Http 请求分发到相应的 Action 处理；
- ✓ Action 类调用 Model 组件进行数据处理；
- ✓ 中央控制器转发相应的 Http 请求到相应的 View 组件；
- ✓ View 组件将响应信息返回给客户端。

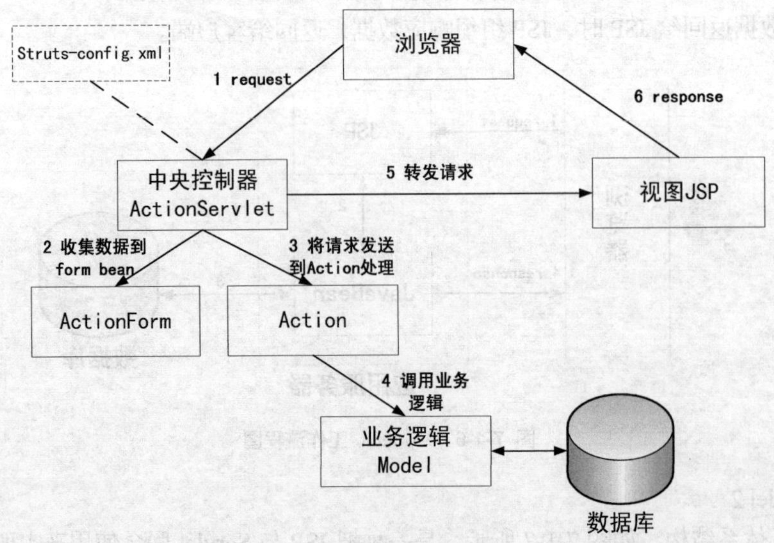

图 7-1-8　Struts 工作流程图

2．主流 MVC 框架

（1）Struts

Struts 是 Apache 软件基金下 Jakarta 项目的一部分。Struts 框架的主要架构设计和开发者是 Craig R.McClanahan。Struts 是目前 Java Web MVC 框架中不争的王者。经过长达五年的发展，Struts 已经逐渐成长为一个稳定、成熟的框架，并且占有了 MVC 框架中最大的市场份额。但是 Struts 某些技术特性上已经落后于新兴的 MVC 框架。面对 Spring MVC、Webwork2 这些设计更精密，扩展性更强的框架，Struts 受到了前所未有的挑战。但站在产品开发的角度而言，Struts 仍然是最稳妥的选择。

Struts 有一组相互协作的类（组件）、Serlvet 以及 JSP Tag Lib 组成。基于 Struts 构架的 Web 应用程序基本上符合 JSP Model2 的设计标准，可以说是 MVC 设计模式的一种变化类型。根据上面对 framework 的描述，我们很容易理解为什么说 Struts 是一个 Web framwork，而不仅仅是一些标记库的组合。但 Struts 也包含了丰富的标记库和独立于该框架工作的实用程序类。Struts 有其自己的控制器（Controller），同时整合了其他的一些技术去实现模型层（Model）和视图层（View）。在模型层，Struts 可以很容易地与数据访问技术相结合，包括 EJB、JDBC 和 Object Relation Bridge。在视图层，Struts 能够与 JSP、Velocity Templates、XSL 等这些表示层组件相结合。

Struts framework 是 MVC 模式的体现，分别从模型、视图、控制来介绍 Struts 的体系结构（Architecture）。

- 视图（View）

主要由 JSP 建立，Struts 自身包含了一组可扩展的自定义标签库（TagLib），可以简化创建用户界面的过程。目前包括：Bean Tags、HTML Tags、Logic Tags、Nested Tags、Template Tags 这几个 Taglib。

- 模型（Model）

模型主要是表示一个系统的状态。在 Struts 中，系统的状态主要有 ActiomForm Bean 体现，一般情况下，这些状态是非持久性的。如果需要将这些状态转化为持久性数据存储，Struts 本身也提供了 Utitle 包，可以方便的与数据库操作。

- 控制器（Controller）

在 Struts framework 中，Controller 主要是 ActionServlet，但是对于业务逻辑的操作则主要由 Action、ActionMapping、ActionForward 这几个组件协调完成。其中，Action 扮演了真正的业务逻辑的实现者，而 ActionMapping 和 ActionForward 则指定了不同业务逻辑或流程的运行方向。

（2）Spring

Spring 是一个开源框架，是为了解决企业应用开发的复杂性而创建的。Spring 使使用基本的 JavaBeans 来完成以前只可能由 EJB 完成的事情变得可能了。然而，Spring 的用途不仅限于服务器端的开发。从简单性、可测试性和松耦合的角度而言，任何 Java 应用都可以从 Spring 中受益。

简单来说，Spring 是一个轻量的控制反转和面向切面的容器框架，包含以下四个方面：

- 轻量

完整的 Spring 框架可以在一个大小只有 1MB 多的 JAR 文件里发布。并且 Spring 所需的处理开销也是微不足道的。Spring 是非侵入式的，从大小与开销两方面而言 Spring 都是轻量的。

- 控制反转

Spring 通过一种称作控制反转（IoC）的技术促进了松耦合。当应用了 IoC，对象被动地传递它们的依赖而不是自己创建或者查找依赖对象。

● 面向切面

Spring 包含对面向切面编程的丰富支持，允许通过分离应用的业务逻辑与系统服务进行内聚性的开发。应用对象只完成业务逻辑，并不负责其他的系统关注点，例如日志或事物支持。

● 容器

Spring 包含和管理应用对象的配置和生命周期，在这个意义上它是一种容器。可以配置你的每个 Bean 如何被创建，基于一个配置原形为 Bean 创建一个单独的实例或者每次需要时都生成一个新的实例以及它们是如何相互关联的。Spring 的使用完全区别于传统的庞大而笨重的重量级 EJB 容器，更加轻量与方便。

● 框架

Spring 使由简单的组件配置和组合复杂的应用成为可能。在 Spring 中，应用对象被声明式地组合，典型地是在一个 XML 文件里。Spring 也提供了很多基础功能如事务管理、持久性框架集成等，程序员只负责应用逻辑的开发。

所有 Spring 的这些特征使得编程能够更加清晰、可管理、并且更易于测试。

请尝试设计商品管理模块、订单管理模块的 MVC 模式架构，以类关系图形式体现。

任务 7.2　实现 MVC 模式下商品信息添加

在 MVC 模式下，实现商品信息的添加。用户输入商品的相关信息后，将商品信息添加到数据库中，如图 7-2-1 所示。

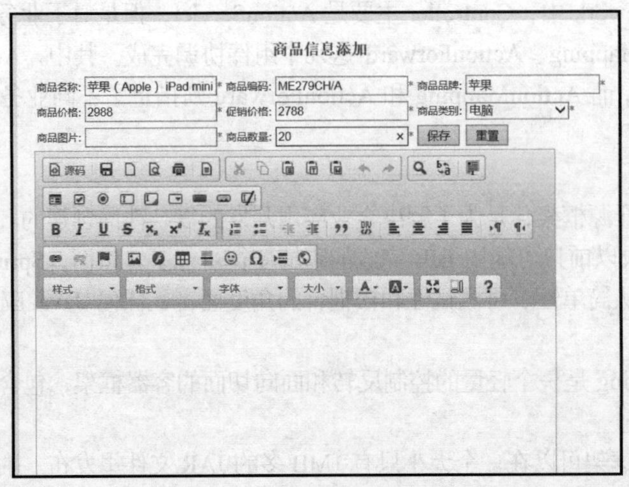

图 7-2-1　控制台显示数据库中商品信息

- 知识目标
  - ✓ 掌握 MVC 模式下更新数据库的设计与实现；
  - ✓ 掌握 Servlet 控制层具体实现；
  - ✓ 掌握更新数据库数据的封装方法。
- 技能目标
  - ✓ 能应用 MVC 设计模式实现向数据库写数据的功能。

在本任务中通过 MVC 来实现商品的添加，即控制器从用户接受请求，将模型和视图匹配在一起，共同完成用户的请求。商品添加时序图如图 7-2-2 所示，管理员向 ProductServlet 发送添加商品请求，由 ProductServlet 获取商品信息相关参数，并通过 ProductDao 完成对数据的添加，并将返回的结果发送给用户。

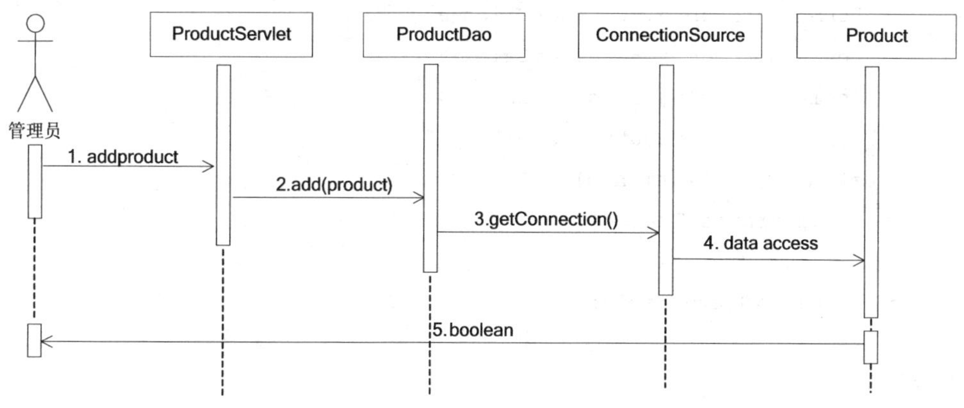

图 7-2-2 添加商品时序图

1. 实体类：Product.java
2. 数据库操作接口类：ProductDao.java
3. 数据库操作实现类：ProductDaoImpl.java
4. 控制类：ProductServlet.java

步骤一：在 ProductDao 接口中添加商品添加方法 add()。

打开 ProductDao.java 文件，添加如下代码：

```
public boolean add(Product p);
```

步骤二： 添加商品方法的实现。打开 ProductDaoImpl.java 文件，在文件中添加如下代码：

```
1.  public boolean add(Product p) {
2.      // TODO Auto-generated method stub
3.      sql = "insert into
roduct_info(code,name,type,brand,pic,num,price,sale,intro)values(?,?,?,?,?,
?,?,?,?)";
4.      try {
5.          psmt = con.prepareStatement(sql);
6.          psmt.setString(1, p.getCode());
7.          psmt.setString(2, p.getName());
8.          psmt.setString(3, p.getType());
9.          psmt.setString(4, p.getBrand());
10.         psmt.setString(5, p.getPic());
11.         psmt.setDouble(6, p.getNum());
12.         psmt.setDouble(7, p.getPrice());
13.         psmt.setDouble(8, p.getSale());
14.         psmt.setString(9, p.getIntro());
15.         row = psmt.executeUpdate();
16.     } catch (SQLException e) {
17.         e.printStackTrace();
18.     }
19.     return row>0?true:false;
20. }
```

程序说明：

第 3 行：配置 SQL 语句插入一条新记录至商品表 product_info；

第 5～14 行：设置 SQL 语句参数；

第 15 行：执行 SQL 语句，返回执行结果；

第 16～18 行：异常处理；

第 19 行：如果添加成功则返回 true，否则返回 false。

步骤三： 创建商品管理控制类 ProductServlet。

（1）右击包 com.digitalweb.servlet，在弹出的菜单中选择 new->servlet，在弹出的对话框中输入 Servlet 名称为 ProductServlet，设置如图 7-2-3 所示。

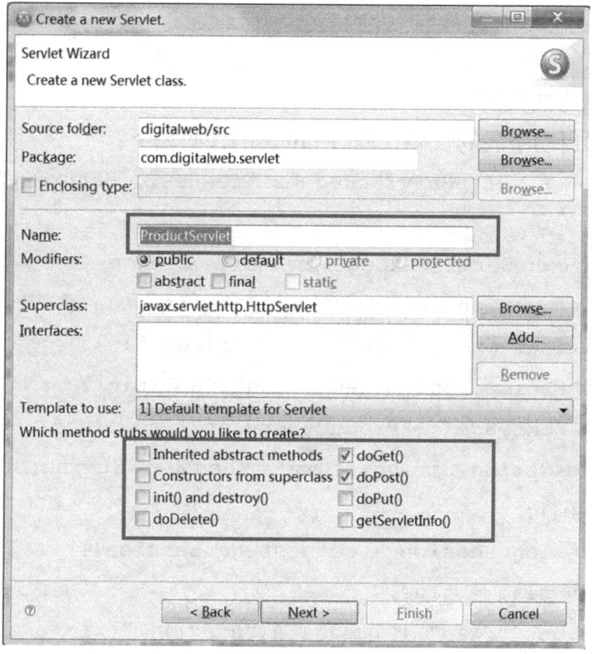

图 7-2-3 创建 Servlet 对话框

（2）单击【next】按钮，进入 XML 生成向导对话框，将 Servlet/JSP Mapping URL 路径修改为“/ProductServlet”，单击【Finish】，完成文件的创建，如图 7-2-4 和图 7-2-5 所示。

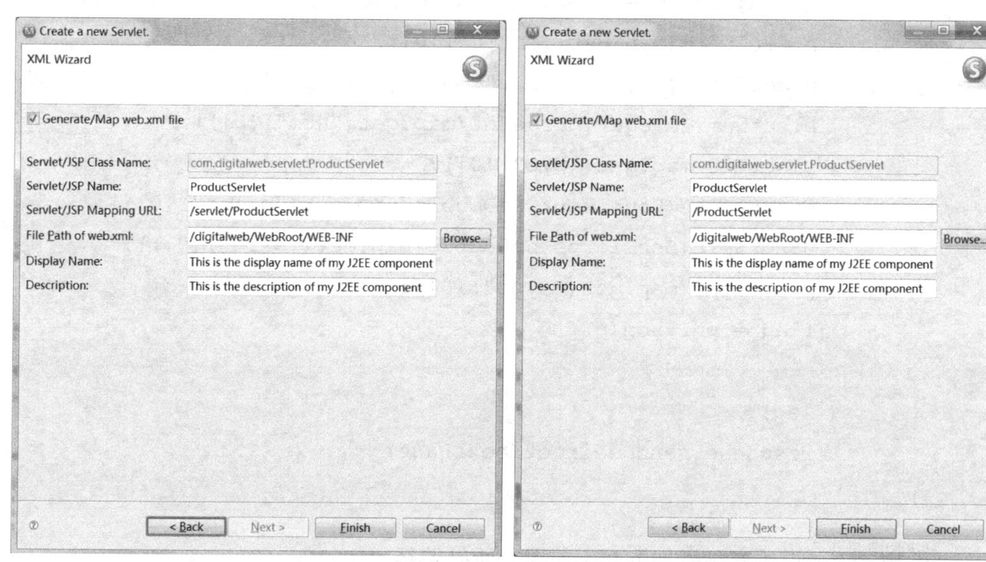

图 7-2-4 配置 XML 向导（默认） 图 7-2-5 修改后的 XML 配置

自动生成的 ProductServlet 代码在此不再赘述。

（3）修改 doGet()方法代码。删除第 21～33 行间代码，并添加代码：doPost(request,response);修改后的 doGet()代码如下所示：

```
1.  public void doGet(HttpServletRequest request, HttpServletResponse response)
2.              throws ServletException, IOException {
```

```
        doPost(request,response);
    }
```

（4）修改 doPost()方法代码。

删除第 49 ~ 59 行自动生成的代码，修改 doPost()代码如下：

```
public void doPost(HttpServletRequest request, HttpServletResponse response)
            throws ServletException, IOException {
        response.setContentType("text/html;charset=UTF-8");
        PrintWriter out = response.getWriter();
        ProductDaoImpl pdi = new ProductDaoImpl();
        String nextPage = "ProductServlet?flag=list";
        HashMap<String,String[]> map = (HashMap<String,String[]>) request.getParameterMap();
        HttpSession session = request.getSession();
        boolean flag = true;
        if(map.get("flag")[0].equals("add")){
            Product p = new Product();
            p.setBrand(map.get("brand")[0]);
            p.setCode(map.get("code")[0]);
            String intro = map.get("intro")[0];
            p.setIntro(map.get("intro")[0]);
            p.setName(map.get("name")[0]);
            p.setNum(Integer.parseInt(map.get("num")[0]));
            p.setPic(map.get("pic")[0]);
            p.setPrice(Double.parseDouble(map.get("price")[0]));
            p.setSale(Double.parseDouble(map.get("sale")[0]));
            p.setType(map.get("type")[0]);
            flag = pdi.add(p);
        }
        if(flag)
            response.sendRedirect(nextPage);
    }
```

步骤四： 设置商品添加页面表单提交跳转路径。

```
<form id="add_news" name="add_news" method="post" action="../ProductServlet">
```

程序说明：

action 属性指表单提交时跳转路径，因为本页面在 admin 文件夹下，要跳转至 ProductServlet 则需要使用“../ProductServlet”。

步骤五： 设置隐藏参数，操作标识符 flag。

```
<input type="hidden" name="flag" value="add" >
```

程序说明：

添加隐藏域，当表单提交至 Servlet 时，传递参数 flag 的值为 add，即要求 Servlet 完成商品添加操作。

步骤六：启动 tomcat，运行商品添加页面 add_product.html，输入商品信息后，单击【保存】即完成商品的添加。添加效果如图 7-2-6 所示。

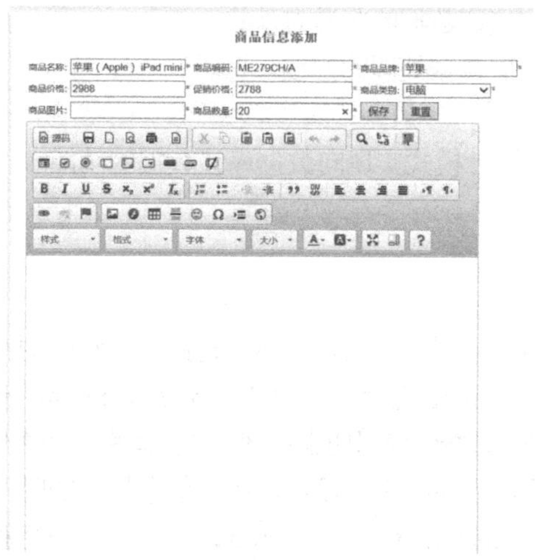

图 7-2-6　商品添加效果显示

任务 7.3　实现 MVC 模式下商品信息显示

商品的列表显示在电子商务网站后台管理中是必不可少的一个主要界面，除了可以罗列所有商品以外，还可以在它的基础上进一步实现商品查询、商品修改、商品删除功能。本任务实现后台登录用户查看商品信息的功能，该功能使用 MVC 模式实现，商品信息管理列表页面（list_product.jsp）的页面效果如图 7-3-1 所示。

管理选项：商品管理　订单管理　会员管理　退出

查询类型 请选择查询类型　查询关键字　查询

商品信息管理列表　全选　新增　修改　删除

选择	序号	商品名称	商品类型	价格	促销	库存	编辑	删除
□	A10001	戴尔（DELL）14英寸笔记本电脑	电脑	4199.0	3399.0	199	[编辑]	[删除]
□	A10002	戴尔（DELL）14英寸笔记本电脑	电脑	5099.0	4999.0	196	[编辑]	[删除]
□	B10002	三星（SAMSUNG）9300手机	手机	3299.0	3099.0	100	[编辑]	[删除]
□	B10002	诺基亚（NOKIA）9990手机	手机	2099.0	1999.0	100	[编辑]	[删除]
□	B10003	三星 Galaxy S4 Zoom 3G手机（白色）	手机	1900.0	1700.0	50	[编辑]	[删除]
□	C10001	苹果（APPLE）iPhone 5s 手机（金色）	手机	4800.0	4700.0	30	[编辑]	[删除]

图 7-3-1　商品信息列表（admin/list_product.jsp）页面效果

- 知识目标
  - ✓ 进一步掌握 MVC 模式下数据读取的设计与实现；
  - ✓ 掌握 Servlet 控制层具体实现；
  - ✓ 掌握从数据库读取数据的封装方法；
  - ✓ 掌握 JSP 显示层数据处理的方法。
- 技能目标
  - ✓ 能应用 MVC 设计模式实现向数据库读数据的功能。

本任务在 MVC 模式下来实现商品信息的列表显示，其中包括模型“Product”、控制器“ProductServlet”和视图，即商品信息管理页面“admin/list_product.jsp”。

与前一个任务中添加商品功能的实现思路相似，控制器作为模型层与视图层之间沟通的桥梁，分派用户请求并选择恰当的视图用以显示。商品信息显示的时序图如图 7-3-2 所示，管理员向 ProductServlet 发送添加商品请求，由 ProductServlet 获取商品信息相关参数，并通过 ProductDao 完成对数据的添加，并将返回的结果发送给用户。

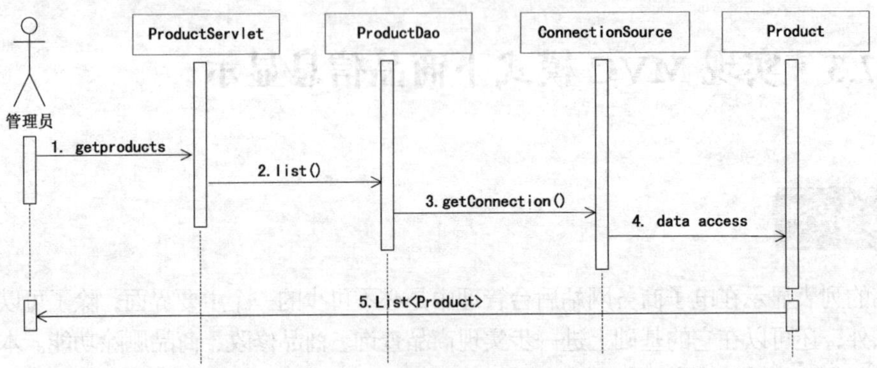

图 7-3-2　显示商品列表时序图

1. 实体类：Product.java
2. 数据库操作接口类：ProductDao.java
3. 数据库操作实现类：ProductDaoImpl.java
4. 控制类：ProductServlet.java

步骤一：定义数据模型——创建 Product 实体类。

在“com.digitalweb.model”包中创建 Product 实体类，Product 类表示商品信息，它的类结构如图 7-3-3 所示。

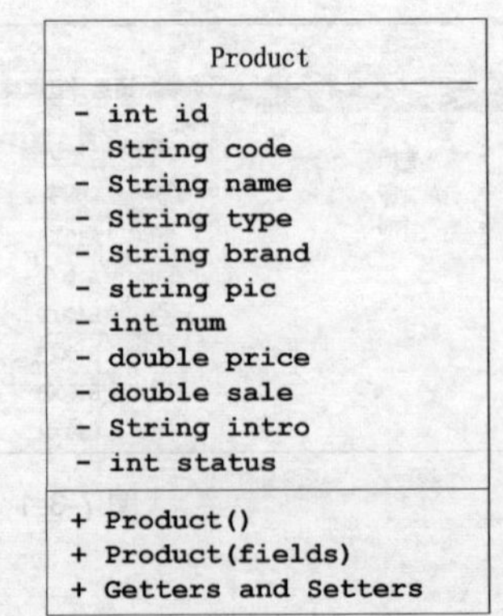

图 7-3-3　Product 类图

步骤二： 定义数据模型——定义接口层方法 list()。

在接口层的 ProductDao 接口中定义获取商品列表方法“list()”。打开 ProductDao.java 文件，添加如下代码：

```
import java.util.List;
import com.digitalweb.model.Product;
public interface ProductDao {
    ......
    public boolean List<Product> (Product p);
    ......
}
```

步骤三： 定义数据模型——编写数据操作层方法 list()。

打开 ProductDaoImpl.java 文件，实现 ProductDao 接口中获取商品列表“list()”方法。具体代码如下：

```
public class ProductDaoImpl extends SuperOpr  implements ProductDao {
    public boolean add(Product p){
        ......
    }
    public ArrayList<Product> list(){
        sql = "select * from product_info where status = 1";
        ArrayList<Product> list = new ArrayList<Product>();
        try {
            psmt = con.prepareStatement(sql);
            rs = psmt.executeQuery();
            while(rs.next()){
                Product p = new Product();
                p.setBrand(rs.getString("brand"));
                p.setCode(rs.getString("code"));
                p.setId(rs.getInt("id"));
                p.setIntro(rs.getString("intro"));
                p.setName(rs.getString("name"));
                p.setNum(rs.getInt("num"));
                p.setPic(rs.getString("pic"));
                p.setPrice(rs.getDouble("price"));
                p.setSale(rs.getDouble("sale"));
                p.setStatus(1);
                p.setType(rs.getString("type"));
                list.add(p);
            }
        } catch (SQLException e) {
```

```
27.             e.printStackTrace();
28.         }
29.         return list;
30.     }
31. }
```

程序说明如下。

第 3 行：配置 SQL 语句查询商品表 product_info 中所有未删除（status=1）记录；

第 9~10 行：执行 SQL 语句，返回执行结果集；

第 8~24 行：读取查询结果并将商品数据添加至集合 list 中；

第 29 行：返回集合 list。

步骤四： 控制层实现——编写 ProductServlet。

在上一任务创建的 ProductServlet 的 doPost()中，实现获取商品列表功能，将数据保存至 session 对象中，具体代码如下：

```
public void doPost(HttpServletRequest request, HttpServletResponse response)
throws ServletException, IOException {
    ……
    ProductDaoImpl pdi = new ProductDaoImpl();
    String nextPage = "ProductServlet?flag=list";
    HashMap<String,String[]> map = (HashMap<String,String[]>) request.getParameterMap();
    HttpSession session = request.getSession();
    boolean flag = true;
    if(map.get("flag")[0].equals("add")){
    ……//添加商品
    }
    else if(map.get("flag")[0].equals("list")){
        session.setAttribute("productList", pdi.list());  //调用ProductDaoImpl类list()方法
        nextPage = "admin/list_product.jsp";  //页面跳转
    }
}
```

步骤五： 视图层实现——编辑商品信息列表 list_product.jsp 页面。

```
<table width="100%" border="0" cellspacing="0" cellpadding="0">
    <tr>
        <td width="6%" >选择</td>
        <td width="8%">序号</td>
        <td width="30%" >商品名称</td>
        <td width="10%" >商品类型</td>
        <td width="10%" >价格</td>
```

```
        <td width="10%" >促销</td>
        <td width="10%" >库存</td>
        <td width="8%" >编辑</td>
        <td width="8%" >删除</td>
    </tr>
    <%
        List<Product> productList =
(List<Product>)session.getAttribute("productList");
        if(productList!=null){
        for(Product p: productList){
            Product p = productList.get(i);
    %>
    <tr>
        <td height="18" >
        <input name="checkbox" type="checkbox" value="checkbox" />
        </td>
        <td height="18" ><%=p.getCode() %></td>
        <td height="18" ><%=p.getName() %></td>
        <td height="18" ><%=p.getType() %></td>
        <td height="18" ><%=p.getPrice() %></td>
        <td height="18" ><%=p.getSale() %></td>
        <td height="18" ><%=p.getNum() %></td>
        <td height="18" ><img src="tab/images/update.gif" width="9" height="9" /> [
        <a href="update_product.jsp?id=<%=p.getId() %>">编辑</a>]</td>
        <td height="18" ><img src="tab/images/delete.gif" width="9" height="9" /> [
        <a href="../ProductServlet?flag=delete&id=<%=p.getId() %>">删除
</a>]</td>
    </tr>
    <% }
          }%>
</table>
```

修改上述 HTML 代码中<%　%>中的 Java 代码，可以将商品信息分页显示。Java 代码如下：

```
<%
List<Product> productList = (List<Product>)session.getAttribute("productList");
int all = 0;
int curPage = 1;
int pageTotal = 0;
int pageCount = 6;
if(productList!=null){
    all = productList.size();
    pageTotal = (all%pageCount)==0?all/pageCount:(all/pageCount+1);
```

```
    String strCurPage = request.getParameter("page");
    if(strCurPage!=null){
        curPage = Integer.parseInt(strCurPage);
    }
    int start = (curPage-1)*pageCount;
    int end = curPage*pageCount>all?all:curPage*pageCount;
    for(int i=start;i<end;i++){
    Product p = productList.get(i);
%>
```

商品信息列表底部的分页按钮功能实现代码：

```
<tr>
    <td width="25%" height="29" nowrap="nowrap">共<%=all %>条记录，当前第
<%=curPage %>/<%=pageTotal %>页，每页<%=pageCount %>条记录</td>
     ……
    <table width="352" height="20" border="0" cellpadding="0" cellspacing="0">
    <tr>
        <td><a href="list_product.jsp?page=1">第一页</a></td>
        <td><a href="list_product.jsp?page=<%=curPage-1>0?curPage-1:1 %>">上
一页
    </a></td>
        <td >
        <a href="list_product.jsp?page=<%=curPage+1<pageTotal?curPage+1:pageTotal %>">
        下一页</a></td>
        <td><a href="list_product.jsp?page=<%=pageTotal %>">最后一页</a></td>
    </tr>
    </table>
</tr>
```

步骤六： 视图层实现——编辑后台管理主页面 main.html 和菜单列表页面 left.html。

后台管理主页面 HTML 代码：

```
<html xmlns="http://www.w3.org/1999/xhtml">
<head>
<meta http-equiv="Content-Type" content="text/html; charset=UTF-8" />
<title>管理平台</title>
</head>
<frameset rows="61,*,24" cols="*" framespacing="0" frameborder="no" border="0">
    <frame src="top.jsp" name="topFrame" scrolling="no" noresize="noresize"
id="topFrame" />
    <frame src="center.html" name="mainFrame" id="mainFrame" />
    <frame src="down.html" name="bottomFrame" scrolling="no" noresize="noresize"
id="bottomFrame" />
```

```
</frameset>
<noframes><body>
</body>
</noframes>
</html>
```

在后台管理菜单列表页面 left.html 中添加超链接，当鼠标单击“商品管理”菜单项时，将提交到 ProductServlet 处理，并传递参数 flag，参数值为 list，如图 7-3-4 所示。

```
<div class="tab_box">
    <ul>
        <li><a href="../ProductServlet?flag=list" target="I1">商品管理
</a></li>
        <li><a href="../OrderAdminServlet?flag=list" target="I1">订单管理
</a></li>
        <li><a href="../UserServlet?flag=list" target="I1">会员管理</a></li>
        <li><a href="../AdminLogServlet?flag=out"target="I1">退出</a></li>
    </ul>
</div>
```

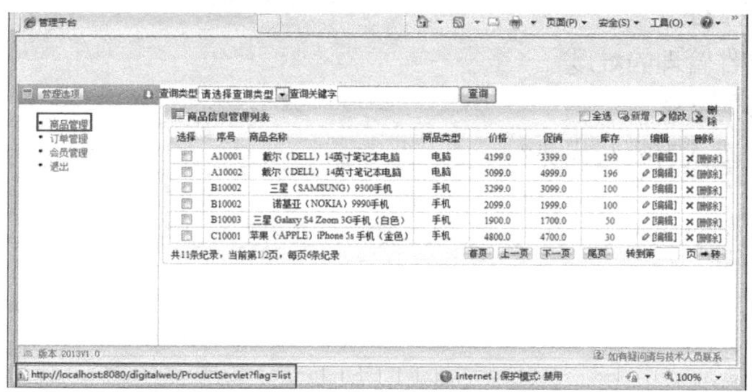

图 7-3-4 “商品管理”超链接

步骤七： 运行项目。

启动 Tomcat，运行商品页面 main.html，单击左侧菜单列表中的“商品管理”超链接，在页面的右侧显示如图 7-3-1 所示的商品信息列表。

技能训练

1. 使用 MVC 设计模式，实现后台商品管理商品修改功能。
2. 使用 MVC 设计模式，实现后台商品管理商品删除功能。

理论习题

1. MVC 开发模式中包含____________、____________、____________几部分。

2. OrderServlet 和 Order 在 MVC 模式中属于哪个部分？（　）

A. 视图层、模型层

B. 视图层、控制层

C. 控制层、模型层

D. 模型层、控制层

3. 在 MVC 设计模式中，JavaBean 的作用是（　）。

A. Controller

B. Model

C. 业务数据的封装

D. View

4. 在 JavaWeb 应用中，MVC 设计模式中的 V（视图）通常由（　）充当。

A. JSP

B. Servlet

C. Action

D. JavaBean

5. 关于 MVC 架构的缺点，下列的叙述哪一项是不正确的？（　）

A.　提高了对开发人员的要求

B.　代码复用率低

C.　增加了文件管理的难度

D.　产生较多的文件

6. 使用 MVC 模式有哪些优势？

PART 8 项目 8 Java Web 高级技术实现订单销售管理

项目描述

本项目将介绍在 Java Web 开发过程中能够进一步优化代码结构和提高运行效率的开发技术，使得网站更加的合理、高效，使得开发更加方便、快捷。本章的主要内容包括：配置数据库连接池实现数据库高效访问、通过 JDBC 事务处理实现订单添加、通过调用存储过程实现订单排行的统计、利用 JSTL 标签+EL 表达式实现订单数据的显示，最后通过 JSP 自定义分页标签实现订单页面的数据分页。

知识目标

- 熟悉数据库连接池原理；
- 熟悉 JDBC 事务处理机制；
- 熟悉数据库存储过程；
- 熟悉 JSTL 核心库标签与 EL 表达式语法；
- 了解 JSP 自定义标签结构，熟悉开发过程。

技能目标

- 能配置实现 DBCP 数据库连接池；
- 能够实现简单的数据事务处理；
- 能够通过程序执行数据库存储过程；
- 能利用 JSTL+EL 实现简单的功能；
- 能够实现简单的 JSP 自定义标签。

项目任务总览

任务编号	任务名称
任务 8.1	实现数据库连接池
任务 8.2	通过 JDBC 事务处理机制实现订单添加
任务 8.3	调用存储过程统计商品销售情况
任务 8.4	JSTL+EL 表达式实现订单数据显示
任务 8.5	JSP 自定义标签实现数据分页显示

任务 8.1　实现数据库连接池

数据库连接是一种关键的有限且昂贵的资源，这一点在多用户的网页应用程序中体现得尤为突出。对数据库连接的管理能显著影响到整个应用程序的伸缩性和健壮性，影响到程序的性能指标。数据库连接池正是针对这个问题提出来的。

数据库连接池负责分配、管理和释放数据库连接，它允许应用程序重复使用一个现有的数据库连接，而再不是重新建立一个；释放空闲时间超过最大空闲时间的数据库连接来避免因为没有释放数据库连接而引起的数据库连接遗漏，这项技术能明显提高对数据库操作的性能。

本任务将通过 Apache Commons DBCP（DataBase Connection Pool）实现 ED 项目中的连接池，提高数据访问的效率。

- 知识目标：了解连接池的工作原理；
- 技能目标：能下载、配置并应用 DBCP 数据库连接池；
- 素质目标：能阅读 DBCP 连接池的 API 来实现高级应用。

1．涉及密码加密处理的部分

- 用户注册：用户注册时，密码加密后存入数据库；
- 登录验证：从数据库取出密码后先解密再验证；
- 用户密码修改：先输入原密码，正确后再输入新密码。

2．加密方式：BASE64、MD5

步骤一： 下载并配置 Apache Commons DBCP。

单独使用 DBCP 需要 3 个包：common-dbcp.jar、common-pool.jar、common-collections.jar，如图 8-1-1～图 8-1-3 所示。

- common-dbcp.jar 下载地址

http://commons.apache.org/proper/commons-dbcp/download_dbcp.cgi

Apache Commons DBCP 1.4 for JDBC 4 (Java 6.0)

Binaries

commons-dbcp-1.4-bin.tar.gz	md5
commons-dbcp-1.4-bin.zip	md5

图 8-1-1 common-dbcp.jar 下载界面

- commons-pool.jar 下载地址

http://www.docjar.com/jar_detail/commons-pool.jar.html

commons-pool.jar

Jar File: Download commons-pool.jar
Size: 60.64 KB
Last Modified: Oct 15, 2008

图 8-1-2 commons-pool.jar 下载界面

- common-collections.jar 下载地址

http://commons.apache.org/proper/commons-collections/download_collections.cgi

Apache Commons Collections 4.0 (Java 5.0+)

Binaries

commons-collections4-4.0-bin.tar.gz
commons-collections4-4.0-bin.zip

图 8-1-3 common-collections.jar 下载界面

将下载到的 common-dbcp.jar、common-pool.jar、common-collections.jar 三个 jar 包复制到 Web-INF/lib 文件夹下。

创建连接池类 ConnectionSource。

```
public class ConnectionSource {
    private static BasicDataSource dataSource = null;
```

```
    public ConnectionSource() {  }
    public static void init() {
        if (dataSource != null) {
            try {
                dataSource.close();
            } catch (Exception e) {
               e.printStackTrace();
            }
            dataSource = null;
        }
        try {
            Properties p = new Properties();
            p.setProperty("driverClassName", "com.mysql.jdbc.Driver");
            p.setProperty("url", "
jdbc:mysql://127.0.0.1:3306/digital?useUnicode=true&amp;characterEncodin
g=utf-8&amp;zeroDateTimeBehavior=convertToNull&amp;transformedBitIsBoole
an=true ");
            p.setProperty("password", "root");
            p.setProperty("username", "888888");
            p.setProperty("maxActive", "30");
            p.setProperty("maxIdle", "10");
            p.setProperty("maxWait", "1000");
            p.setProperty("removeAbandoned", "false");
            p.setProperty("removeAbandonedTimeout", "120");
            p.setProperty("testOnBorrow", "true");
            p.setProperty("logAbandoned", "true");
            dataSource = (BasicDataSource) BasicDataSourceFactory.
createDataSource(p);
        } catch (Exception e) {
            e.printStackTrace();
        }
    }
    public static synchronized Connection getConnection() throws
SQLException {
        if (dataSource == null) {
            init();
        }
        Connection conn = null;
        if (dataSource != null) {
            conn = dataSource.getConnection();
        }
```

```
39.         return conn;
40.     }
41. }
```

程序说明如下。

第 5～12 行：初始化连接池，如果不为空则将连接关闭后设置为 null；

第 13～25 行：将数据库连接池的相关属性封装在 Properties 对象中；

第 26 行：用 Properties 对象创建数据库连接池；

第 31～40 行：同步获取连接的方法，如果连接池为空则初始化，通过连接池获取数据连接并返回。

步骤三： 在 SuperOpr.java 中，更改数据库连接方式的调用。

```
1.  try {
2.      con = ConnectionSource.getConnection();//
3.  } catch (SQLException e) {
4.      System.out.println("从连接池中获取链接异常！");
5.      e.printStackTrace();
6.  }
```

程序说明如下。

第 2 行：通过数据库连接池封装类 ConnectionSource 获取连接，取代原来的 ConnectionManager 获取连接的方法。

1．数据库连接池基本概念及原理

对于共享资源，有一个很著名的设计模式：资源池（Resource Pool）。该模式正是为了解决资源的频繁分配、释放所造成的问题。为解决上述问题，可以采用数据库连接池技术。数据库连接池的基本思想就是为数据库连接建立一个“缓冲池”。预先在缓冲池中放入一定数量的连接，当需要建立数据库连接时，只需从“缓冲池”中取出一个，使用完毕之后再放回去。我们可以通过设定连接池最大连接数来防止系统无尽地与数据库连接。更为重要的是可以通过连接池的管理机制监视数据库连接的数量、使用情况，为系统开发、测试及性能调整提供依据。

用户使用数据库连接池流程：

（1）从连接池中获取一个连接，如果有已建立空闲的连接，直接获取连接，否则建立新连接；

（2）执行数据库操作；

（3）将连接归还给数据库连接池。

2．DBCP 简介

DBCP（DataBase Connection Pool）数据库连接池，是 apache 上的一个 Java 连接池项目，也是 tomcat 使用的连接池组件。由于建立数据库连接是一个非常耗时耗资源的行为，所以通过连接池预先同数据库建立一些连接，放在内存中，应用程序需要建立数据库连接时直接到连接池中申请一个就行，用完后再放回去。

DBCP 的配置参数以及背后的原理 Commons-dbcp 连接池的配置参数比较多，也比较复杂，

主要分为

- type="javax.sql.DataSource";
- driverClassName="com.mysql.jdbc.Driver" JDBC 驱动类;
- url=" jdbc:jtds:sqlserver://localhost:1433;DatabaseName=digital" 数据库的访问地址;
- username="" 访问数据库用户名;
- password="" 访问数据库的密码;
- maxActive="80" 最大活动连接;
- initialSize="10" 初始化连接;
- maxIdle="60" 最大空闲连接;
- minIdle="10" 最小空闲连接;
- maxWait="3000" 从池中取连接的最大等待时间，单位 ms;
- validationQuery = "SELECT 1" 验证使用的 SQL 语句;
- testWhileIdle = "true" 指明连接是否被空闲连接回收器（如果有）进行检验，如果检测失败，则连接将被从池中去除;
- testOnBorrow = "false" 借出连接时不要测试，否则很影响性能;
- timeBetweenEvictionRunsMillis = "30000" 每 30 秒运行一次空闲连接回收器;
- minEvictableIdleTimeMillis = "1800000" 池中的连接空闲 30 分钟后被回收;
- numTestsPerEvictionRun="3" 在每次空闲连接回收线程(如果有)运行时检查的连接数量;
- removeAbandoned="true" 连接泄露回收参数，当可用连接数少于 3 个时才执行;
- removeAbandonedTimeout="180" 连接泄露回收参数，180 秒，泄露的连接可以被删除的超时值。

其中 JDBC 链接参数、事务处理都跟连接池关系不大，另预处理查询池化参数在此不详细叙述。有关 commons-dbcp 的详细参数配置信息请参考官方文档。

几种开源数据连接池的比较

1. DBCP

DBCP 可能是使用最多的开源连接池，原因是因为配置方便，在 tomcat 中应用方便，可参考的开源项目多。这个连接池可以设置最大和最小连接，连接等待时间等，基本功能都有。这个连接池的配置参见附件压缩包中的:dbcp.xml。

特点：在具体项目应用中，发现此连接池的持续运行的稳定性还是可以，不过速度稍慢，在大并发量的压力下稳定性有所下降，此外不提供连接池监控。

2. c3p0

c3p0 是另外一个开源的连接池，在业界也是比较有名的，这个连接池可以设置最大和最小连接，连接等待时间等，基本功能都有。这个连接池的配置参见附件压缩包中的:c3p0.xml。

特点：在具体项目应用中，发现此连接池的持续运行的稳定性相当不错，在大并发量的压力下稳定性也有一定保证，此外不提供连接池监控。

3. proxool

proxool 这个连接池可能用到的人比较少，但也有一定知名度，这个连接池可以设置最大和最小连接，连接等待时间等，基本功能都有。这个连接池的配置参见附件压缩包中的：proxool.xml。

特点：在具体项目应用中，发现此连接池的持续运行的稳定性有一定问题，有一个需要长时间的任务场景任务，同样的代码在另外 2 个开源连接池中成功结束，但在 proxool 中出现异常退出。

综上所述，dbcp 配置和应用都比较简单，适合初学者，但是性能稳定性不如 c3p0， c3p0 经检验这种连接池性能稳定，承压能力强。而 proxool 尽管有明显的性能问题，但由于它具备监控功能，因此建议在开发测试时使用，有助于确定是否有连接没有被关掉，可以排除一些代码的性能问题。

任务 8.2 通过 JDBC 事务处理机制实现订单添加

订单添加的处理过程是：订单信息确认后（见图 8-2-1），单击【提交订单】按钮，将向订单基本表 order_info 添加 1 条记录，向订单明细信息表 order_detail 添加 N 条记录（N 取决于购物车中的商品数量），如图 8-2-2 所示。这个功能需要向两个表添加的操作要么全部成功，要么全部不成功，就需要用到 JDBC 事务处理机制。

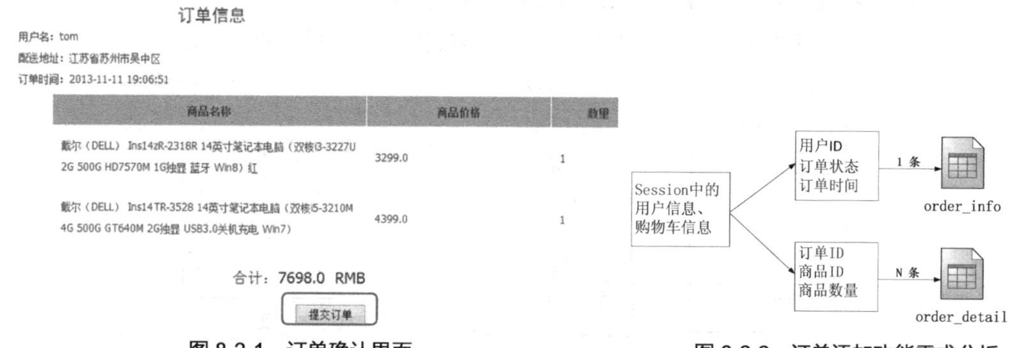

图 8-2-1 订单确认界面

图 8-2-2 订单添加功能需求分析

- 知识目标
  - ✓ 了解什么是事务以及事务处理机制原理；
  - ✓ 掌握 JDBC 事务处理的关键方法和原理。
- 技能目标
  - ✓ 能应用 JDBC 事务处理关键方法：setAutoCommit(true/false)、commit() 、rollback() 实现订单添加的事务处理。

根据任务描述的情况，订单添加功能的实现依然采用 MVC 开发模式，包括创建数据实体层（Order、OrderDetail，订单添加包括添加订单基本信息与订单明细信息）、数据库访问层（OrderDaoImpl）、控制层（OrderServlet）。本任务的重难点是数据访问层中订单添加 JDBC 事务处理的实现。订单添加序列图如图 8-2-3 所示。

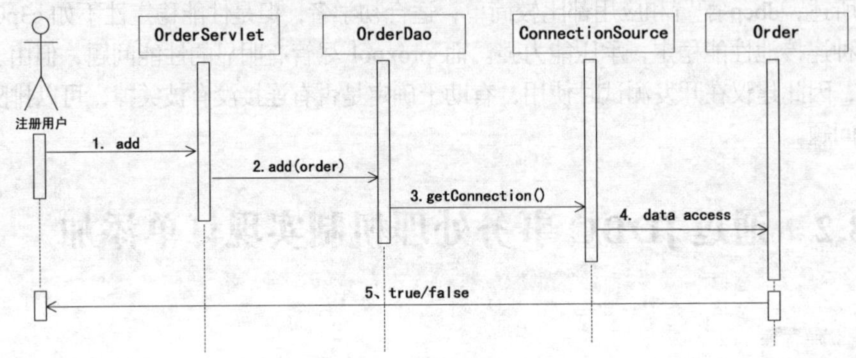

图 8-2-3　订单添加序列图

数据访问层 **OrderDaoImpl** 中的订单添加方法是本任务的重点，将体现 JDBC 事务处理，主要功能就是分别向 order_info、order_detail 表添加数据，分成三个步骤：

第一，先向 order_info 表添加 1 条订单基本信息；

第二，取出刚添加的订单的主键 id，封装在订单明细类中；

第三，向订单明细表添加 N 条明细信息，其具体过程描述如图 8-2-4 所示。

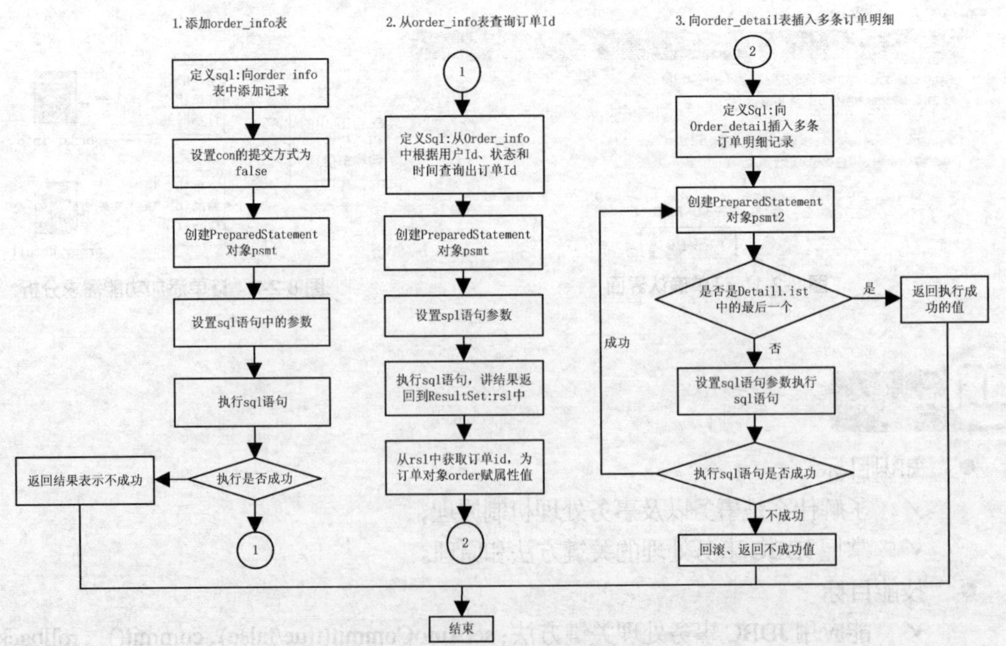

图 8-2-4　OrderDaoImpl 中订单添加详细流程

控制层 OrderServlet 中的订单添加分支，则是通过从 session 中获取用户信息、购物车信息，并将其封装成为订单对象（Order），将订单对象作为参数传递给 OrderDaoImpl 的订单添加方法，如图 8-2-5 所示。

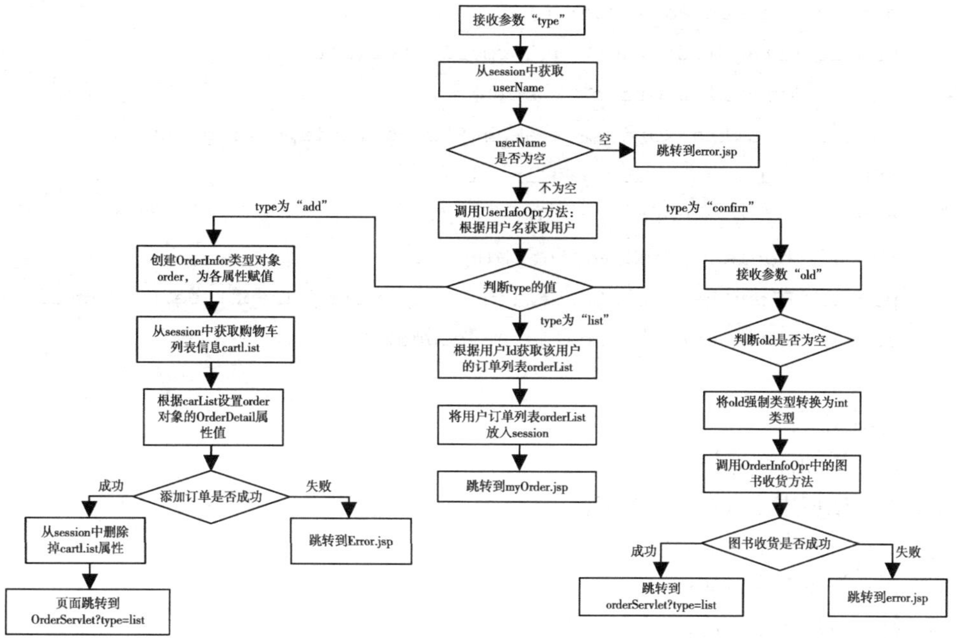

图 8-2-5 OrderServlet 中订单添加分支详细流程

创建实体类 Order.java、OrderDetail.java，如图 8-2-6 所示。

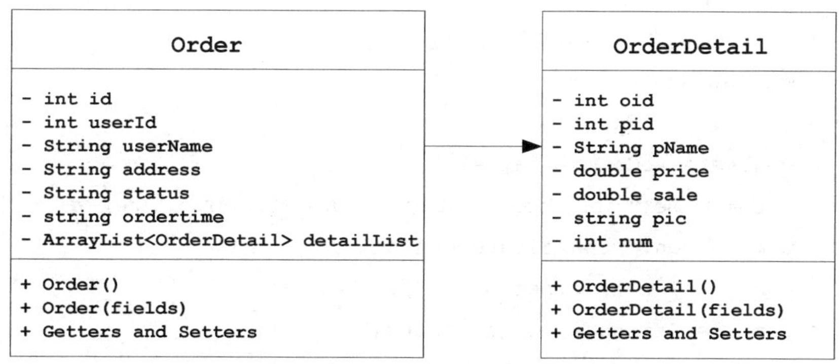

图 8-2-6 Order.java、OrderDetail.java 类图

虽然订单表中并不包含用户名称（userName）、用户地址（address）和订单明细列表（detailList），为了显示表示方便，将这些用于显示的字段添加到 Order 类中，OrderDetail 的设计也是出于这方面原因。其中 Order 类中的 detaiList 属性表明了 order_info 与 order_detail 表之间一对多的关系。

Order.java、OrderDetail.java 代码省略。

步骤二： 定义订单数据访问的相关方法的接口 OrderDao。

```
1.  public interface OrderDao {
2.      public boolean add(Order o);
3.      public ArrayList<Order> getOrderByUser(int uid);
4.      public ArrayList<Order> list();
5.      public ArrayList<Order> search(String field,String key);
6.      public Order getOrderById(int id);
7.      public boolean send(int id);
8.      public  boolean receive(int id);
9.      public JFreeChart statOrder(int top,String graphType,String field);
10.     public List<Rank> rankcall(int count);
11. }
```

程序说明如下：

第 2 行：添加订单方法；

第 3 行：根据用户查看订单方法；

第 4 行：订单全部列表方法；

第 5 行：订单查询方法；

第 6 行：订单明细方法；

第 7 行：订单发货方法；

第 8 行：订单收货方法；

第 9 行：订单图形统计方法；

第 10 行：查看订单排行方法。

步骤三： 实现数据访问类 OrderDaoImpl 中的订单添加方法。

输入参数为：Order 类型；

输出参数为：boolean 型，表示添加成功或失败。

```
public boolean add(Order o) {
    try {
        con.setAutoCommit(false);
        sql = "insert into order_info(userId,status,ordertime) values(?,?,?)";
        psmt = con.prepareStatement(sql);
        psmt.setInt(1, o.getUserId());
        psmt.setString(2, o.getStatus());
        psmt.setString(3, o.getOrdertime());
        row = psmt.executeUpdate();
        if(row>0){
            sql = "select top 1 id from order_info order by id desc";
            PreparedStatement psmt1 = con.prepareStatement(sql);
            ResultSet rs = psmt1.executeQuery();
            if(rs.next()){
```

```
15.                 o.setId(rs.getInt("id"));
16.             }
17.             sql = "insert into order_detail(o_id,p_id,num) values(?,?,?)";
18.             PreparedStatement psmt2 = con.prepareStatement(sql);
19.             psmt2.setInt(1, o.getId());
20.             for(OrderDetail od : o.getDetailList()){
21.                 psmt2.setInt(2, od.getPid());
22.                 psmt2.setInt(3, od.getNum());
23.                 row = psmt2.executeUpdate();
24.                 if(row<=0){//如果失败
25.                     con.rollback();
26.                     break;
27.                 }
28.             }
29.         }
30.         if(row>0)con.commit();
31.     } catch (SQLException e) {
32.         e.printStackTrace();
33.         try {
34.             con.rollback();
35.         } catch (SQLException e1) {
36.             e1.printStackTrace();
37.         }
38.     }finally{
39.         try {
40.             con.setAutoCommit(true);
41.         } catch (SQLException e) {
42.             e.printStackTrace();
43.         }
44.     }
45.     return row>0?true:false;
46. }
```

程序说明如下：

第 3 行：设置自动提交为 false，改为手动提交，这一步非常关键；

第 4～9 行：向 order_info 添加一条记录；

第 10～16 行：如果订单添加成功，则取出刚刚添加的订单的 id；

第 17～29 行：向 order_detail 添加 N 条记录；

第 30 行：如果以上三步全部执行成功，则提交事务，否则不提交；

第 31～38 行：如果在执行期间有异常，则事务回滚；

第 39～44 行：程序执行最后将自动提交设置为 true，不影响其他操作正常执行；

第 45 行：返回执行结果。

步骤四：实现 OrderAdminServlet 中的订单添加分支处理。

```
1.  if(flag.equals("add")){
2.      User user = (User)session.getAttribute("user");
3.      ArrayList<Cart> cartList = (ArrayList<Cart>)session.getAttribute("cartList");
4.      Order order = new Order();
5.      Date date = new Date();
6.      SimpleDateFormat sdf = new SimpleDateFormat("yyyy-MM-dd HH:mm:ss");
7.      order.setOrdertime(sdf.format(date));
8.      order.setStatus("已确认");
9.      order.setUserId(user.getId());
10.     double sum = 0.0;
11.     for(Cart c : cartList){
12.         OrderDetail od = new OrderDetail();
13.         od.setPid(c.getId());
14.         od.setNum(c.getNum());
15.         order.getDetailList().add(od);
16.         sum += c.getPrice() * c.getNum();
17.     }
18.     if(odi.add(order)){
19.         //如果订单添加成功，修改积分
20.         udi.updateScore(user.getId(), (int)(sum/100));
21.     }else{
22.         result = false;
23.         out.print("<h1>订单添加失败！</h1>");
24.     }
25. }
```

程序说明如下：

第 2 ~ 17 行：从 session 中获取登录用户信息和购物车信息，将其封装成为订单对象；

第 18 行：调用 OrderDaoImpl 类中的订单添加方法，如果成功，则更新用户积分，否则在网页打印输出“订单添加失败”。

1. 什么是事务处理

事务处理就是当执行多个 SQL 指令时，如果因为某个原因使其中一条指令执行有错误，则取消先前执行过的所有指令。它的作用是保证各项操作的一致性和完整性。

事务必须服从 ISO/IEC 所制定的 ACID 原则。ACID 是原子性（atomicity）、一致性（consistency）、隔离性（isolation）和持久性（durability）的缩写。

- ✓ 原子性（Atomicity）：事务是一个完整的操作。事务的各步操作是不可分的（原子的）；要么都执行，要么都不执行；

- ✓ 一致性（Consistency）：当事务完成时，数据必须处于一致状态；
- ✓ 隔离性（Isolation）：对数据进行修改的所有并发事务是彼此隔离的，这表明事务必须是独立的，它不应以任何方式依赖于或影响其他事务；
- ✓ 永久性（Durability）：事务完成后，它对数据库的修改被永久保持，事务日志能够保持事务的永久性。

事务的原子性表示事务执行过程中的任何失败都将导致事务所做的任何修改失效。一致性表示当事务执行失败时，所有被该事务影响的数据都应该恢复到事务执行前的状态。隔离性表示并发事务是彼此隔离。持久性表示当系统或介质发生故障时，确保已提交事务的更新不能丢失。持久性通过数据库备份和恢复来保证。

2．JDBC 中的事务控制

JDBC API 中的 JDBC 事务是通过 Connection 对象进行控制的。Connection 对象提供了两种事务模式：自动提交模式和手工提交模式。系统默认为自动提交模式，即对数据库进行操作的每一条记录，都被看作是一项事务。操作成功后，系统会自动提交，否则自动取消事务。如果想对多个 SQL 进行统一的事务处理，就必须先取消自动提交模式，通过使用 Connection 的 setAutoCommit(false) 方法来取消自动提交事务。Connection 类中还提供了如下其他控制事务的方法：

（1）public boolean getAutoCommit()：判断当前事务模式是否为自动提交，如果是则返回 ture，否则返回 false；

（2）public void commit()：提交事务；

（3）public void rollback()：回滚事务。

注意：

Java 中使用 JDBC 事务处理，一个 JDBC 不能跨越多个数据库而且需要判断当前使用的数据库是否支持事务。这时可以使用 DatabaseMedaData 的 supportTranslations() 方法检查数据库是否支持事务处理，若返回 true 则说明支持事务处理，否则返回 false 。如使用 MySQL 的事务功能，就要求 MySQL 里的表的类型为 Innodb 才支持事务控制处理，否则，在 Java 程序中做了 commit 或 rollback ，但数据库中是不生效的。

3．JDBC 事务处理

（1）提交和回滚

在 JDBC 的数据库操作中，一项事务是由一条或是多条表达式所组成的一个不可分割的工作单元。通过提交 commit()或是回滚 rollback()来结束事务的操作。关于事务操作的方法都位于接口 java.sql.Connection 中。

首先，在 JDBC 中事务操作默认是自动提交。也就是说，一条对数据库的更新表达式代表一项事务操作。操作成功后，系统将自动调用 commit()来提交，否则将调用 rollback()来回滚。

其次，在 JDBC 中可以通过调用 setAutoCommit(false)来禁止自动提交。之后就可以把多个数据库操作的表达式作为一个事务，在操作完成后调用 commit()来进行整体提交。倘若其中一个表达式操作失败，都不会执行到 commit()，并且将产生响应的异常。此时就可以在异常捕获时调用 rollback()进行回滚。这样做可以保持多次更新操作后，相关数据的一致性。

（2）JDBC API 支持的事务隔离级别

- ✓ static int TRANSACTION_NONE = 0;说明不支持事务；
- ✓ static int TRANSACTION_READ_UNCOMMITTED = 1;说明一个事务在提交前其变化对于其他事务来说是可见的。这样脏读、不可重复的读和虚读都是允许的；

- ✓ static int TRANSACTION_READ_COMMITTED = 2;说明读取未提交的数据是不允许的。这个级别仍然允许不可重复的读和虚读产生；
- ✓ static int TRANSACTION_REPEATABLE_READ = 4;说明事务保证能够再次读取相同的数据而不会失败，但虚读仍然会出现；
- ✓ static int TRANSACTION_SERIALIZABLE = 8;是最高的事务级别，它防止脏读、不可重复的读和虚读。

在默认情况下，JDBC 驱动程序运行在“自动提交”模式下，即发送到数据库的所有命令运行在它们自己的事务中。这样做虽然方便，但付出的代价是程序运行时的开销比较大。可以利用批处理操作减小这种开销，因为在一次批处理操作中可以执行多个数据库更新操作。但批处理操作要求事务不能处于自动提交模式下。为此，首先要禁用自动提交模式。

（3）JDBC 事务处理流程

- ✓ 判断当前使用的 JDBC 驱动程序和数据库是否支持事务处理；
- ✓ 在支持事务处理的前提下，取消系统自动提交模式；
- ✓ 添加需要进行的事务信息；
- ✓ 将事务处理提交到数据库；
- ✓ 在处理事务时，若某条信息发生错误，则执行事务回滚操作，回滚到事务提交前的状态。

1．元数据简介

元数据（Metadata），又称中介数据、中继数据，为描述数据的数据（data about data），主要是描述数据属性（property）的信息，可以说是一种标准，是为支持互通性的数据描述，所取得一致的准则，用来支持如指示存储位置、历史数据、资源查找、文件记录等功能。元数据算是一种电子式目录，为了达到编制目录的目的，必须在描述并收藏数据的内容或特色，进而达成协助数据检索的目的。

元数据分类包括：

数据库的元数据：如数据库的名称、版本等信息；

查询结果的元数据：结果集字段数量、类型、名称等信息；

参数的元数据：PreparedStatement 对象的 sql 语句中参数的个数等信息。

2．元数据接口使用详解

（1）DatabaseMetaData

DatabaseMetaData 接口主要用来获得数据库信息，如数据库中所有表哥的列表、系统函数、关键字、数据产品名和数据库支持的 JDBC 驱动器名。DatabaseMetaData 类的实力对象是通过 Connection 接口的 getMetaData 方法创建的。DataBaseMetaData 接口的常用方法见表 8-2-1。

表 8-2-1　DataBaseMetaData 接口的常用方法

返回值类型	方法	说明
Connection	getConnection()	检索生成此元数据对象的连接
String	getDriverName()	获取 JDBC 驱动程序的名称

续表

返回值类型	方法	说明
String	getDriverVersion()	获取 JDBC 驱动程序的版本
String	getIdentifierQuoteString()	获取用来将 SQL 标识引起的字符串，如果不支持将标识加引号，则返回空格“ ”
ResultSet	getImportedKeys(String catalog, String schema, Stringtable)	获取由表的外键列引用的主键列的描述（由表导入的主键）
int	getMaxBinaryLiteralLength()	获取直接插入的二进制文字内可以具有的最大十六进制字符
int	getMaxCharLiteralLength()	获取字符文字的最大长度
int	getMaxColumnNameLength()	获取列名长度的限制
int	getMaxConnections()	获取每次与数据库的最大连接数
int	getMaxStatementLength()	获取 SQL 语句的最大长度
int	getMaxStatements()	获取每次可以对此数据库打开最大的活动的语句
int	getMaxTableNameLength()	获取表名的最大长度
int	getMaxTablesInSelect()	获取 SELECT 语句中最大表数
int	getMaxUserNameLength()	获取用户名的最大长度
ResultSet	getPrimaryKeys(String catalog, String schema, Stringtable)	获取表的主键列的描述
String	getURL()	获取数据库的 URL
String	getUserName()	获取数据库所知的用户名
boolean	supportsColumnAliasing()	是否支持列别名判别
boolean	supportsFullOuterJoins()	是否支持全嵌套外连接吗
boolean	supportsOuterJoins()	是否支持某种形式的外连接
boolean	supportsPositionedDelete()	是否支持定位 DELETE
boolean	supportsPositionedUpdate()	是否支持定位 UPDATE

DataBaseMetaData 使用实例 DBMetaDataTest.java 代码如下：

```
public class DBMetaDataTest {
    private static Connection con = null;
    public static void main(String[] args) {
        ConnectionManager cm = new ConnectionManager();
        con = cm.getConnection();
        try{
        DatabaseMetaData dbmd = con.getMetaData();
        System.out.println(dbmd.getURL());
        System.out.println(dbmd.getDriverName());
        System.out.println(dbmd.getDriverVersion());
        System.out.println(dbmd.getDatabaseProductName());
```

```
12.         System.out.println(dbmd.getDatabaseProductVersion());
13.         }catch(SQLException e) {
14.             e.printStackTrace();
15.         }
16.     }
17. }
```

运行结果如图 8-2-7 所示。

```
Problems  Search  Console  Servers
<terminated> DBMetaDataTest [Java Application] C:\Program Files\Java\jdk1.7.0
jdbc:jtds:sqlserver://localhost:1433;DatabaseName=digital
jTDS Type 4 JDBC Driver for MS SQL Server and Sybase
1.2.2
Microsoft SQL Server
10.50.1600
```

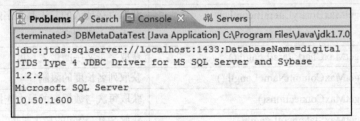

图 8-2-7　DBMetaDataTest 运行效果图

程序说明如下：

第 4～5 行：建立数据库连接；

第 7 行：输出数据库的 URL；

第 8 行：输出驱动名称；

第 9 行：输出驱动版本（本书所采用的数据库驱动为 jtds1.2.2）；

第 11 行：输出数据库产品名称；

第 12 行：输出数据库产品版本号。

（2）ResultMetaData

ResultSetMetaData 接口用来获取数据库表结构，通过该类的方法，可以获取关于 ResultSet 对象中列的类型和属性信息。ResultSetMetaData 接口的常用方法见表 8-2-2。

表 8-2-2　ResultSetMetaData 接口常用方法

返回值类型	方法	说明
int	getColumnCount()	获取 ResultSet 对象中的列数
String	getColumnName(int column)	获取指定列的名称
int	getColumnType(int column)	获取指定列的 SQL 类型
String	getTableName(int column)	获取指定列的名称
boolean	isAutoIncrement(int column)	指示是否自动为指定列进行编号
boolean	isNullable(int column)	指示指定列中的值是否可以为 null
boolean	isSearchable(int column)	指示是否可以在 where 子句中使用指定的列
boolean	isReadOnly(int column)	指示指定的列是否明确不可写入

ResultSetMetaData 使用实例 RSMetaDataTest.java 代码如下：

```
public class RSMetaDataTest {
    private static Connection con = null;
    private static PreparedStatement ps = null;
```

```
4.      public static void main(String[] args) {
5.          try {
6.                  ConnectionManager cm = new ConnectionManager();
7.                  con = cm.getConnection();
8.                  String sql = "select * from user_info where id = ?";
9.                  ps = con.prepareStatement(sql);
10.                 ResultSetMetaData rs = ps.getMetaData();
11.                 int count = rs.getColumnCount();
12.                 for(int i=1;i<count;i++){
13.                     System.out.println(rs.getColumnClassName(i));
14.                     System.out.println(rs.getColumnName(i));
15.                     System.out.println(rs.getColumnType(i));
16.                     System.out.println(rs.getColumnTypeName(i));
17.                     System.out.println("----------------------");
18.                 }
19.             } catch (SQLException e) {
20.             e.printStackTrace();
21.             }
22.     }
23. }
```

运行结果如图 8-2-8 所示。

```
Problems  Search  Console  Servers
<terminated> RSMetaDataTest [Java Application] C:\Program Files\Java
java.lang.Integer
id
4
int identity
----------------------
java.lang.String
userName
12
varchar
----------------------
java.lang.String
password
12
varchar
----------------------
```

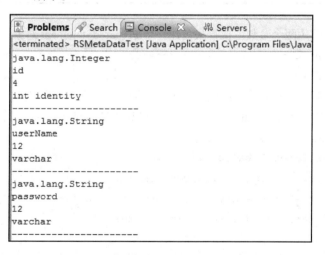

图 8-2-8　RSMetaDataTest 运行效果图

程序说明如下：

第 6～7 行：建立数据库连接；

第 8～10 行：通过 PreparedStatement 创建 ResultSetMetaData 对象；

第 11 行：获取数据表 user_info 列的个数；

第 12～18 行：循环所有列输出相应信息；

第 13 行：输出列构造其实例的 Java 类的类型（类的完全限定名称）；

第 14 行：输出列的名称；

第 15 行：输出列获取指定列的 SQL 类型，如 int 类型返回 4，varchar 类型返回 12 等；

第 16 行：输出列的数据库特定的类型名称。

（3）ParameterMetaData

可以使用 ParameterMetaData 对象来获取与 PreparedStatement 对象或者 CallableStatement 对象有关的信息。这些参数由“?”占位符表示，“?”占位符是提供给 Connection 方法 prepareStatement 和 prepareCall 的 SQL 语句。ParameterMetaData 接口常用方法见表 8-2-3。

表 8-2-3 ParameterMetaData 接口常用方法

返回值类型	方法	说明
String	getParameterClassName(int param)	获取 Java 类的完全限定名称，该类的实例应该传递给 PreparedStatement.setObject 方法
int	getParameterCount()	获取 PreparedStatement 对象中的参数的数量，此 ParameterMetaData 对象包含了该对象的信息
int	getParameterMode(int param)	获取指定参数的模式
int	getParameterType(int param)	获取指定参数的 SQL 类型
String	getParameterTypeName(int param)	获取指定参数的特定于数据库的类型名称
int	getPrecision(int param)	获取指定参数的指定列大小
int	getScale(int param)	获取指定参数的小数点右边的位数
int	isNullable(int param)	获取是否允许在指定参数中使用 null 值
boolean	isSigned(int param)	获取指定参数的值是否可以是带符号的数字

下面的代码行使用两个参数占位符来创建一个 PreparedStatement 对象。

```
PreparedStatement pstmt=con.prepareStatement(“select id from user_info where name=? and address>?”);
```

这些参数根据其序号来编号，因此第一个参数编号 1，第二个参数编号 2，依此类推。在上面的代码行中，参数 1 是列 name 中的一个值，参数 2 是 address 中的一个值。下面的代码段用于找出 PreparedStatement psmt 有多少个参数。

```
public class PMMetaDataTest {
    private static Connection con = null;
    private static PreparedStatement psmt = null;
    public static void main(String[] args) {
        try {
            ConnectionManager cm = new ConnectionManager();
            con = cm.getConnection();
            String sql = "select * from user_info where name = ? and address=?";
            psmt = con.prepareStatement(sql);
            ParameterMetaData pm = psmt.getParameterMetaData();
            System.out.println(pm.getParameterCount());
        } catch (SQLException e) {
            e.printStackTrace();
```

```
14.         }
15.     }
16. }
```

程序说明如下：

第 6～9 行：建立数据库连接，创建 PrepareStatement 对象 psmt；

第 10 行：通过 psmt 对象创建 ParameterMetaData 对象 pm；

第 11 行：输出 psmt 对象中参数的个数。

订单发货功能是当用户下订单后，由卖家向买家发货，需要修改订单状态从“已确认”→“已发货”，订单状态如图 8-2-9 所示，与此同时，需要修改商品表中订单包含商品的商品数量，更新订单表与更新商品表这两个操作一起实现订单发货功能，要么全部成功，要么全部不成功，需要通过 JDBC 事务处理，请编程实现。

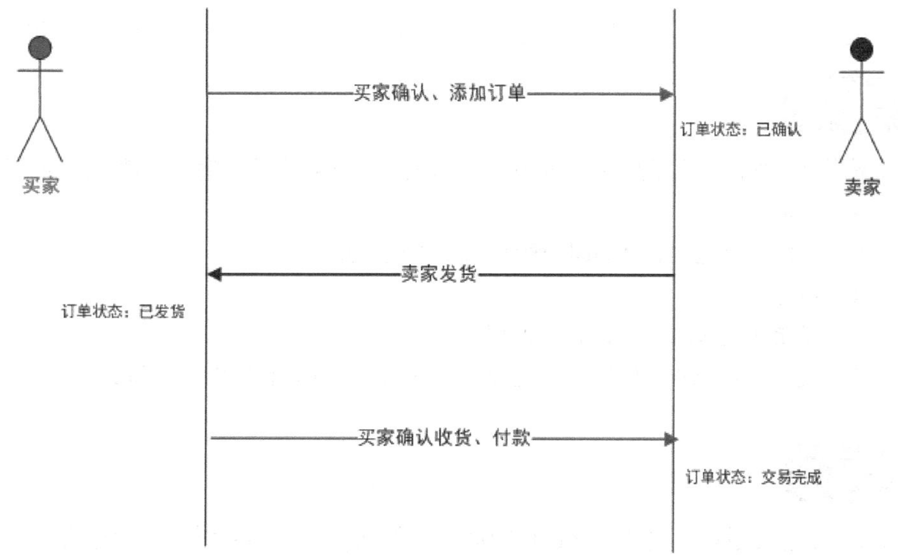

图 8-2-9　订单状态图

开发提示：

在这个功能的实现过程中，同样需要按照 MVC 开发模式依次实现。

- ✓ 视图层（admin/list_order.jsp），单击“发货”超链接，将操作类型和订单 id 传递给 OrderAdminServlet；
- ✓ 控制层（OrderAdminServlet），接收参数，调用 OrderDaoImpl 中的订单发货方法 send(int id)；
- ✓ 数据访问层（OrderDaoImpl），根据订单 id 修改订单表状态字段，根据 id 查询订单明细表中对应的商品 id，再根据商品 id 和购买数量到商品表中修改商品数量。

任务 8.3　调用存储过程统计商品销售情况

任务描述

在订单列表页，单击“排名”超链接，显示商品的销量、销售额排名信息，如图 8-3-1 所示。

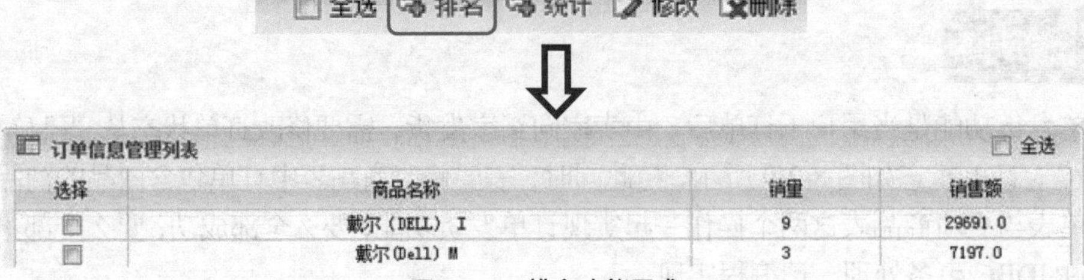

图 8-3-1　排名功能需求

任务目标

通过调用存储过程（而不是 SQL 语句）的方式，实现对商品销售量和销售额的统计。

- 知识目标
  - ✓ 了解存储过程， CallableStatement 类的常用方法。
- 技能目标
  - ✓ 能够创建 SQLServer 存储过程；
  - ✓ 能够通过 JDBC 调用存储过程实现商品销量和销售额的排名统计。

任务分析

首先要创建存储过程，这个存储过程的输入参数为统计前几名销售情况 N，输出参数应为商品 ID、商品名称、商品销量和销售额四个字段内容。

其次，在 JDBC 中，调用存储过程需要用到的关键类为 CallableStatement，需要掌握该类的常用方法。

实现过程

步骤一： 创建存储过程。

```
create procedure sp_sale
@count int
as
begin
select top (@count) p.id as id, p.name as name, sum(od.num) as total ,sum(od.num)*price
```

```
as money
from order_detail od, product_info p
where p.id=od.p_id
group by p.id,p.name,p.price order by total desc
end
```

步骤二： 创建统计实体类 Rank。

Rank 类结构如图 8-3-2 所示。

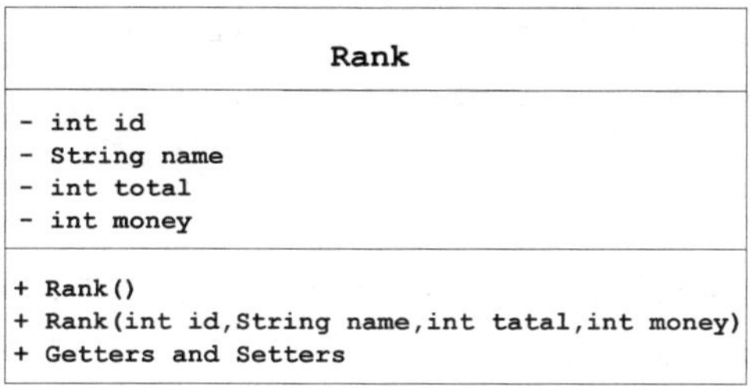

Rank
- int id - String name - int total - int money
+ Rank() + Rank(int id,String name,int tatal,int money) + Getters and Setters

图 8-3-2　Rank 类结构

Rank 实体类代码此处略。

步骤三： 在 OrderDaoImpl 类中实现调用存储过程统计销售情况的方法。

```
1.  public List<Rank> rankcall(int count){
2.      List<Rank> rankList = new ArrayList<Rank>();
3.      try {
4.          CallableStatement csmt = con.prepareCall("{call sp_sale(?)}");
5.          csmt.setInt(1, count);
6.          rs = csmt.executeQuery();
7.          while(rs.next()){
8.              Rank rank = new Rank();
9.              rank.setId(rs.getInt("id"));
10.             rank.setName(rs.getString("name"));
11.             rank.setMoney(rs.getDouble("money"));
12.             rank.setTotal(rs.getInt("total"));
13.             rankList.add(rank);
14.         }
15.     } catch (SQLException e) {
16.         e.printStackTrace();
17.     }
18.     return rankList;
19. }
```

程序说明如下：

第 4 行：通过 Connection 对象 con 创建 CallableStatement 对象；

第 5 行：为输入参数赋值；

第 6 行：调用 CallableStatement 对象的 executeQuery 方法执行存储过程，并返回查询结果；
第 7～14 行：将返回结果封装为 List<Rank>对象；
第 18 行：返回 List<Rank>对象。

步骤四： 在 OrderAdminServlet 实现统计分支。

```
1.  if(oprType.equals("rank")){
2.      int count = Integer.parseInt(request.getParameter("count"));
3.      List<Rank> rankList = odi.rankcall(count);
4.      session.setAttribute("rankList", rankList);
5.      nextPage = "admin/list_rank.jsp";
6.  }
```

程序说明如下：
第 3 行：调用 OrderDaoImpl 类的 rankcall 方法，返回排名列表；
第 5 行：将排名列表放入 session；
第 6 行：设置跳转页为“admin/list_rank.jsp”，将在该页面显示排名结果。

步骤五： 在 list_rank.jsp 页面显示排名结果。

```
<%
ArrayList<Rank> rankList = (ArrayList<Rank>)session.getAttribute("rankList");
for(int i=0;i<rankList.size();i++){
Rank r = rankList.get(i);
%>
  <tr>
    <td hedight="18" bgcolor="#FFFFFF">
      <div align="center" class="STYLE1">
        <input name="checkbox" type="checkbox" class="STYLE2" value="checkbox" />
        </div>
     </td>
     <td height="18" bgcolor="#FFFFFF">
      <div align="center" class="STYLE2 STYLE1">
        <%=r.getName().length()>10?r.getName().substring(0,10):r.getName()%>
      </div>
     </td>
    <td height="18" bgcolor="#FFFFFF">
      <div align="center" class="STYLE2 STYLE1"><%=r.getTotal() %></div>
    </td>
    <td height="18" bgcolor="#FFFFFF">
     <div align="center" class="STYLE2 STYLE1"><%=r.getMoney() %></div>
    </td>
   </tr>
```

```
24.   <%}
25.    }%>
```

程序说明如下：

第 2 行：从 session 中取出在 OrderAdminServlet 存入的排名列表 rankList；

第 3～24 行：循环显示输出排名结果。

1．存储过程

存储过程——将常用的或很复杂的工作，预先用 SQL 语句写好并用一个指定的名称存储起来，那么以后要叫数据库提供与已定义好的存储过程的功能相同的服务时，只需调用 execute 即可自动完成命令。

（1）存储过程的优点

① 存储过程只在创造时进行编译，以后每次执行存储过程都不需再重新编译，而一般 SQL 语句每执行一次就编译一次，所以使用存储过程可提高数据库执行速度。

② 当对数据库进行复杂操作时（如对多个表进行 Update、Insert、Query、Delete 时），可将此复杂操作用存储过程封装起来与数据库提供的事务处理结合一起使用。

③ 存储过程可以重复使用，可减少数据库开发人员的工作量。

④ 安全性高，可设定只有某用户才具有对指定存储过程的使用权。

（2）存储过程的种类

① 系统存储过程：以 sp_开头，用来进行系统的各项设定、取得信息、相关管理工作，如 sp_help 就是取得指定对象的相关信息。

② 扩展存储过程: 以 XP_开头，用来调用操作系统提供的功能，如:

exec master..xp_cmdshell 'ping 10.8.16.1'

③ 用户自定义的存储过程，这是我们所指的存储过程。

（3）常用格式

```
Create PRocedure procedue_name
[@parameter data_type][output]
[with]{recompile|encryption}
as
  sql_statement
end
```

格式说明:

output：表示此参数是可传回的；

with {recompile|encryption}；

recompile：表示每次执行此存储过程时都重新编译一次；

encryption：所创建的存储过程的内容会被加密。

2．CallableStatement 简介

CallableStatement 对象为所有的 DBMS 提供了一种以标准形式调用存储过程的方法。对存储过程的调用是 CallableStatement 对象所含的内容。这种调用是用一种换码语法来写的，有两种形式：一种形式带结果参数，另一种形式不带结果参数。结果参数是 一种输出 （OUT）参

数，是已储存过程的返回值。两种形式都可带有数量可变的输入（IN 参数）、输出（OUT 参数）或输入和输出（INOUT 参数）的参数。问号将用作参数的占位符。

在 JDBC 中调用储存过程的语法如下所示。注意，方括号表示其间的内容是可选项；方括号本身并不是语法的组成部分。

{call 过程名[(?, ?, ...)]}

返回结果参数的过程的语法为：

{? = call 过程名[(?, ?, ...)]}

不带参数的已储存过程的语法类似：

{call 过程名}

通常，创建 CallableStatement 对象的人应当知道所用的 DBMS 是支持存储过程的，并且知道这些过程都是些什么。然而，如果需要检查，多种 DatabaseMetaData 方法都可以提供这样的信息。例如，如果 DBMS 支持存储过程的调用，则 supportsStoredProcedures 方法将返回 true，而 getProcedures 方法将返回对已储存过程的描述。CallableStatement 继承 Statement 的方法（它们用于处理一般的 SQL 语句），还继承了 PreparedStatement 的方法（它们用于处理 IN 参）。CallableStatement 中定义的所有方法都用于处理 OUT 参数或 INOUT 参数的输出部分：注册 OUT 参数的 JDBC 类型（一般 SQL 类型）、从这些参数中检索结果，或者检查所返回的值是否为 JDBC NULL。

3．Java 中 CallableStatement 的使用

（1）创建 CallableStatement 对象

CallableStatement 对象是用 Connection 方法 prepareCall 创建的。下例创建 CallableStatement 的实例，其中含有对已储存过程 getTestData 调用。该过程有两个变量，但不含结果参数：

```
CallableStatement cstmt = con.prepareCall("{call getTestData(?, ?)}");
```

其中？占位符为 IN、OUT 还是 INOUT 参数，取决于已储存过程 getTestData。

（2）IN 和 OUT 参数

将 IN 参数传给 CallableStatement 对象是通过 set×××方法完成的。该方法继承自 PreparedStatement。所传入参数的类型决定了所用的 set×××方法（例如，用 setFloat 来传入 float 值等）。如果已储存过程返回 OUT 参数，则在执行 CallableStatement 对象以前必须先注册每个 OUT 参数的 JDBC 类型（这是必需的，因为某些 DBMS 要求 JDBC 类型）。注册 JDBC 类型是用 registerOutParameter 方法来完成的。语句执行完后，CallableStatement 的 get×××方法将取回参数值。正确的 get×××方法是为各参数所注册的 JDBC 类型所对应的 Java 类型。换言之，registerOutParameter 使用的是 JDBC 类型（因此它与数据库返回的 JDBC 类型匹配），而 get×××将之转换为 Java 类型。

思考如何通过调用存储过程的形式实现任务 7.2——订单添加，将订单添加的过程创建在存储过程中，通过调用存储过程实现订单添加，尝试变成实现。

开发提示：

存储过程名称：sp_addOrder

输入参数：订单详细信息（参数比较多，不一一列出）

输出参数：成功或失败

任务 8.4 JSTL+EL 表达式实现订单数据显示

通常企业级的 Java Web 开发要求在 JSP 页面上面尽量少用或者不用 Java 脚本，提高程序的可读性并且易于开发维护，同时降低服务器运行负担。使得页面设计人员和标签功能开发人员独立开发，进一步实现分层开发模式，提高开发效率。因此本任务的需求是在订单添加功能完成后，能够在页面上通过 JSTL 标签+EL 表达式显示订单信息列表。示例如图 8-4-1 所示。

订单信息管理列表　　全选　排名　统计　修改　删除

选择	编号	用户	地址	状态	查看详细	操作
□	1	tom	江苏省苏州市吴中区国际教育园	已确认	[查看详细]	[发货]
□	2	tom	江苏省苏州市吴中区国际教育园	已确认	[查看详细]	[发货]
□	3	tom	江苏省苏州市吴中区国际教育园	交易完成	[查看详细]	
□	4	tom	江苏省苏州市吴中区国际教育园	已确认	[查看详细]	[发货]
□	6	wen	江苏省苏州市吴中区国际教育园	已确认	[查看详细]	[发货]
□	5	tom	江苏省苏州市吴中区国际教育园	交易完成	[查看详细]	

图 8-4-1　订单列表效果

- 知识目标：
  - ✓ 熟悉 JSTL 标签语法，与常用标签；
  - ✓ 熟悉 EL 表达式语法。
- 技能目标：
  - ✓ 能够通过 JSTL 标签+ EL 表达式实现数据库数据的前台显示。

单击“订单管理”或者订单修改、删除、发货后都能够跳转到订单数据显示页面，将数据库中的订单信息显示出来，实现这一功能分别涉及几个文件：数据库访问类（OrderDaoImpl）、订单控制类（OrderAdminServlet）、视图页面（list_order.jsp），其中在订单显示的页面中将使用 JSTL+EL 表达式的方式显示输出，如图 8-4-2 所示。

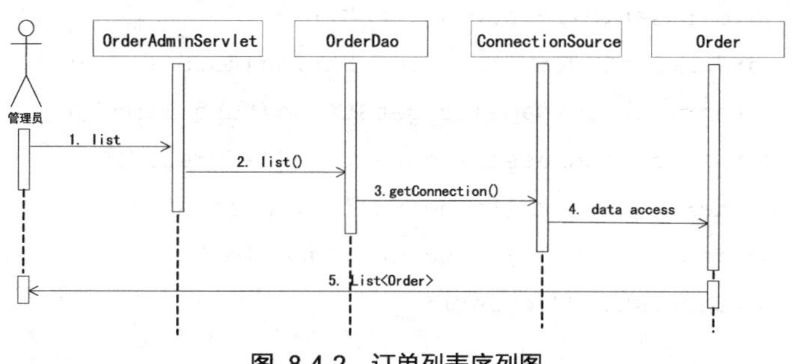

图 8-4-2　订单列表序列图

步骤一： 下载并安装 JSTL。

（1）下载网址：http://tomcat.apache.org/taglibs/standard/，下载 JSTL1.2.zip，如图 8-4-3 所示。

Standard Taglib

JSP(tm) Standard Tag Library implementations

Apache hosts the Apache Standard Taglib, an implementation of the JSP Standard Tag Library (JSTL) specification. Various versions are available.

Version	JSTL version	Requirements	Getting the Taglib
Standard 1.2.1	JSTL 1.2	Servlet 2.5, JavaServer Pages 2.1	download (javadoc)
Standard 1.1	JSTL 1.1	Servlet 2.4, JavaServer Pages 2.0	download
Standard 1.0	JSTL 1.0	Servlet 2.3, JavaServer Pages 1.2	download

图 8-4-3　JSTL 下载界面

（2）解压后，将 standard.jar 和 jstl.jar 复制到 WEB-INF/lib 文件夹下。

（3）在要用到 JSTL 的 JSP 页面加入如下语句：

<%@ taglib prefix="c" uri="http://java.sun.com/jsp/jstl/core" %>

步骤二： 数据访问层 OrderDaoImpl 中实现 list()方法。

将订单相关信息包括：订单 id、订单时间、用户 id、用户姓名、用户抵制、订单状态字段通过订单表 order_info 和用户表 user_info 联合查询得出。

```
public ArrayList<Order> list() {
    ArrayList<Order> orderList = new ArrayList<Order>();
    sql = "select o.id,o.ordertime,o.status,o.userId,u.userName,u.address
" +
        "from order_info o,user_Info u " +
        "where o.userId = u.id";
    try {
        psmt = con.prepareStatement(sql);
        ResultSet rs = psmt.executeQuery();
        while(rs.next()){
            Order order = new Order();
            order.setId(rs.getInt("id"));
            order.setOrdertime(rs.getString("ordertime"));
            order.setUserName(rs.getString("userName"));
            order.setAddress(rs.getString("address"));
            order.setStatus(rs.getString("status"));
            order.setUserId(rs.getInt("userId"));
            orderList.add(order);
        }
```

```
19.     } catch (SQLException e) {
20.         e.printStackTrace();
21.     }
22.     return orderList;
23. }
```

程序说明如下：

第 2～8 行：从 order_info 表和 user_info 表联合查询获得订单相关信息，存放在 ResultSet 类型 rs 中；

第 9～18 行：将数据结果集 rs 中的数据类型封装成 List<Order>类型的对象；

第 22 行：返回 orderList 对象。

步骤三： 控制层 OrderAdminServlet 中实现商品信息显示分支控制。

在 OrderAdminServlet 中调用 OrderDaoImpl 类的 list 方法，查询数据库中订单列表数据，并将结果共享在 session 对象中，页面跳转至 list_order.jsp 页面。

```
1.  if(oprType.equals("list")){//列表
2.      ArrayList<Order> orderList = odi.list();
3.      session.setAttribute("orderList", orderList);
4.      nextPage = "admin/list_order.jsp";
5.  }
```

程序说明如下：

第 2 行：调用 OrderDaoImpl 中的 list 方法，将 order_info 中的数据信息返回到 orderList 中；

第 3 行：将 orderList 存入 session 对象中；

第 4 行：设置页面跳转页为 admin/list_order.jsp。

步骤四： 在 list_order.jsp 中通过 JSTL 标签+EL 表达式实现数据显示。

普通的具有 java 脚本的 jsp 代码如下：

```
<%
String path = request.getContextPath();
ArrayList<Order> orderList = (ArrayList<Order>)session.getAttribute("orderList");
for(int i=0;i<orderList.size();i++){
    Order o = orderList.get(i);
%>
    <tr>
    <td height="15" bgcolor="#FFFFFF" class="STYLE2">
        <div align="center" class="STYLE2 STYLE1"><%=o.getId() %></div>
    </td>
    //省略用户名称、地址订单状态的显示 ......
    <td height="15" bgcolor="#FFFFFF">
        <div align="center"><img src="tab/images/037.gif" width="9" height="9" />
        <%if(o.getStatus().equals("已确认")){%>
        <span class="STYLE1"> [</span>
```

```
            <a href="<%=path%>/OrderAdminServlet?flag=send&id=<%=o.getId()%>">发货</a>
            <span class="STYLE1">]</span>
        <%}%>
        </div></td>
</tr>
<% }%>
```

通过 JSTL+EL 实现的数据显示代码如下：

```
<c:forEach items="${orderList}" var="order">
<tr>
<td height="15" bgcolor="#FFFFFF" class="STYLE2">
<div align="center" class="STYLE2 STYLE1">${order.id }</div>
</td>
    //省略用户名称、地址订单状态的显示 ......
<c:if test="${order.status eq '已确认' }">
    <span class="STYLE1"> [</span>
    <ahref="${pageContext.request.contextPath}/OrderAdminServlet?flag=send&id=${order.id }">
        发货
    </a>
<span class="STYLE1">]</span>
</c:if>
</div></td></tr>
</c:forEach>
```

程序对比说明见表 8-4-1。

表 8-4-1　JSTL+EL 与 Java 脚本实现 JSP 对比

功能	包含 Java 脚本的 JSP	JSTL+EL 实现的 JSP
获取工程根路径	<%String path = request.getContextPath();%>	${pageContext.request.contextPath}

获取 orderList 商品信息并循环	<%List<Order> orderList = (List<Order>)
	session.getAttribute("orderList");
	for(int i=0;i<orderList.size();i++){
	Order o = orderList.get(i);
	……
	}%>
		<c:forEach items="${orderList}" var="order">
		……
		</c:forEach>

显示输出变量	<%=o.getId()%>	${order.id }
条件表达式	<%if(o.getStatus().equals("已确认")){%> …… <%}%>	<c:if test="${order.status eq '已确认'}"> …… </c:if>

对比之下 JSTL+EL 表达式的程序编写方式使得程序更为简洁，并且提高了 JSP 的运行效率。

1．EL 表达式

（1）EL 表达式简介

EL（Expression Language，表达式语言），是为了便于存取数据而定义的一种语言，JSP 2.0 将 EL 表达式添加为一种脚本编制元素。它是基于可用的命名空间（PageContext 属性）、嵌套属性和对集合、操作符（算术型、关系型和逻辑型）的访问符、映射到 Java 类中静态方法的可扩展函数以及一组隐式对象。

以“${”起始，以“}”终止，通过 JSP 页面的 page 指令来声明是否可以支持 EL 表达式的使用。如：

<%@ page language="java" import="java.util.* " pageEncoding="UTF-8" isELIgnored="false"%>

其中 isELIgnored 属性默认为 true，即支持 EL 表达式，如果设置为 false，则忽略${}符号。

（2）基本语法

① 语法结构： ${expression}

② [ ]与“.”运算符

EL 提供“. ”和“[ ]”两种运算符来存取数据。

当要存取的属性名称中包含一些特殊字符，如.或?等并非字母或数字的符号，就一定要使用“[ ]”。例如：

${user.My-Name}应当改为${user["My-Name"] }

如果要动态取值，就可以用“[ ]”来做，而“.”无法做到动态取值。例如：

${sessionScope.user[data]}中 data 是一个变量

③ 变量

EL 存取变量数据的方法很简单，例如：${username}。它的意思是取出某一范围中名称为 username 的变量。因为我们并没有指定哪一个范围的 username，所以它会依序从 Page、Request、Session、Application 范围查找，EL 表达式中的范围对照如表 8-4-2 所示。假如途中找到 username，就直接回传，不再继续找下去，但是假如全部的范围都没有找到时，就回传 NULL，当然 EL 表达式还会做出优化，页面上显示空白，而不是打印输出 NULL。EL 表达式中范围对照见表 8-4-2。

表 8-4-2 EL 表达式中范围对照

属性范围（JSP 中的名称）	EL 表达式中的名称
Page	PageScope
Request	RequestScope
Session	SessionScope
Application	ApplicationScope

其中，pageScope、requestScope、sessionScope 和 applicationScope 都是 EL 的隐含对象，由它们的名称可以很容易猜出它们所代表的意思，例如：${sessionScope.username}是取出

Session 范围的 username 变量。这种写法比之前 JSP 的写法：String username = (String) session.getAttribute("username")；容易、简洁许多。

如果限定了 username 变量的取值范围，则指从该范围内取值，如${requestScope.username}即从 Request 范围内取值，其他范围不再查找，举例说明如表 8-4-3 所示，在 EL 表达式中取出不同范围的变量。

表 8-4-3　EL 表达式不同范围取值

EL 取变量	说明
${pageScope.username}	从 Page 范围内取变量 username
${requestScope.username}	从 Request 范围内取变量 username
${sessionScope.username}	从 Session 范围内取变量 username
${applicationScope.username}	从 Application 范围内取变量 username

（3）EL 隐藏对象

JSP 有 9 个隐含对象，而 EL 也有自己的隐含对象。EL 隐含对象总共有 11 个，见表 8-4-4。

表 8-4-4　EL 隐含对象

隐含对象	类型	说明
PageContext	javax.servlet.ServletContext	表示此 JSP 的 PageContext
PageScope	java.util.Map	取得 Page 范围的属性名称所对应的值
RequestScope	java.util.Map	取得 Request 范围的属性名称所对应的值
sessionScope	java.util.Map	取得 Session 范围的属性名称所对应的值
applicationScope	java.util.Map	取得 Application 范围的属性名称所对应的值
param	java.util.Map	如同 ServletRequest.getParameter(String name)。回传 String 类型的值
paramValues	java.util.Map	如同 ServletRequest.getParameterValues(String name)。回传 String[]类型的值
header	java.util.Map	如同 ServletRequest.getHeader(String name)。回传 String 类型的值
headerValues	java.util.Map	如同 ServletRequest.getHeaders(String name)。回传 String[]类型的值
cookie	java.util.Map	如同 HttpServletRequest.getCookies()
initParam	java.util.Map	如同 ServletContext.getInitParameter(String name)。回传 String 类型的值

注意：用 EL 输出一个常量的时候，字符串要加双引号，否则 EL 会默认把这个常量当做一个变量来处理，这时如果这个变量在 4 个声明范围不存在的话会输出空，如果存在则输出该变量的值。

（4）EL 运算符

① EL 算术运算符

EL 算术运算符包括：+、−、*、/或 div、%或 mod，在此不再详述。

② EL 关系运算符（见表 8-4-5）。

表 8-4-5　EL 关系运算符

关系运算符	说明	范例	结果
== 或 eq	等于	${5==5}或${5eq5}	true
!= 或 ne	不等于	${5!=5}或${5ne5}	false
< 或 lt	小于	${3<5}或${3lt5}	true
> 或 gt	大于	${3>5}或{3gt5}	false
<= 或 le	小于等于	${3<=5}或${3le5}	true
>= 或 ge	大于等于	5}或${3ge5}	false

表达式语言不仅可在数字与数字之间比较，还可在字符与字符之间比较，字符串的比较是根据其对应 UNICODE 值来比较大小的。

注意：在使用 EL 关系运算符时，不能够写成：${param.password1} = = ${param.password2} 或者${ ${param.password1 } = = ${ param.password2 } }，而应写成${ param.password1 = = param.password2 }。

③ EL 逻辑运算符（见表 8-4-6）。

表 8-4-6　EL 逻辑运算符

逻辑运算符	范例	结果
&&或 and	交集${A && B}或${A and B}	true/false
||或 or	并集${A \|\| B}或${A or B}	true/false
!或 not	非${! A }或${not A}	true/false

④ Empty 运算符

Empty 运算符主要用来判断值是否为空（NULL、空字符串、空集合）。

⑤ 条件运算符

${ A ? B : C}

2．JSTL 标签库

（1）JSTL 简介

JSTL（JSP Standard Tag Library ，JSP 标准标签库)，是一个实现 Web 应用程序中常见的通用功能的定制标记库集，这些功能包括迭代和条件判断、数据管理格式化、XML 操作以及数据库访问。JSTL 由四个定制标记库（core、format、xml 和 sql）和一对通用标记库验证器（ScriptFreeTLV 和 PermittedTaglibsTLV）组成。 core 标记库提供了定制操作，通过限制了作用域的变量管理数据，以及执行页面内容的迭代和条件操作。它还提供了用来生成和操作 URL

的标记。顾名思义，format 标记库定义了用来格式化数据（尤其是数字和日期）的操作。它还支持使用本地化资源束进行 JSP 页面的国际化。xml 库包含一些标记，这些标记用来操作通过 XML 表示的数据，而 sql 库定义了用来查询关系数据库的操作。

在 JSP 页面中添加如下代码引入 JSTL 标签库：

```
<%@ taglib uri="http://java.sun.com/jsp/jstl/core" prefix="c" %>
```

程序说明如下。

引入 JSTL 核心标签库 core，以“c”为前缀。

（2）JSTL 核心标记库

JSTL 核心标签库（C 标签）标签共有 13 个，功能上分为 4 类：表达式控制标签、流程控制标签、循环控制标签以及 URL 操作标签。

① 表达式控制标签：out、set、remove、catch

✓ <c:out> 标签

主要用来显示数据的内容，语法说明如下：

语法 1：没有本体（body）内容

```
<c:out value="value" [escapeXml="{true|false}"] [default="defaultValue"] />
```

语法 2：有本体内容

```
<c:out value="value" [escapeXml="{true|false}"]>
default value
</c:out>
```

一般来说，<c:out>默认会将<、>、’、” 和 & 转换为 <、>、'、" 和 &。如果不需要转换，只需要设定<c:out>的 escapeXml 属性为 fasle 就可以了。

✓ <c:set>标签

主要用来将变量储存至 JSP 范围中或是 JavaBean 的属性中，语法说明如下：

语法 1：将 value 的值储存至范围为 scope 的 varName 变量之中

```
<c:set value="value" var="varName" [scope="{ page|request|session|application }"]/>
```

语法 2：将本体内容的数据储存至范围为 scope 的 varName 变量之中

```
<c:set var="varName" [scope="{ page|request|session|application }"]>
    本体内容
</c:set>
```

语法 3：将 value 的值储存至 target 对象的属性中

```
<c:set value="value" target="target" property="propertyName" />
```

语法 4：将本体内容的数据储存至 target 对象的属性中

```
<c:set target="target" property="propertyName">
   本体内容
</c:set>
```

✓ <c:remove>标签

主要用来移除变量，语法说明如下：

```
<c:remove var="varName" [scope="{ age|request|session|application }"] />
```

✓ <c:catch>标签

主要用来处理产生错误的异常状况，并且将错误信息储存起来，语法说明如下：

```
<c:catch [var="varName"] >
```

```
    欲抓取错误的部分
</c:catch>
```

② 流程控制标签：if、choose、when、otherwise

✓ <c:if> 标签

与一般程序中用的 if 一样，<c:if> 标签的语法说明 ：

语法 1：没有本体内容

```
<c:if test="testCondition" var="varName" [scope="{page|request|session|application}"]/>
```

语法 2：有本体内容

```
<c:if test="testCondition" [var="varName"] [scope="{page|request|session|
application}"]>
  本体内容
</c:if>
```

✓ <c:choose> <c:when> <c:otherwise>标签

相当于 if-else，例如：

```
<c:set var="score">85</c:set>
<c:choose>
<c:when test="${score>=90}">
您的成绩为优秀！
</c:when>
<c:when test="${score>=70&&score<90}">
您的成绩为良好！
</c:when>
<c:when test="${score>60&&score<70}">
您的成绩为及格
</c:when>
<c:otherwise>
对不起，您没有通过考试！
</c:otherwise>
</c:choose>
```

③ 循环标签：forEach、forTokens

✓ <c:forEach> 标签

循环控制，它可以将集合（Collection）中的成员循序浏览一遍，语法说明如下：

语法 1：迭代一集合对象之所有成员

```
<c:forEach [var="varName"] items="collection" [varStatus="varStatusName"]
[begin="begin"] [end="end"] [step="step"]>
  本体内容
</c:forEach>
```

语法 2：迭代指定的次数

```
<c:forEach [var="varName"] [varStatus="varStatusName"] begin="begin" end="end"
[step="step"]>
  本体内容
```

```
</c:forEach>
```

✓ <c:forTokens>标签

用来浏览一字符串中所有的成员，其成员是由定义符号（delimiters）所分隔的，语法说明如下：

```
<c:forTokens items="stringOfTokens" delims="delimiters" [var="varName"]
[varStatus="varStatusName"] [begin="begin"] [end="end"] [step="step"]>
    本体内容
</c:forTokens>
```

④ URL 操作标签：import、url、redirect

✓ <c:import> 标签

把其他静态或动态文件包含到 JSP 页面。与<jsp:include>的区别是后者只能包含同一个 Web 应用中的文件，前者可以包含其他 Web 应用中的文件，甚至是网络上的资源，语法说明如下：

语法 1：

```
<c:import url="url" [context="context"] [value="value"] [scope="..."]
[charEncoding="encoding"]></c:import>
```

语法 2：

```
<c:import url="url"  varReader="name" [context="context"][charEncoding="
encoding"]></c:import>
```

URL 路径有个绝对路径和相对路径。相对路径：<c:import url="a.txt"/>，a.txt 必须与当前文件放在同一个文件目录下。如果以“/”开头，表示存放在应用程序的根目录下，如 Tomcat 应用程序的根目录文件夹为 webapps。导入该文件夹下的 b.txt 的编写方式为：<c:import url="/b.txt">。如果要访问 webapps 管理文件夹中的其他 Web 应用，就要用 context 属性。例如访问 demoProj 下的 index.jsp，则代码为：<c:import url="/index.jsp" context="/demoProj"/>。

✓ <c:redirect>标签

用来实现请求的重定向。例如，对用户输入的用户名和密码进行验证，不成功则重定向到登录页面。或者实现 Web 应用不同模块之间的衔接，语法说明如下：

语法 1：不包含参数

```
<c:redirect url="url" [context="context"]/>
```

语法 2：包含传递参数

```
<c:redirect url="url" [context="context"]>
    <c:param name="name1" value="value1">
</c:redirect>
```

例如：

```
<c:redirect url="http://127.0.0.1:8080/digitalweb/LoginServlet">
    <c:param name="name">tom</c:param>
    <c:param name="password">123</c:param>
</c:redirect>
```

✓ <c:url> 标签

用于动态生成一个 String 类型的 URL，可以同上个标签共同使用，也可以使用 HTML 的<a>标签实验超链接。语法说明如下：

语法 1：

```
<c:url value="value" [var="name"] [scope="..."] [context="context"]>
    <c:param name="name1" value="value1">
</c:url>
```

语法 2：

```
<c:url value="value" [var="name"] [scope="..."] [context="context"]/>
```

例如，使用 url 标签生成一个动态的 url，并把值存入 session 中：

```
<c:url value="http://127.0.0.1:8080" var="url" scope="session" />
<a href="${url}">Tomcat首页</a>
```

- 将商品显示页面改为用 JSTL+EL 方式实现，如图 8-4-4 所示。

商品信息管理列表　□ 全选　新增　导入　删除

选择	序号	商品名称	商品类型	价格	促销	库存	编辑	删除
□	A10001	戴尔(Dell) M4040(Ins14VR-6206B) 14英寸笔记本电脑（双核E2-1800 2G 500G DVD刻 HD7450M 512M独显）黑色	电脑	2399.0	100.0	197	[编辑]	✕ [删除]
□	A10002	戴尔（DELL） Ins14zR-2318R 14英寸笔记本电脑（双核i3-3227U 2G 500G HD7570M 1G独显 蓝牙 Win8）红	电脑	3299.0	100.0	97	[编辑]	✕ [删除]
□	A10003	戴尔（DELL） Ins14TR-3528 14英寸笔记本电脑（双核i5-3210M 4G 500G GT640M 2G独显 USB3.0关机充电 Win7)	电脑	4399.0	100.0	99	[编辑]	✕ [删除]

图 8-4-4　商品显示页面

- 将订单详细信息页面用 JSTL+EL 方式实现，如图 8-4-5 所示。

订单明细

订单编号：2
用户名：tom
配送地址：江苏省苏州市吴中区
下订时间：2013-07-19 14:55:55.0
订单状态：交易完成

商品名称	图片	数量
戴尔（DELL） Ins14zR-2318R 14英寸笔记本电脑（双核i3-3227U 2G 500G HD7570M 1G独显 蓝牙 Win8）红		1

返 回

图 8-4-5　订单详细信息页面

任务 8.5　JSP 自定义标签实现数据分页显示

当数据信息量多时，所有信息在一页中显示将会使界面拥挤不便于操作，此时需要分页显示。本任务中通过自定义 JSP 分页标签，结合 JSTL 标签与 EL 表达式在页面中实现数据的分页显示，能够通过“上一页”“下一页”或者页码超链接进行数据的分页查看，如图 8-5-1 所示。

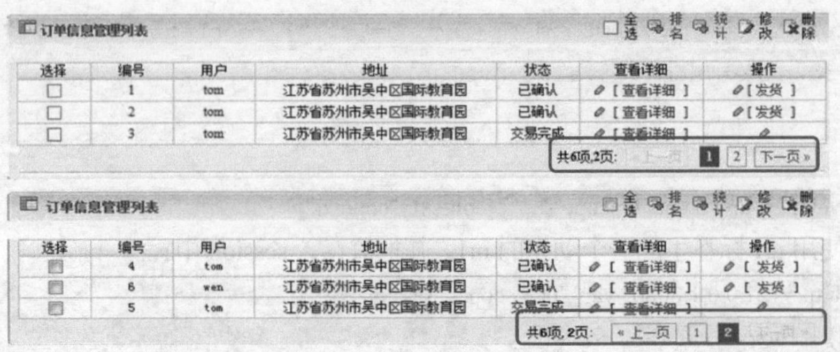

图 8-5-1　页面分页效果

- 知识目标：
  - ✓ 了解 JSP 自定义标签定义、配置过程；
  - ✓ 了解 JSP 自定义标签处理机制；
  - ✓ 熟悉 JSP 自定义标签的基本组成部分。
- 技能目标：
  - ✓ 能够部署、配置自定义 JSP 分页标签实现数据分页显示；
  - ✓ 能够定义并部署简单的 JSP 标签。

通过 JSTL+EL 已经大大减少了 JSP 页面的脚本代码，但在实际的 Java Web 开发中需要继续改进 JSP 页面，有些功能弹出依靠 JSTL 现有的标签无法实现，需要自定义 JSP 标签。数据分页是多个功能中都需要实现的效果，例如会员信息分页显示、订单信息分页显示、商品信息分页显示等，重复的代码以及复杂的逻辑关系使得页面开发相对比较复杂，因此需要将分页功能定义成为 JSP 标签，可以在多个页面方便的引用。

开发分页自定义标签的过程如下：

（1）创建标签处理类 PageTag.java；

（2）创建标签库描述符描述自定义标签（TLD 文件）pager.tld；

（3）封装分页的参数为 Page 对象；

（4）在请求的控制类（OrderAdminServlet）中编写逻辑代码；

（5）在 JSP 文件（list_order.jsp）中加入自定义标签并应用。

步骤一： 创建标签处理器类 PageTag.java。

标签处理器类是自定义标签的核心部分。实现标签类的方法有很多，但最简单的方法是编写一个从 javax.servlet.jsp.tagext.TagSupport 类继承的 Java 类，并在该类中覆盖 TagSupport 类的

doStartTag 方法。为了读取标签中的属性值，还需要在标签类中为每一个标签属性提供一个相应数据类型的标签类属性以及该属性的 setter 方法（不需要 getter 方法）。如果需要访问或修改开始标签和结束标签之间的标签体，则使用 BodyTagSupport 类（实现 BodyTagSupport 接口），允许访问标签体文本。代码如下：

```
public class PagerTag extends TagSupport {
    private static final long serialVersionUID = 1L;
    private String url;          //请求URI
    private int pageSize = 3;  //每页要显示的记录数
    private int pageNo = 1;      //当前页号
    private int recordCount;     //总记录数
    @SuppressWarnings("unchecked")
    public int doStartTag() throws JspException {
    int pageCount = (recordCount + pageSize - 1) / pageSize;  //计算总页数
    StringBuilder sb = new StringBuilder();
    sb.append("<style type=\"text/css\">");
    sb.append(".pagination {padding: 5px;float:right;font-size:12px;}");
    sb.append(".pagination a, .pagination a:link, .pagination a:visited {padding:2px
            5px;margin:2px;border:1px solid #aaaadd;text-decoration:none;color:#006699;}");
    sb.append(".pagination a:hover, .pagination a:active {border: 1px solid #ff0000;color:
            #000;text-decoration: none;}");
    sb.append(".pagination span.current {padding: 2px 5px;margin: 2px;border: 1px solid
            #ff0000;font-weight: bold;background-color: #ff0000;color: #FFF;}");
    sb.append(".pagination span.disabled {padding: 2px 5px;margin: 2px;border: 1px solid #eee; color:
            #ddd;}");
    sb.append("</style>\r\n"). append("<div class=\"pagination\">\r\n");
    if(recordCount == 0){
        sb.append("<strong>没有可显示的项目</strong>\r\n");
    }else{
        if(pageNo > pageCount){ pageNo = pageCount; }
        if(pageNo < 1){ pageNo = 1; }
        sb.append("<form method=\"post\" action=\"").append(this.url)
          .append("\" name=\"qPagerForm\">\r\n");
       HttpServletRequest request = (HttpServletRequest) pageContext.getRequest();
       Enumeration<String> enumeration = request.getParameterNames();
```

```
        String name = null;  //参数名
        String value = null; //参数值
        while (enumeration.hasMoreElements()) {
            name =  enumeration.nextElement();
            value = request.getParameter(name);
            if (name.equals("pageNo")) {
                if (null != value && !"".equals(value)) { pageNo = Integer.parseInt(value); }
                continue;
            }
            sb.append("<input type=\"hidden\" name=\"").append(name).append("\" value=\"")
                .append(value) .append("\"/>\r\n");
        }
        sb.append("<input type=\"hidden\" name=\"").append("pageNo")
            .append("\" value=\"").append(pageNo).append("\"/>\r\n");
        sb.append(" 共<strong>").append(recordCount) .append("</strong>项")
            .append(",<strong>") .append(pageCount) .append("</strong>页: \r\n");
        if (pageNo == 1) {
            sb.append("<span class=\"disabled\">&laquo; 上一页") .append("</span>\r\n");
        } else {
            sb.append("<a href=\"javascript:turnOverPage(") .append((pageNo - 1))
                .append(")\">&laquo; 上一页</a>\r\n");
        }
        int start = 1;
        if(this.pageNo > 4){
            start = this.pageNo - 1;
            sb.append("<a href=\"javascript:turnOverPage(1)\">1</a>\r\n");
            sb.append("<a href=\"javascript:turnOverPage(2)\">2</a>\r\n");
            sb.append("&hellip;\r\n");
        }
    int end = this.pageNo + 1;
    if(end > pageCount){  end = pageCount;  }
     for(int i = start; i <= end; i++){
       if(pageNo == i){   //当前页号不需要超链接
         sb.append("<span class=\"current\">") .append(i) .append("</span>\r\n");
```

```
        }else{
          sb.append("<a href=\"javascript:turnOverPage(").append(i) .append(")\">").append(i)
            .append("</a>\r\n");
          }
      }
      if(end < pageCount - 2){  sb.append("&hellip;\r\n"); }
          if(end < pageCount - 1){
            sb.append("<a href=\"javascript:turnOverPage(").append(pageCount - 1) .append(")\">")
              .append(pageCount - 1) .append("</a>\r\n");
          }
          if(end < pageCount){
            sb.append("<a href=\"javascript:turnOverPage(").append(pageCount).append(")\">")
              .append(pageCount) .append("</a>\r\n");
          }
          if (pageNo == pageCount) {
              sb.append("<span class=\"disabled\">下一页 &raquo;")
                .append("</span>\r\n");
          } else {
              sb.append("<a href=\"javascript:turnOverPage(") .append((pageNo + 1))
                .append(")\">下一页 &raquo;</a>\r\n");
          }
          sb.append("</form>\r\n");
          sb.append("<script language=\"javascript\">\r\n");
          sb.append("  function turnOverPage(no){\r\n");
          sb.append("    if(no>").append(pageCount).append("){");
          sb.append("      no=").append(pageCount).append(";}\r\n");
          sb.append("    if(no<1){no=1;}\r\n");
          sb.append("    document.qPagerForm.pageNo.value=no;\r\n");
          sb.append("    document.qPagerForm.submit();\r\n");
          sb.append("  }\r\n") .append("</script>\r\n");
      }
      sb.append("</div>\r\n");
      try {
          pageContext.getOut().println(sb.toString());
      } catch (IOException e) {
              throw new JspException(e);
          }
```

```
102.            return SKIP_BODY;  //本标签主体为空，所以直接跳过主体
103.        }
104.        public void setUrl(String url) {  this.url = url;  }
105.        public void setPageSize(int pageSize) {  this.pageSize = pageSize;  }
106.        public void setPageNo(int pageNo) {  this.pageNo = pageNo;  }
107.        public void setRecordCount(int recordCount) {  this.recordCount = recordCount;  }
108.    }
```

程序说明如下：

第 3 ~ 6 行：分别定义请求 URL、每页显示的记录数、当前页号、总记录数；

第 8 行： 计算总页数；

第 10 行： 定义要输出到页面的 HTML 文本 sb；

第 11 ~ 21 行：定义文本显示样式；

第 22 ~ 24 行：如果记录总数为 0 显示“没有可显示的项目”；

第 25 ~ 26 行：页号越界处理；

第 27 ~ 28 行：定义表单，action 为 url 参数；

第 29 ~ 42 行：获取请求中的所有参数，并将其设置成为表单的隐藏对象；

第 43 ~ 44 行：将 pageNo 页号设置为 hidden 类型的表单参数；

第 45 ~ 46 行：在 sb 中追加页面统计数据；

第 47 ~ 52 行：“上一页”超链接处理；

第 53 ~ 59 行：如果前面页数过多，显示"..."；

第 60 ~ 69 行：显示当前页附近的页；

第 70 ~ 78 行：如果后面页数过多，显示"..."；

第 79 ~ 86 行：下一页处理；

第 86 ~ 95 行：生成提交表单的 JS；

第 97 ~ 102 行：把生成的 HTML 输出到响应中；

第 104 ~ 107 行：属性的 set 方法。

步骤二： 编写标签库描述符文件（TLD 文件）。

在 WEB-INF 目录中建立一个 pager.tld 文件，并在该文件中输入如下的内容：

```
<?xml version="1.0" encoding="UTF-8"?>
<taglib version="2.0" xmlns="http://java.sun.com/xml/ns/j2ee"
    xmlns:xsi="http://www.w3.org/2001/XMLSchema-instance"
    xsi:schemaLocation="http://java.sun.com/xml/ns/j2ee
web-jsptaglibrary_2_0.xsd">
    <tlib-version>0.9</tlib-version>
<!--将来在页面用taglib引用时的uri属性，这部分的名字可以随便写，只要是符合HTTP网址形式的 -->
    <uri>http://127.0.0.1/tags/pager</uri>
   <!--标签头-->
```

```
    <short-name>w</short-name>
  <!-- 自定义标签的描述信息 -->
    <tag>
        <!-- 标签名 -->
        <name>pager</name>
        <!-- 对应的标签处理类全限定名 -->
        <tag-class>com.digitalweb.tag.PagerTag</tag-class>
        <!-- 标签主体的类型 -->
        <body-content>empty</body-content>
        <!-- 当前页号属性的描述信息 -->
        <attribute>
            <!-- 属性名 -->
            <name>pageNo</name>
            <!-- 该属性是否为必要的 -->
            <required>true</required>
            <!-- 属性值是否可以在JSP运行时期动态产生 -->
            <rtexprvalue>true</rtexprvalue>
            <!-- 属性的数据类型 -->
            <type>int</type>
        </attribute>
        <!-- 总记录数属性的描述信息 -->
        <attribute>
            <name>recordCount</name>
            <required>true</required>
            <rtexprvalue>true</rtexprvalue>
            <type>int</type>
        </attribute>
        <!-- 总页数属性的描述信息 -->
        <attribute>
            <name>pageSize</name>
            <required>true</required>
            <rtexprvalue>true</rtexprvalue>
            <type>int</type>
        </attribute>
        <!-- 分页标签要跳转的URI属性的描述信息 -->
        <attribute>
            <name>url</name>
            <required>true</required>
            <rtexprvalue>true</rtexprvalue>
            <type>java.lang.String</type>
        </attribute>
```

```
50.     </tag>
51. </taglib>
```

程序说明如下：

第 7 行：定义标签头，缩写为“w”；

第 11 行：定义标签名为“pager”；

第 13 行：定义限定的标签处理类 com.digitalweb.tag.PageTag；

第 17～26 行：定义 pageNo 属性；

第 28～33 行：定义 recordCount 属性；

第 35～40 行：定义 pageSize 属性；

第 42～47 行：定义 url 属性。

步骤三： 记录分页信息的 JavaBean：Page。

分页属性类 Page 如图 8-5-2 所示。

类详细解释：

all：记录总数；

curPage：当前页号；

start：当前页显示记录的起始位置；

end：当前页显示记录的终止位置；

Page(int all,intcurPage,int pageCount)带参数构造方法，将会计算出起始位置 start 和终止位置 end。

详细代码略。

```
Page
- int all
- int curPage
- int start
- int end
+ Page()
+ Page(int all,int curPage,int pageCount)
+ Getters and Setters
```

图 8-5-2 分页属性类 Page

步骤四： 在控制类 OrderAdminServlet 中实现页面分页的控制。

```
if(oprType.equals("list")){//列表
    ArrayList<Order> orderList = (ArrayList<Order>)session.getAttribute("orderList");
    int curPage = 1;
    if(orderList==null){
        session.setAttribute("orderList", odi.list());
    }else{
        String strCurPage = request.getParameter("pageNo");
        if(strCurPage!=null){
            curPage =Integer.parseInt(strCurPage);
        }
    }
    Page page = new Page(orderList.size(),curPage,3);
    session.setAttribute("page", page);
    nextPage = "admin/list_order.jsp";
}
```

程序说明如下：

第 2 行：从 session 中取出订单数据信息 orderList；

第 3 行：设定默认的当前页 curPage 为 1；

第 4～5 行：如果 orderList 为空，从数据库中查出订单信息，并存入 session；

第 6～11 行：接收标签传递来的参数 pageNo，如果不为空，当前页号为刚接收到的参数；

第 12 行：封装 Page 的相关属性，为方便显示分页效果，设定每页显示 3 条记录；

第 13 行：将 page 对象存入 session；

第 14 行：设置跳转页面到 admin/list_order.jsp。

步骤五： 在 JSP 文件中加入自定义标签并应用。

首先，在需要用到分页标签的 JSP 页面引入标签的配置文件，如在 list_order.jsp 中，页面靠前位置加入如下代码：

```
<%@taglib uri="http://127.0.0.1/tags/pager" prefix="w"%>
```

页面显示的完整代码如下：

```
<c:forEach items="${orderList}" var="order" begin="${page.start}" end="${page.end}" >
<tr>
<td hedight="15" bgcolor="#FFFFFF">
<td height="15" bgcolor="#FFFFFF" class="STYLE2"><div align="center" class="STYLE2 STYLE1">${order.id }</div></td>
//其余属性显示代码略，详见任务7.4
</c:forEach>
</table></td>
<td width="9" background="tab/images/tab_16.gif"> </td>
</tr></table></td></tr>
<tr>
 <td height="29">
 <table width="100%" border="0" cellspacing="0" cellpadding="0">
 <tr>
   <td width="15" height="29"><img src="tab/images/tab_20.gif" width="15" height="29" /></td>
   <td background="tab/images/tab_21.gif">
  <w:pager pageSize="3" pageNo="${page.curPage}" url="../OrderAdminServlet?flag=list" recordCount="${page.all}"/>
    </td>
 <td width="14"><img src="tab/images/tab_22.gif" width="14" height="29" /></td>
 </tr>
</table>
</td>
</tr>
```

程序说明如下：

第 1 ~ 6 行：通过<c: forEach>标签循环显示订单信息，起始位置 begin 和终止位置 end 由 page 对象中的属性决定；

第 16 行：调用自定义标签<w:pager>实现数据分页，pageSize 表示每页显示 3 条，pageNo 为当前页数，处理逻辑的 url 为“../OrderAdminServlet?flag=list”，recordCount 为记录总数，这 4 个参数与自定义标签处理类中的四个属性相对应。

虽然在 JSTL 提供了四个标签库（核心标签库、国际化标签库、数据库标签库和 XML 标签库），涉及了几十个标签，通过这些标签可以完成比较复杂的工作，但它们仍然无法满足程序中的特殊需求。因此，就需要用户根据自己的需要来定制 JSP 标签，这种由用户自己实现的 JSP 标签被称为自定义标签。利用自定义标签，软件开发人员和页面设计人员可以独立地自由工作。页面设计人员可以把精力集中在使用标签（HTML、XML 或者 JSP）创建网站上，而软件开发人员则可以将精力集中在实现底层功能上面，若国际化等，这样，页面设计人员可以使用自定义标签的形式来实现具体的功能。

1．自定义标签简介

用户自定义的 Java 语言元素，实质是运行一个或者两个接口的 JavaBean，可以非常紧密地和 JSP 的表示逻辑联系在一起，又具有和普通 JavaBean 相同的业务逻辑处理能力，当一个 JSP 页面转变为 servlet 时，其间的用户自定义标签转化为操作一个称为标签 hander 的对象，自定义标签可以处理表单数据，访问数据库以及其他企业级服务。

（1）在 JSP 页面中使用自定义标签的优点

- 标签可以重用，这样可以节省开发和测试时间；
- 标签可以访问 JSP 页面、Servlet，可以使用所有的对象，包括请求、响应对象以及输出变量；
- 标签可以嵌套使用；
- 标签可以相互通信。

（2）标签库的基本组成

- 标签处理器（Tag handler）；
- 标签库描述文件（TLD）；
- 应用程序部署描配置文件（web.xml）；
- JSP 页面中标签库的声明以及标签的使用。

（3）自定义标签的种类

- 不带属性和标签提的简单标签，格式为：<mypreix:SomeTag/>；
- 带有属性没有标签体的标签，格式为：<myprefix:SomeTag myAttribute="test" />；
- 带有属性并且有标签体的标签，格式为<myprefix:SomeTag myAttribute="test" />myBody</myprefix:someTag>。

2．自定义标签的组成详解

（1）标签处理类

标签处理器是由 Web 容器调用的，用来处理运行的包含标签的 JSP 页面。标签处理器必须实现 Tag 或 BodyTag 接口，或者继承 TagSupport 或 BodyTagSupport 类，这取决于需要开发的标签类型。处理器类有权限访问所有的 JSP 资源，例如请求响应对象、会话对象以及 PageContext 对象等。

TagSupport 类提供了两个处理标签的方法：

① public int doStartTag() throws JspException

doStartTag：当 JSP 容器遇到自定义标签的起始标志，就会调用 doStartTag()方法。doStartTag()方法返回一个整数值，用来决定程序的后续流程。

- Tag.SKIP_BODY：表示?>…之间的内容被忽略；
- Tag.EVAL_BODY_INCLUDE：表示标签之间的内容被正常执行。

② public int doEndTag() throws JspException

doEndTag：当 JSP 容器遇到自定义标签的结束标志，就会调用 doEndTag()方法。doEndTag()方法也返回一个整数值，用来决定程序后续流程。

- Tag.SKIP_PAGE：表示立刻停止执行网页，网页上未处理的静态内容和 JSP 程序均被忽略，任何已有的输出内容立刻返回到客户的浏览器上；
- Tag_EVAL_PAGE：表示按照正常的流程继续执行 JSP 网页。

（2）标签库描述符描述自定义标签（TLD 文件）

标签库描述符文件（Tag Library Descriptor file, TLD）是 XML 格式的文档，包含标签库中所有标签的元信息，如标签名称、所包含的属性、相关联的标签处理器的名称等。这个文件必须以扩展名.tld 为后缀，保存在 WEB_INF 文件夹中，由 JSP 容器读取并处理。

① 标签库元素用来设定标签库的相关信息，它的常用属性有：

- shortname：指定 Tag Library 默认的前缀名（prefix）；
- uri：设定 Tag Library 的唯一访问表示符。

② 标签元素用来定义一个标签，它的常见属性有：

- name：设定 Tag 的名字；
- tagclass：设定 Tag 的处理类；
- bodycontent：设定标签的主体（body）内容。
  - ✓ empty：表示标签中没有 body；
  - ✓ JSP：表示标签的 body 中可以加入 JSP 程序代码；
  - ✓ tagdependent：表示标签中的内容由标签自己去处理。

③ 标签属性元素用来定义标签的属性，它的常见属性有：

- name：属性名称；
- required：属性是否是必需的，默认为 false；
- rtexprvalue：属性值是否可以为 request-time 表达式，也就是类似于< %=…% >的表达式。

（3）JSP 文件中自定义标签的引用

在 JSP 页面中需要先引入自定义的标签，再在页面中使用标签。引入标签的代码如下：

```
<%@taglib uri="http://127.0.0.1/tags/pager" prefix="w"%>
```

此处 uri 的值并不限定，符合 http 网址格式即可。

3．简单的自定义标签的实现

自定义一个 JSP 标签，输出“*** ‘s first jsp tag!”，其中“***”是作为参数传递显示的，效果如图 8-5-3 所示。

图 8-5-3 简单标签的实现效果

实现过程如下：

创建标签处理器类 FirstTag.java。因为不需要关心开始标签和结束标签之间的标签体，因此继承自 TagSupport 类（实现 Tag 接口）。如果需要访问或修改标签体则需要继承自 BodyTagSupport 类。

FirstTag 代码如下：

```
1.  public class FirstTag extends TagSupport {
2.      private String name;
3.      @Override
4.      public int doStartTag() throws JspException {
5.          JspWriter out = pageContext.getOut();
6.          try {
7.              out.println("<h1>"+name+"'s first jsp tag!</h1>");
8.          } catch (IOException e) {
9.              e.printStackTrace();
10.         }
11.         return SKIP_BODY;
12.     }
13.     @Override
14.     public int doEndTag() throws JspException {
15.         return EVAL_PAGE;
16.     }
17.     public void setName(String name) {
18.         this.name = name;
19.     }
20. }
```

程序说明如下。

第 2 行：定义标签参数 name；

第 4 ~ 12 行：标签开始处理功能，通过 pageContext 获得页面输出对象 out，输出“***'s first jsp tag”；

第 14 ~ 16 行：EVAL_PAGE 表示 tag 已处理完毕，返回 JSP 页面；

第 17 ~ 19 行：name 属性的赋值方法。

注：

EVAL_BODY_INCLUDE：把 Body 读入存在的输出流中，doStartTag()函数可用；

EVAL_PAGE：继续处理页面，doEndTag()函数可用；

SKIP_BODY：忽略对 Body 的处理，doStartTag()和 doAfterBody()函数可用；

SKIP_PAGE：忽略对余下页面的处理，doEndTag()函数可用；

EVAL_BODY_TAG：已经废止，由 EVAL_BODY_BUFFERED 取代；

EVAL_BODY_BUFFERED：申请缓冲区，由 setBodyContent()函数得到的 BodyContent 对象来处理 tag 的 body，如果类实现了 BodyTag，那么 doStartTag()可用，否则非法。

（1）通过自定义标签<w:pager>实现商品信息页、会员信息页的分页显示。

（2）尝试自定义一个简单标签，实现显示当前时间的标签，并应用。

1. 事务的四个属性中原子性是指（　）。

A. 一个事务是一个不可分割的工作单位，事务中包括的诸操作要么都做，要么都不做

B. 一个事务一旦提交，它对数据库中数据的改变就应该是永久性的。接下来的其他操作或故障不应该对其有任何影响

C. 一个事务必须是使数据库从一个一致性状态变到另一个一致性状态。一致性与原子性是密切相关的

D. 一个事务的执行不能被其他事务干扰。即一个事务内部的操作及使用的数据对并发的其他事务是隔离的，并发执行的各个事务之间不能互相干扰

2. 下列方法中，不属于事务处理的语句是（　）。

A. rollback();

B. commit();

C. executeUpdate();

D. setAutoCommit(false);

3. Java 中调用存储过程时，正确的语句是（　）。

A. CallableStatement smt = con.prepareStatement("{call sp_sale(?)}");

B. PreparedStatement smt = con.prepareStatement("{call sp_sale(?)}");

C. CallableStatement csmt = con.prepareStatement("call sp_sale(?}");

D. CallableStatement smt = con.prepareCall("{call sp_sale(?)}");

4. 不是 EL 定义的隐式对象的是（　）。

A. cookie

B. pageContext

C. attributes

D. initParam

5. 下列哪个<c:forEach>标签是合法的？（　）

A. <c:forEach var="count" begin="1" end="10" step="1">

B. <c:forEach varName="count" begin="1" end="10" step="1">

C. <c:forEach test="count" begin="1" end="10" step="1">

D. <c:forEach var="count" start="1" end="10" step="1">

6. 给定如下 JSP 代码，假定在浏览器中输入 URL:http://localhost:8080/web/jsp1.jsp，可以调用这个 JSP，那么这个 JSP 的输出是（ ）。

```
<%@ page contentType=""text/html; charset=GBK"" %>
<%@ taglib uri="http://java.sun.com/jsp/jstl/core"  prefix="c"%>
<html>
<body>
<% int counter = 10;  %>
<c:if test="${counter%2==1}">
<c:set var="isOdd" value="true"></c:set>
</c:if>
<c:choose>
<c:when test="${isOdd==true}">it's an odd </c:when>
<c:otherwise>it's an even </c:otherwise>
</c:choose>
</body>
</html>
```

A. 一个 HTML 页面，页面上显示 it's an odd

B. 一个 HTML 页面，页面上显示 it's an even

C. 一个空白的 HTML 页面

D. 错误信息

7. 在标签处理类中可以使用以下哪个对象访问作用域属性？（ ）

A. PageContext

B. SimpleTagSupport

C. BodyContent

D. JspConext

8. 下面哪个类提供了 doTag()方法的实现？（ ）

A. TagSupport

B. SimpleTagSupport

C. IterationTagSupport

D. JspTagSupport

9. 题目要求输出 A，B，D，E，请完成程序填空。

```
<%
  java.util.ArrayList list = new java.util.ArrayList();
  list.add("A");
  list.add("B");
  list.add("C");
  list.add("D");
  list.add("E");
```

```
 pageContext.setAttrbute("list",list,PageContext.PAGE_SCOPE);
%>
<c:forEach items=" ________" var="________">
<c:if test=" _________">
<c:out value="__________"/>
</c:if>
</c:forEach>
```

10. 使用数据库连接池的好处有哪些?
11. 开发自定义标签有哪几个步骤?

PART 9 项目 9 应用开源组件实现网站升级

项目描述

开源组件的下载与使用是 Java Web 程序员需要掌握的一项高级也是非常重要的技能。在进一步提高 ED 电子商务网站的适用功能过程中，本章将详细介绍采用多种 Java 开源组件来实现网站功能的升级，包括密码加密、采用在线编辑器编辑商品信息，上传图片到服务器，找回密码，销售情况统计以及商品信息的批量导入，所用到的组件分别有：在线编辑器插件 CKEditor、在线上传插件 CKFinder、邮件发送插件 JavaMail、统计图形插件 JFreeChart、文件上传下载插件 jspSmartUpload 以及 Excel 读写插件 POI。

从组件的下载、配置到应用几个方面详细讲解网站升级功能实现过程中这些开源组件的应用过程。

知识目标

- ☑ 熟悉几种常用的加密机制的实现，如 BASE64、MD5；
- ☑ 熟悉 JavaMail 邮件发送机制。

技能目标

- ☑ 能下载、配置 CDEditor、CKFinder 组件，能够成功实现在线编辑功能；
- ☑ 能够实现简单的邮件发送；
- ☑ 下载、配置 JFreeChart 组件，能生成简单的饼图、柱状图；
- ☑ 能用 jspSmartUpload 组件实现文件的下载；
- ☑ 能用 POI 组件实现 Excel 文件的读与写。

项目任务总览

任务编号	任务名称
任务 9.1	实现密码加密
任务 9.2	配置并应用 CKEditor+CKFinder 实现在线编辑器
任务 9.3	应用 JavaMail 实现邮件找回密码
任务 9.4	应用 JFreeChart 进行销售统计
任务 9.5	应用 jspSmartUpload 实现模板文件下载
任务 9.6	应用 POI 实现商品信息的批量导入

任务 9.1　实现密码加密

问题的提出

将用户信息添加到数据库，仔细观察存储形式，安全吗？如何实现密码加密后存入数据库呢？网站的安全性对于使用网站的用户来说至关重要，尤其是将具有交易功能的网站必须对用户的个人信息进行很好的保护，密码加密后存储是必不可少的一道提高网站安全性的程序。图 9-1-1 所示的密码未加密时的用户信息表。

id	userName	password	realName	sex
1	tom	123321	王小二	?
2	wen	123	张小三	男
3	test	123	张小三	男

图 9-1-1　密码未加密时的用户信息表

- 知识目标：了解一种以上密码加密方法。
- 技能目标：能实现网站系统中的密码加密。
- 素质目标：能阅读、分析代码，从而调用、改写代码。

1．涉及密码加密处理的部分

- 用户注册：用户注册时，密码加密后存入数据库。
- 登录验证：从数据库取出密码后先解密再验证。

- 用户密码修改：先输入原密码，正确后再输入新密码。

2．加密方式：BASE64、MD5

步骤一： 分析 BASE64 加密的实现。

分析 MyBASE64.java 中，密码加密、解密方法的实现。

```
17. public class MyBASE64
18. {
19.     public static final String myKey = "digital";
20.
21.     public static String decryptBASE64(String key) {
22.        String code="";
23.         try {
24.             code = new String(new BASE64Decoder().decodeBuffer(key));
25.         } catch (IOException e) {
26.             e.printStackTrace();
27.         }
28.        return code.substring(0,code.indexOf(myKey));
29.     }
30.
31.     public static String encryptBASE64(String key) {
32.        return (new BASE64Encoder()).encodeBuffer(key.concat(myKey).getBytes());
33.     }
34.
35.     public static void main(String[] args) throws Exception
36.     {
37.        String data = MyBASE64.encryptBASE64("jack");
38.        System.out.println("加密后："+data);
39.
40.        String dataDecrype= MyBASE64.decryptBASE64(data);
41.        System.out.println("解密后："+dataDecrype);
42.     }
43. }
```

程序说明如下：

第 3 行：为密码加密设定唯一的密钥 myKey，防止密文泄密后被人解码获得原密码。

第 5～13 行：加密方法输入源码，输出 BASE64 加密后的密码。

第 15～17 行：解密：输入 BASE64 加密后的密码，输出源码。

第 19～26 行：在 main 方法中进行测试。

步骤二：分析 MD5 加密的实现。

```
public class MyMD5Util {
    private static final String HEX_NUMS_STR="0123456789ABCDEF";
    private static final Integer SALT_LENGTH = 12;
    public static byte[] hexStringToByte(String hex) {
        int len = (hex.length() / 2);
        byte[] result = new byte[len];
        char[] hexChars = hex.toCharArray();
        for (int i = 0; i < len; i++) {
            int pos = i * 2;
            result[i] = (byte) (HEX_NUMS_STR.indexOf(hexChars[pos]) << 4
                        | HEX_NUMS_STR.indexOf(hexChars[pos + 1]));
        }
        return result;
    }
    public static String byteToHexString(byte[] b) {
        StringBuffer hexString = new StringBuffer();
        for (int i = 0; i < b.length; i++) {
            String hex = Integer.toHexString(b[i] & 0xFF);
            if (hex.length() == 1) {
                hex = '0' + hex;
            }
            hexString.append(hex.toUpperCase());
        }
        return hexString.toString();
    }
    public static boolean validPassword(String password, String passwordInDb)
            throws NoSuchAlgorithmException, UnsupportedEncodingException {
        //将16进制字符串格式口令转换成字节数组
        byte[] pwdInDb = hexStringToByte(passwordInDb);
        byte[] salt = new byte[SALT_LENGTH];                //声明salt变量
        //将salt从数据库中保存的口令字节数组中提取出来
        System.arraycopy(pwdInDb, 0, salt, 0, SALT_LENGTH);
        MessageDigest md = MessageDigest.getInstance("MD5");   //创建消息摘要对象
        md.update(salt);      //将salt数据传入消息摘要对象
        md.update(password.getBytes("UTF-8"));                //将口令的数据传给消息摘要对象
        byte[] digest = md.digest();                          //生成输入口令的消息摘要
        //声明一个保存数据库中口令消息摘要的变量
        byte[] digestInDb = new byte[pwdInDb.length - SALT_LENGTH];
        //取得数据库中口令的消息摘要
```

```
40.         System.arraycopy(pwdInDb, SALT_LENGTH, digestInDb, 0, digestInDb.length);
41.        //比较根据输入口令生成的消息摘要和数据库中消息摘要是否相同
42.        if (Arrays.equals(digest, digestInDb)) {
43.            return true;
44.        } else {
45.            return false;
46.        }
47.      }
48.        public static String getEncryptedPwd(String password)
49.             throws NoSuchAlgorithmException, UnsupportedEncodingException {
50.          byte[] pwd = null;                              //声明加密后的口令数组变量
51.          SecureRandom random = new SecureRandom();   //随机数生成器
52.          byte[] salt = new byte[SALT_LENGTH];        //声明salt数组变量
53.          random.nextBytes(salt);                        //将随机数放入salt变量中
54.          MessageDigest md = null;                       //声明消息摘要对象
55.          md = MessageDigest.getInstance("MD5");        //创建消息摘要
56.          md.update(salt);                            //将salt数据传入消息摘要对象
57.          md.update(password.getBytes("UTF-8"));        //将口令的数据传给消息摘要对象
58.          byte[] digest = md.digest();                   //获得消息摘要的字节数组
59.          //因为要在口令的字节数组中存放salt，所以加上salt的字节长度
60.              pwd = new byte[digest.length + SALT_LENGTH];
61.              //将Salf的字节复制到生成的加密口令字节数组的前12个字节，以便在验证口令时取出salt
62.              System.arraycopy(salt, 0, pwd, 0, SALT_LENGTH);
63.              //将消息摘要复制到加密口令字节数组从第13个字节开始的字节
64.              System.arraycopy(digest, 0, pwd, SALT_LENGTH, digest.length);
65.              //将字节数组格式加密后的口令转化为16进制字符串格式的口令
66.              return byteToHexString(pwd);
67.          }
68.          public static void main(String[] args) {
69.             System.out.println(MyMD5Util.hexStringToByte("ABCD"));
70.           }
71. }
```

程序说明如下。

第 2 行：定义 16 进制字符串 HEX_NUMS_STR。

第 4 ~ 14 行：将 16 进制字符串转换成字节数组，输入字符串，输出字节数组。

第 15 ~ 25 行：将指定 byte 数组转换成 16 进制字符串，输入字节数组，输出 16 进制字符串。

第 26 ~ 47 行：验证口令是否合法，输入两个验证的密码，输出匹配或不匹配即 true 或 false。

第 48 ~ 67 行：获得加密后的 16 进制形式口令，输入普通字符串，输出加密后的密文。

第 68 ~ 70 行：main 方法中进行测试。

步骤三： 实现用户注册时密码加密。

在 RegisterServlet.java 代码中，加入密码加密方法的调用。

```
1.  HashMap<String,String[]> map = (HashMap<String,String[]>)
    request.getParameterMap();
2.  ……
3.  String pwdEncryp = " ";
4.  //方式一 BASE64加密
5.  pwdEncrypt = MyBASE64.encryptBASE64(map.get("password")[0]);
6.  //方式二 MD5加密
7.  pwdEncrypt = MyMD5Util.getEncryptedPwd(map.get("password")[0])
8.  user.setPassword(pwdEncrypt);
```

程序说明如下。

第 1 行：批量接收表单参数（方法详见项目 4）。

第 3 行：给加密后的密码 pwdEncryp 赋初始值""。

第 5 行：将接收到的密码参数进行 BASE64 加密。

第 7 行：将接收到的密码参数进行 MD5 加密。

第 8 行：将加密后的密码设置到 user 对象的属性中。

步骤四： 实现用户登录验证。

在 UserDaoImpl.java 的用户验证方法中，将用户的加密密码从数据库中取出，并进行解密处理后再和用户从表单输入的密码进行比较。

```
1.  //方式一：BASE64加密后密码验证
2.  String pwdInDb = MyBASE64.decryptBASE64(rs.getString("password"));
3.  if(password.equals(pwdInDb)){ //密码匹配
4.      flag = 3;
5.  }else{///密码错误
6.      flag = 2;
7.  }
8.  //方式二： MD5加密后密码验证
9.  if(MyMD5Util.validPassword(password,rs.getString("password"))){ //密码匹配
10.     flag = 3;
11. }else{///密码错误
12.     flag = 2;
13. }
```

程序说明如下。

第 1 行：调用 MyBASE64 方法中的解密方法，将数据库中的密码进行解密处理。

第 2～6 行：进行密码匹配验证。

加密算法简介

实现密码加密方式手段很多，除了 BASE64、MD5 以外，还有 BASE64+MD5 混合算法，

以及 DES 加密算法，下面将一一介绍。

- BASE64

BASE64 是一种使用 64 基的位置计数法。它使用 2 的最大次方来代表仅可打印的 ASCII 字符。这使它可用来作为电子邮件的传输编码。在 Base64 中的变量使用字符 A～Z、a～z 和 0～9，这样共有 62 个字符，用来作为开始的 64 个数字，最后两个用来作为数字的符号。在不同的系统中而不同标准的 BASE64 并不适合直接放在 URL 里传输，因为 URL 编码器会把标准 Base64 中的“/”和“+”字符变为形如“%××”的形式，而这些“%”号在存入数据库时还需要再进行转换，因为 ANSI SQL 中已将“%”号用作通配符。

- MD5

MD5 即 Message-Digest Algorithm 5（信息—摘要算法 5），用于确保信息传输完整一致。计算机广泛使用的杂凑算法之一（又译摘要算法、哈希算法），主流编程语言普遍已有 MD5 实现。将数据（如汉字）运算为另一固定长度值，是杂凑算法的基础原理，MD5 的前身有 MD2、MD3 和 MD4。MD5 运算结果是一个固定长度为 128 位的二进制数，经过一系列的运算得到 32 个 16 进制数。

- BASE64+MD5 混合

单一的 MD5 加密算法可以查询通过穷举法生成的数据库密码字典的方法进行解码，因此需要对 MD5 加密算法进行一定的改造，才能保障用户的口令安全。本文所研究的混合加密算法正是基于 MD5 造的一种加密算法，但研究的主要内容不是如何将一串字符通过 MD5 算法加密，也不是先将明文进行 MD5 加密然后再对其进行简单的 Base64 转换，而是将明文通过 MD5 加密后得到的密文分组成 16 个 2 位 16 进制的数组，通过 BASE64 算法，将密文再做一次加密。这里采用了一种“变异”的 BASE64 算法处理经过 MD5 加密后的字符串，之所以称为“变异的 Base 加密算法”，是因为本文对 l6 个数组里面存放的数据的处理方式和传统的 Base04 加密的处理方式略有不同。BASE64 算法是将待处理的字符先进行 ASCII 编码，然后再进行处理。这里并不是将待处理字符做 ASCII 编码，而是将待处理的 16 进制数直接转换成二进制数。转换的步骤如下：第一步，将用户的明文密码做 MD5 加密，得到 32 位 l6 进制密文；第二步，将 32 位密文拆分为 16 个 2 位 16 进制数组，接下来把所有数组中的 16 进制数转换成 8 位 2 进制数，然后将 16 个 8 位 2 进制数组连接起来形成一个 128 位二进制数；第三步，从第二步生成的 128 位 2 进制数每次截取 6 位并补全为 8 位 2 进制数，按照 8 位 2 进制数所代表的 10 进制索引查找 Base64 编码表，得到对应的密文。

- DES 加密

数据加密算法（Data Encryption Algorithm，DEA）是一种对称加密算法，DES 使用一个 56 位的密钥以及附加的 8 位奇偶校验位（每组的第 8 位作为奇偶校验位），产生最大 64 位的分组大小。这是一个迭代的分组密码，使用称为 Feistel 的技术，其中将加密的文本块分成两半。使用子密钥对其中一半应用循环功能，然后将输出与另一半进行“异或”运算；接着交换这两半，这一过程会继续下去，但最后一个循环不交换。DES 使用 16 轮循环，使用异或、置换、代换、移位操作等四种基本运算。

任务 9.2　配置并应用 CKEditor+CKFinder 实现在线编辑器

添加商品时，简单的表单无法实现对商品描述信息的美化，与此同时无法在添加商品信息时将必需的商品图片路径保存并且上传到服务器。CKEditor 与 CKFinder 组件能够更加方便快捷地实现这些功能需求。CKEditor+CKFinder 界面效果如图 9-2-1 所示。

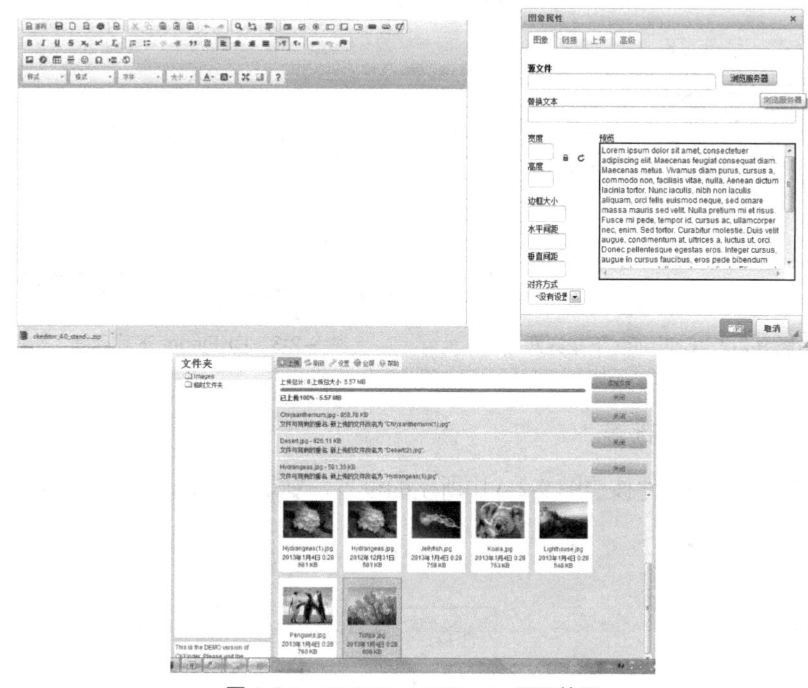

图 9-2-1　CKEditor+CKFinder 界面效果

通过下载并配置 CKEditor 与 CKFinder 组件，在线编辑器实现商品信息的添加，并且将图片上传到 Web 服务器。

- 技能目标
  - ✓ 能够正确下载 CKEditor 与 CKFinder 组件；
  - ✓ 能够正确部署 CKEditor 与 CKFinder 文件与文件夹；
  - ✓ 能够正确在页面中调用组件。

CKEditor 与 CKFinder 组件的使用难点关键在于配置与部属组件，将在任务实施环节中详细讲解。

步骤一：组件下载。

CKEditor 的下载地址为 http://ckeditor.com/download，下载界面如图 9-2-2 所示。

CKFinder 的下载地址 http://cksource.com/ckfinder/trial，下载界面如图 9-2-3 所示，选择 Java 版下载。

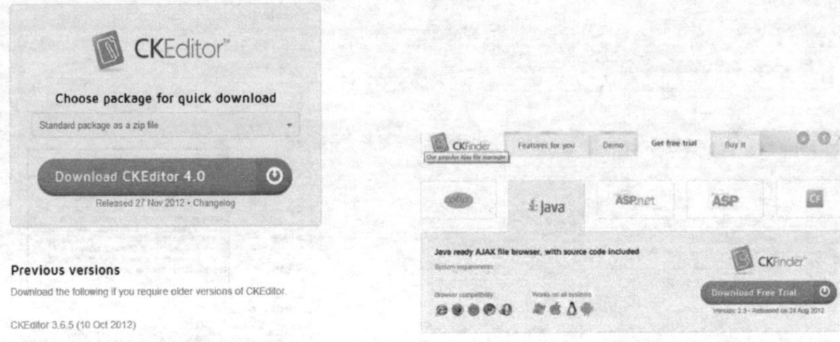

图 9-2-2　CKEditor 下载界面　　　　图 9-2-3　CKFinder 下载界面

步骤二：基本部署。

（1）将文件夹中的文件按照图 9-2-4 中所示的位置，复制到 Java Web 工程中，学生文件夹见光盘。

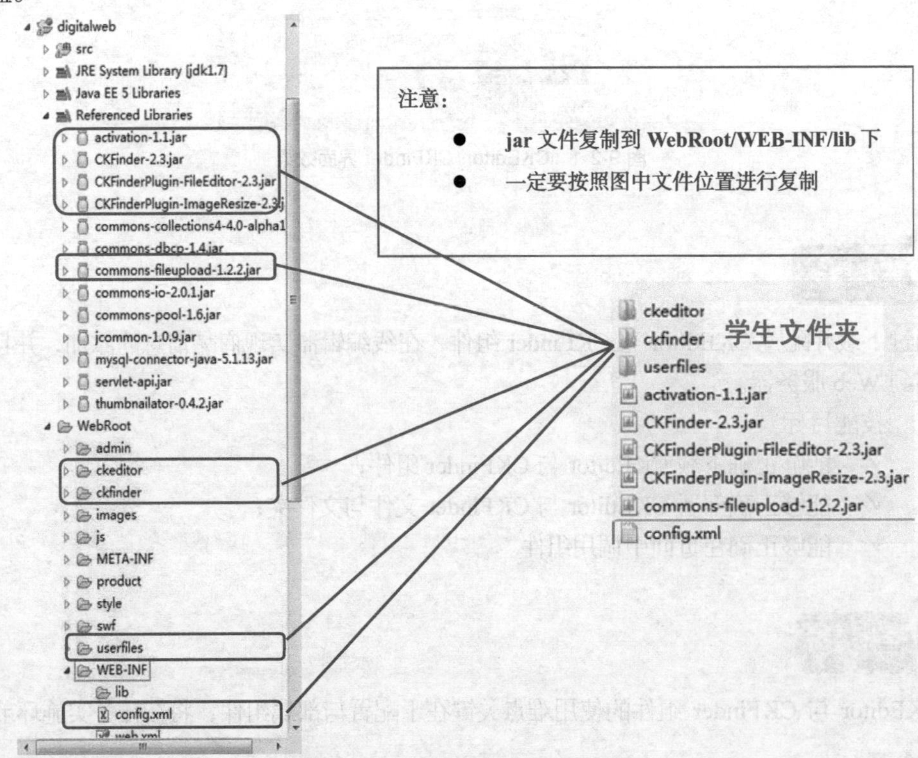

图 9-2-4　CKEditor+CKFinder 部署

（2）userfiles 文件夹用于存放客户端上传到服务器的各种文件，结构如图 9-2-5 所示，包括 images（存放图片文件）、files（存放普通文件）、flash（存放 swf 文件）。

```
userfiles
    _thumbs
    files
    flash
    images
```

图 9-2-5　userfiles 文件夹结构

步骤三：修改 config.xml 配置文件

（1）打开在 WebRoot/WEB-INF 中的 config.xml 文件，将第 4 行中的 digitalweb 改为当前工程名。

```
1 <config>
2     <enabled>true</enabled>
3     <baseDir></baseDir>
4     <baseURL>/digitalweb/userfiles/</baseURL>
5     <licenseKey></licenseKey>
6     <licenseName></licenseName>
7     <imgWidth>1600</imgWidth>
```

需要部署的工程名

```
1 <config>
2     <enabled>true</enabled>
3     <baseDir></baseDir>
4     <baseURL>digitalweb_stu/userfiles/</baseURL>
5     <licenseKey></licenseKey>
6     <licenseName></licenseName>
7     <imgWidth>1600</imgWidth>
```

图 9-2-6　config.xml 配置修改效果

（2）打开在 WebRoot/WEB-INF 中的 Web.xml 文件，添加如下代码：

```
<servlet>
<servlet-name>ConnectorServlet</servlet-name>
<servlet-class>com.ckfinder.connector.ConnectorServlet</servlet-class>
<init-param>
<param-name>XMLConfig</param-name>
<param-value>/WEB-INF/config.xml</param-value>
</init-param>
<init-param>
<param-name>debug</param-name>
<param-value>false</param-value>
</init-param>
<load-on-startup>1</load-on-startup>
</servlet>
<servlet-mapping>
<servlet-name>ConnectorServlet</servlet-name>
<url-pattern>/ckfinder/core/connector/java/connector.java</url-pattern>
</servlet-mapping>
```

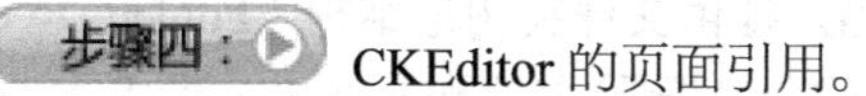

CKEditor 的页面引用。

在商品添加的前台视图页面中添加如下代码，引入 ckeditor 和 ckfinder 的 js 文件。

```
<script type="text/javascript" src="../ckeditor/ckeditor.js"></script>
```

然后利用标签显示：

```
<textarea id="editor1" name="editor1" class="ckeditor" rows="10"
cols="80"> </textarea>
```

注： 是为了防止 IE9 出现页面异常，经过测试发现 IE9 出现乱跳转问题。

CKEditor 其实就是修改了 textarea 标签。

步骤五： CKFinder 的页面引用。

商品添加功能中，商品图片属性通过在页面引用 CKFinder 组件，将图片文件上传至服务器，并将图片路径提交给后台 Servlet 处理。其在页面的引用方式如下。

（1）在页面中加入 ckfinder.js。

```
<script type="text/javascript" src="../ckfinder/ckfinder.js"></script>
```

（2）在商品图片表单对象中增加 onclick 事件。

```
<input type="text" name="pic" id="pic" onclick="BrowseServer('pic');" ><font
color="red">
```

（3）在页面中增加 javascript 事件 BrowseServer()，将文件路径设置为 pic 对象的值。

```
<script type="text/javascript">
function BrowseServer( inputId )
{
 var finder = new CKFinder() ;
 finder.BasePath = '../ckfinder/' ;
 finder.selectActionFunction  = SetFileField ;
 finder.selectActionData  = inputId ;
 finder.popup() ;
}
function SetFileField( fileUrl, data )
{
 document.getElementById( data["selectActionData"] ).value = fileUrl ;
}
</script>
```

1. CKEditor 与 CKFinder 组件简介

CKEditor 是一个专门使用在网页上属于开放源代码的所见即所得文字编辑器。它志于轻量化，不需要太复杂的安装步骤即可使用。它可和 PHP、JSP、ASP、ASP.NET 等不同的编程语言相结合。

CKFinder 是一个易于使用的 Ajax 文件管理器。提供文件夹树形结构（Folders tree）导航菜单，多语言支持（自动探测用），支持创建/重命名/删除文件和文件夹，集成 CKeditor 在线编辑器，其界面如图 9-2-8 所示。

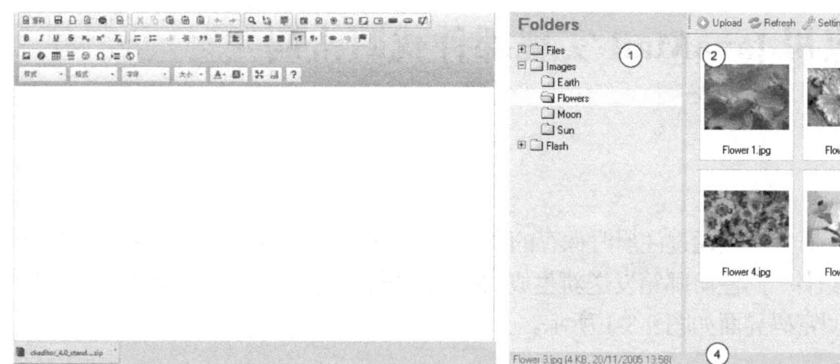

图 9-2-7　CKEditor 在线编辑器界面

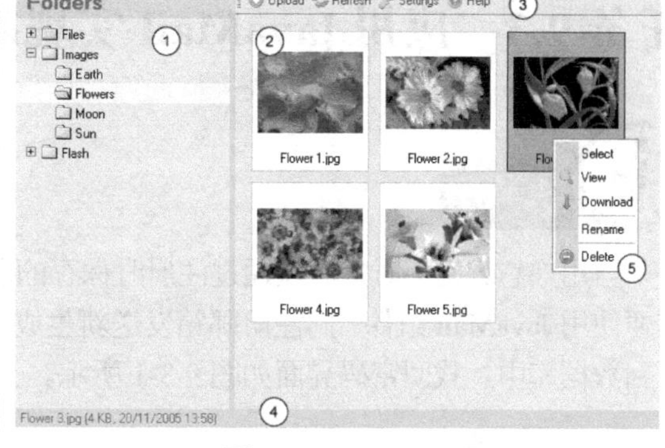

图 9-2-8　CKFinder 界面

2．几种开源的在线编辑器

在线 HTML 编辑器或者是基于浏览器的所见即所得的 HTML 编辑器广泛用于各种类型网站的文章发布、论坛发帖等功能。目前有非常多非常优秀的在线 HTML 编辑器，如下介绍。

（1）KindEditor

KindEditor 可以说是目前最为优秀、成熟的编辑器，加载速度非常快，文档全面，支持扩展开发，为众多网站所使用。

（2）xhEditor

xhEditor 是一个基于 jQuery 开发的简单迷你并且高效的可视化 XHTML 编辑器，基于网络访问并且兼容 IE 6.0-8.0、Firefox 3.0、Opera 9.6、Chrome 1.0、Safari 3.22。xhEditor 文档也非常全面，支持插件开发。

（3）eWebEditor

eWebEditor 是基于浏览器的、所见即所得的在线 HTML 编辑器。它能够在网页上实现许多桌面编辑软件（如：Word）所具有的强大可视编辑功能。Web 开发人员可以用它把传统的多行文本输入框 textarea 替换为可视化的富文本输入框，使最终用户可以可视化地发布 HTML 格式的网页内容。eWebEditor 也是网站内容管理发布的常用工具。

（4）uuHEdt

uuHEdt（在线网页编辑器）是基于 Web 的所见即所得的 HTML 网页编辑器。可以非常简单地在您的网站中嵌入可见即所得的网页编辑功能。广泛支持常见的浏览器如 IE、Opera、Firefox、Google Chrome 和 Safari。

3．几种开源的上传下载组件

（1）commons-fileupload

common-fileupload 组件是 apache 的一个开源项目之一，可以从 http://jakarta.apache.org/commons/fileupload/下载。该组件简单易用，可实现一次上传一个或多个文件，并可限制文件大小。

（2）jspSmartUpload

jspSmartUpload 是一个可免费使用的全功能的文件上传下载组件，适于嵌入执行上传下载操作的 JSP 文件中。在 JSP 文件中仅仅书写三五行 Java 代码就可以搞定文件的上传或下载，能全程控制上传。利用 jspSmartUpload 组件提供的对象及其操作方法，可以获得全部上传文件的信息（包括文件名、大小、类型、扩展名、文件数据等），方便存取。

任务 9.3 应用 JavaMail 实现邮件找回密码

当用户忘记密码时，可以通过注册时保存的联系邮箱找回密码，实现“找回密码”功能，需要使用 JavaMail 组件，向注册邮箱发送新生成的随机密码，发送邮件同时将新生成的密码更新到数据库中。找回密码界面如图 9-3-1 所示。

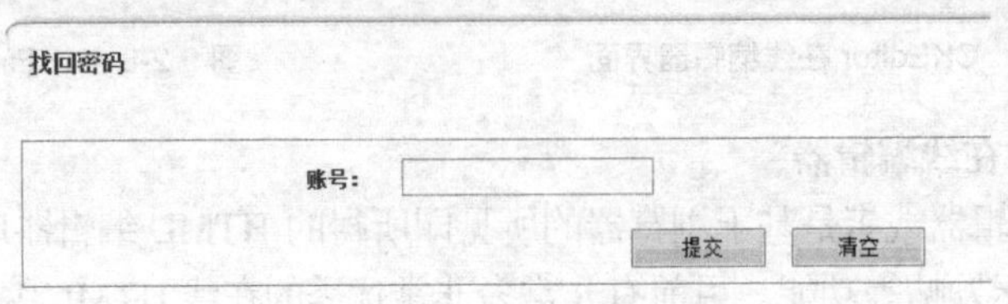

图 9-3-1 找回密码界面

通过下载并配置 Java Mail 组件，向注册时保存的联系邮箱发送新生成的密码，通过应用 Java Mail 组件实现这一功能，实现找回密码功能。

- 知识目标
  - ✓ 了解 Java Mail 邮件机制。
- 技能目标
  - ✓ 能够正确下载、部署版本的 Java Mail 组件；
  - ✓ 能够读懂并改写邮件发送程序；
  - ✓ 能够生成随机密码。

申请找回密码功能具体过程如图 9-3-2 所示。

用户提出找回密码申请，如果用户存在则从数据库中查询出邮箱信息，随机生成 6 位密码并将密码进行加密（见任务 9.1），将加密后的密码发送至邮箱并更新至数据库。在整个过程中，实现难点在于发送邮件功能，即根据 Java Mail 组件规范，调用该组件的封装类实现邮件发送功能。

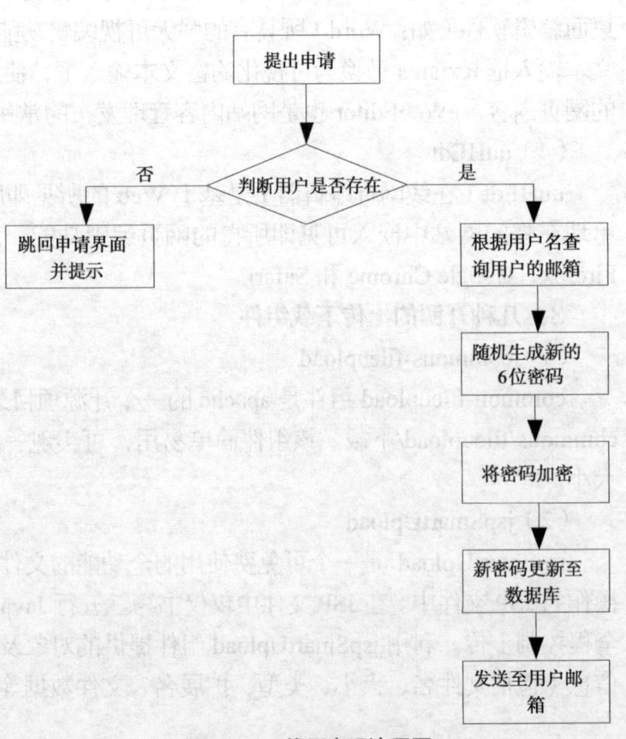

图 9-3-2 找回密码流程图

步骤一： 下载 Java Mail 组件。

网址：http://www.oracle.com/technetwork/java/index-138643.html，下载界面如图 9-3-3 所示。

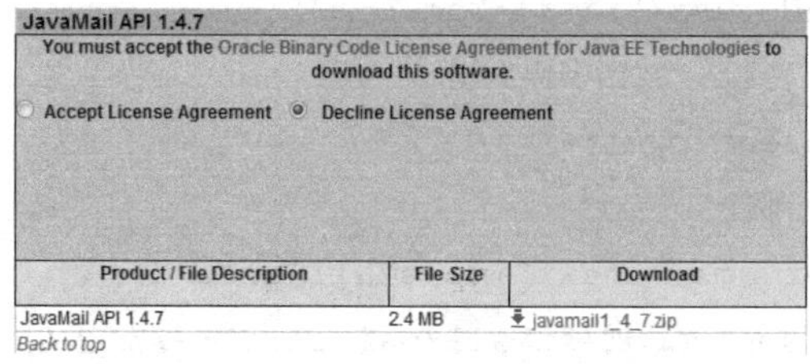

图 9-3-3　Java Mail 组件下载界面

步骤二： 在工程中配置 Java Mail 组件。

将下载到的 mail.jar 包复制到 WEB-INF 文件夹下的 lib 文件夹下。

步骤三： 编程开发实现邮件发送。

涉及的类如图 9-3-4 所示。

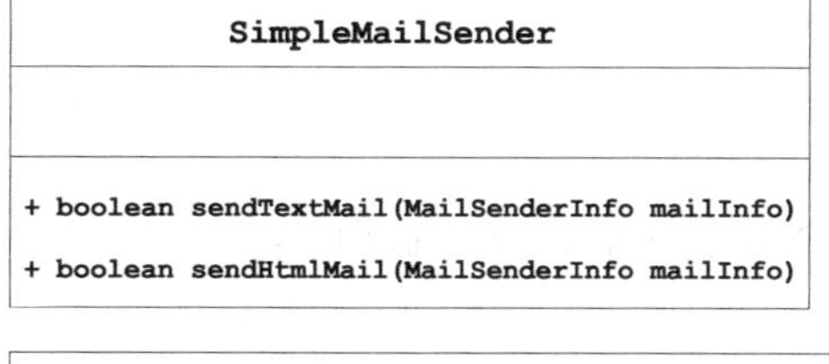


```
MyAuthenticator
- String userName
- String password
+ MyAuthenticator()
+ MyAuthenticator(String username, String password)
  PasswordAuthentication getPasswordAuthentication()
```

```
MailSenderProperties
- String mailServerHost
- String mailServerPort
- String fromAddress
- String toAddress
- String userName
- String password
- boolean validate
- String subject
- String content
- String[] attachFileName
+ Properties getProperties()
+ String getMailServerHost
+ void setMailServerHost(String mailServerHost)
……//getters and setters
```

图 9-3-4　调用 JavaMail 组件功能类结构

以上三个功能类代码见配套教学资源，其中 MyAuthenticator 继承自 javax.mail.Authenticator，用来存放用户名、密码验证信息。

- MyAuthenticator：定义发送邮件邮箱的邮箱地址与密码。
- MailSenderProperties：定义发送邮件的相关属性：邮箱服务器、端口号、发送地址、收信地址、邮件主题、邮件内容等信息。
- SimpleMailSender：定义以文本格式发送邮件的方法和以 HTML 方式发送邮件的方法。

发送邮件的主方法体如下：

```
public static void main(String[] args) {
  MailSenderProperties mailInfo = new MailSenderProperties();
```

```
3.    mailInfo.setMailServerHost("smtp.163.com");
4.    mailInfo.setMailServerPort("25");
5.    mailInfo.setValidate(true);
6.    mailInfo.setUserName("******@163.com");
7.    mailInfo.setPassword("********");//您的邮箱密码
8.    mailInfo.setFromAddress("*******@163.com");
9.    mailInfo.setToAddress("******@qq.com");
10.   mailInfo.setSubject("找回密码");
11.   mailInfo.setContent(pwd);
12.   //这个类主要来发送邮件
13.   SimpleMailSender sms = new SimpleMailSender();
14.   boolean flag = sms.sendTextMail(mailInfo);//发送文体格式
15.   if(flag)
16.   System.out.println("邮件发送成功！");
17. // sms.sendHtmlMail(mailInfo);//发送 html 格式
18. }
```

程序说明如下：

第 2~11 行：分别设置邮件的相关信息包括邮件服务器、端口号、发信人邮箱、邮箱密码、收信人邮箱、邮件主题、邮件内容等；

第 14 行：发送文本格式邮件；

第 17 行：发送 html 格式邮件。

步骤四： 产生随机的六位密码。

参照并改写产生验证码的功能代码：VerifyCodeServlet.java，关键代码如下：

```
StringBuffer sb = new StringBuffer();
char[] ch = "ABCDEFGHIJKLMNOPQRSTUVWXYZ0123456789".toCharArray();
int index, len = ch.length;
for (int i = 0; i < 6; i++) {
    index = r.nextInt(len);
    sb.append(ch[index]);
}
```

将生成的随机密码作为邮件内容发送给请求找回密码的联系人邮箱，并将生成的密码加密后更新至数据库中。

1. JavaMail 组件简介

JavaMail，是提供给开发者处理电子邮件相关的编程接口。它是 Sun 发布的用来处理 E-mail 的 API，它可以方便地执行一些常用的邮件传输。开发者可以基于 JavaMail 开发出类似于 Microsoft Outlook 的应用程序。JavaMail 包中用于处理电子邮件的核心类是：Session、Message、Address、Authenticator、Transport、Store、Folder 等。Session 定义了一个基本的邮件会话，它需要从 Properties 中读取类似于邮件服务器、用户名和密码等信息。

2．JavaMail API 关键类

- javax.mail.Session 类

Session 类表示邮件会话，是 JavaMail API 的最高层入口类。Session 对象从 java.util.Properties 对象中获取配置信息，如邮件发送服务器的主机名或 IP 地址、接受邮件的协议、发送邮件的协议、用户名、口令以及整个应用程序中共享的其他信息。

- javax.mail.Store 类

Store 类表示接受邮件服务器上注册用户的存储空间，通过 Store 类的 getFolder()方法，可以访问用户的特定邮件夹。

- javax.mail.Folder 类

Folder 类代表邮件夹，邮件都放在邮件夹中，Folder 类提供了管理邮件夹以及邮件的各种方法。

- javax.mail.Message 类

Message 类代表电子邮件。Message 类提供了读取和设置邮件内容的方法。邮件主要包含如下内容：

  - ✓ 地址信息，包括发件人地址、收件人地址列表、抄送地址列表和广播地址列表；
  - ✓ 邮件标题；
  - ✓ 邮件发送和接受日期；
  - ✓ 邮件正文（包括纯文本和附件）；

Message 是一个抽象类，常用的具体类是 Javax.mail.internet.MimeMessage。MimeMessage 是符合 MIME 规范的电子邮件。

- javax.mail.Address 类

Address 代表邮件地址，和 Message 类一样，Address 类也是一个抽象类。常用的具体类为 javax.mail.internet.InternetAddress 类。

- javax.mail.Transport 类

Transport 类根据指定的邮件发送协议（通常是 SMTP），通常指定的邮件发送服务器来发送邮件。Transport 类是抽象类的静态方法 send（Message）负责发送邮件。

3．邮件机制相关协议

（1）SMTP（Simple Mail Transfer Protocol），即简单邮件传输协议，是 Internet 传送 E-mail 的基本协议，也是 TCP/IP 协议组的成员。SMTP 协议解决邮件系统如何通过一条链路，把邮件从一台及其传送到另一台机器上的问题。SMTP 服务器的特点是具有良好的可伸缩性，既适用于局域网，也适用于广域网。客户邮件首先到达邮件发送服务器，再由发送服务器负责传送到接受方的服务器。发送邮件前，发送服务器会与接收方服务器联系，以确认接收方服务器是否已准备好接收邮件。如果已经准备好，则传送邮件；如果没有准备好，发送服务器会等待，并在一段时间后继续与接收方服务器进行联系。若在规定的时间内联系不上，发送服务器会发送一个消息到客户的邮箱说明这个情况。

（2）POP3（Post Office Protocol 3）邮局协议第三版，是 Internet 接收邮件的基本协议，也是 TCP/IP 协议组的成员。POP3 既允许接收服务器向邮件用户发送邮件，也可以接收来自 SMTP 邮件服务器的邮件。特点是快速、经济和方便。用户通过自己所熟悉的邮件客户端软件，如 Foxmail、Outlook Express 和 the Bat 等，经过相应的参数设置（主要是设置 POP3 邮件服务器的 IP 地址或者域名、用户名及口令）后，只要选择接收邮件操作，就能够远程将邮件服务器的

所有邮件下载到用户的本地硬盘上。下载了邮件后，用户就可以阅读本地邮件，并且删除服务器上的邮件。

（3）IMAP（Internet Message Access Protocol），互联网消息访问协议，是一种功能比 POP3 更强大的新的接收邮件协议。除了与 POP3 一样的功能，它还有以下功能：

- 摘要浏览邮件的功能。允许用户先阅读邮件的摘要信息、邮件的到达时间、主题、发件人和大小，然后再决定是否下载邮件；
- 选择性下载附件的功能，如果一封邮件有 5 个附件，其中只有两个是用户需要的，那么用户可以只下载那两个附件，节省了下载其余三个附件的时间。
- 鼓励用户把邮件一直存储在邮件服务器上。用户可以在服务器上建立任意层次结构的邮价夹，并且可以灵活地在邮件夹之间移动邮件。
- 允许用户把远程邮件服务器上的邮箱作为信息存储工具。

任务 9.4　应用 JFreeChart 进行销售统计

在电子商务网站中，销售情况统计功能对于网站管理员来说非常重要，可以通过生成饼图、柱状图或是折线图来统计分析商品销售情况、买家购买情况等，如图 9-4-1 所示。

查询类型 ◉柱状图 ○饼图
统计字段：用户购买情况 ▾
销售前　　位　查询

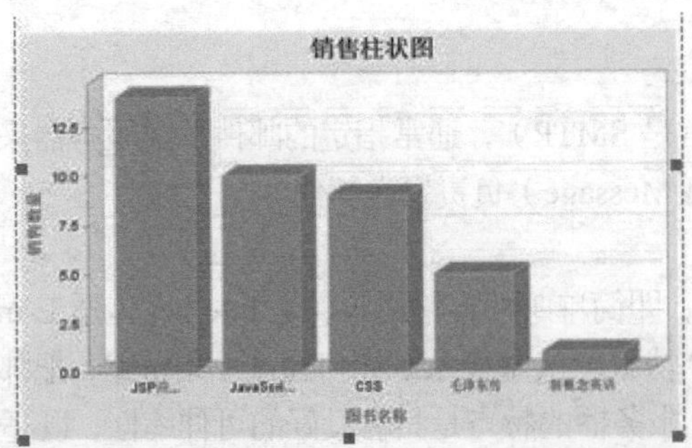

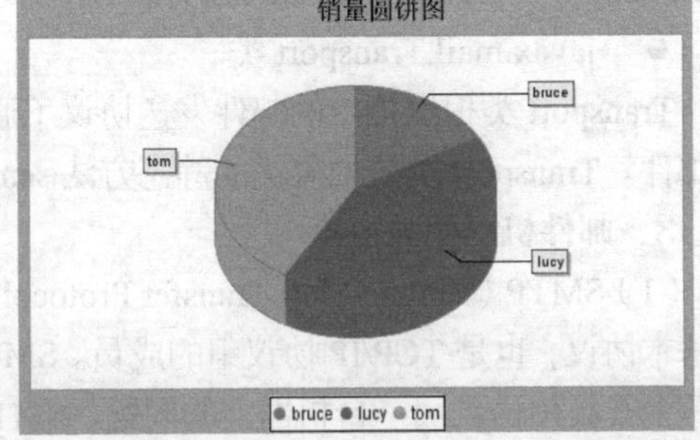

图 9-4-1　销售统计柱状图与饼图

能够通过 JFreeChart 组件进行数据统计分析，根据不同的统计需求形成不同的统计图表，能对商品销售情况进行统计，同时也能对用户购买情况进行统计。

- 技能目标
  - ✓ 能使用 JFreeChart 组件生成柱状统计图；
  - ✓ 能使用 JFreeChart 组件生成饼状统计图。

统计商品销售情况和用户购买情况需要从数据库中先查询到相关的统计汇总数据，然后按照不同统计图形的规范要求将数据传递到 JFreeChart 组件中，本任务的难点有两个：

- 从数据库中获得统计汇总数据；
- 掌握 JFreeChart 代码编程结构。

 下载 JFreeChart 组件。

JFreeChart 是 JFreeChart 公司在开源网站 SourceForge.net 上的一个项目，该公司的主要产品有如下：

（1）JFreeReport：报表解决工具

（2）JFreeChart：Java 图形解决方案（Application/Applet/Servlet/Jsp）

（3）JCommon：JFreeReport 和 JFreeChart 的公共类库

（4）JFreeDesigner：JFreeReport 的报表设计工具

下载地址：http://sourceforge.net/projects/jfreechart/files/，下载页面如图 9-4-2 所示。

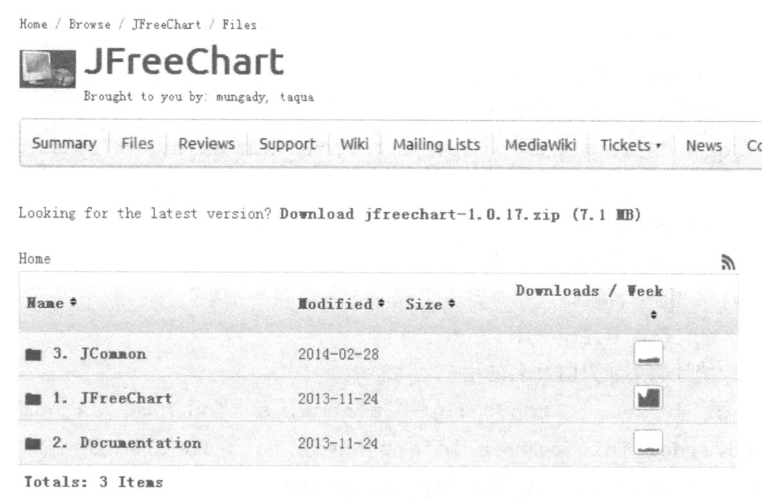

图 9-4-2　JFreeChart 下载页面

步骤二： 配置 JfreeChart。

配置时需要关注的文件有如下三个：jfreechar.jar、jcommon.jar、gnujaxp.jar。把上述三个文件拷贝到工程\WEB-INF\LIB 中，然后修改\WEB-INF\web.xml 文件，在其中加入如下代码：

```
<servlet>
   <servlet-name>DisplayChart</servlet-name>
   <servlet-class>org.jfree.chart.servlet.DisplayChart</servlet-class>
```

```
</servlet>
<servlet-mapping>
   <servlet-name>DisplayChart</servlet-name>
   <url-pattern>/servlet/DisplayChart</url-pattern>
</servlet-mapping>
```

此段代码意味着将 jfreechar.jar 包中 org.jfree.chart.servlet.DisplayChart 类配置 url 地址为/servlet/DisplayChart，可以解析图片并进行显示。

步骤三： 编写 SQL 语句。

统计销售前 N 名的图书销售情况。

```
String sql = "select top "+top+" p. name as name,sum(od.num) as num from order_detail od,product_info p where p.id=od.b_id group by p.id,p.name order by num desc";
```

统计购买能力前 N 名的用户。

```
String sql = "select top "+top+" u.name, sum(od.num) as num from order_detail od,order_info o,user_info u where od.o_id=o.id and u.id=o.userId group by userId,u.name order by num desc";
```

步骤四： 在 OrderDaoImpl 中实现统计方法 **statOrder**。

```
public JFreeChart statOrder(int top,String graphType,String field){
    JFreeChart chart = null;
    String title = "";
    String x = "";
    if(field.equals("book")){
        //统计销售前N名的图书销售情况
        sql = "select top "+top+" b.b_name as b_name,sum(od.num) as num from order_detail od,book_info b where b.b_id=od.b_id group by b.b_id,b.b_name order by num desc";
        title = "图书销售情况";
        x = "图书名称";
    }else if(field.equals("user")){
        //统计购买能力前N名的用户
        sql = "select top "+top+" u.name, sum(od.num) as num from order_detail od,order_info o,user_info u where od.o_id=o.id and u.id=o.userId group by userId,u.name order by num desc";
        title = "用户购买情况";
        x = "用户名称";
    }
    try {
        psmt = con.prepareStatement(sql);
        rs = psmt.executeQuery();
        if(graphType.equals("pie")){
        DefaultPieDataset data = new DefaultPieDataset();
        while(rs.next())
            data.setValue(rs.getString(1),rs.getInt(2));
```

```
23.         PiePlot3D plot = new PiePlot3D(data);//生成一个 3D 饼图
24.         chart = new JFreeChart("",JFreeChart.DEFAULT_TITLE_FONT, plot,
    true);
25.         chart.setBackgroundPaint(java.awt.Color.lightGray);//可选，设置图片
    背景色
26.         chart.setTitle(title);//可选，设置图片标题
27.         plot.setToolTipGenerator(new StandardPieToolTipGenerator());
    //MAP 中鼠标移上的显示格式
28.     }else if(graphType.equals("column")){
29.         DefaultCategoryDataset dataset = new DefaultCategoryDataset();
30.         while(rs.next())
31.         dataset.addValue(rs.getInt(2),title,rs.getString(1));
32.         chart = ChartFactory.createBarChart3D(title,x,"数量
    ",dataset,PlotOrientation.VERTICAL,false,false,false);
33.     }
34.     } catch (SQLException e) { e.printStackTrace();       }
35.     return chart;
36. }
```

程序说明如下。

第 1 行：程序输入参数为统计前 top 位、图形类型、统计字段，返回 JFreeChart 类型；

第 3～15 行：根据输入参数定义 sql 语句、图表名称、x 轴名称；

第 17～18 行：从数据库查询出相关统计数据；

第 19～27 行：根据数据生成饼图；

第 28～33 行：更具数据生成柱状图；

第 35 行：将生成的图形输出。

步骤四： 在 OrderAdminServlet.java 中生成统计图形，并将文件路径作为参数发送至图片显示页面。

```
1.  if(oprType.equals("stat")){
2.      String graphType = request.getParameter("graphType");
3.      String top = request.getParameter("top");
4.      String field = request.getParameter("field");
5.      JFreeChart chart = odi.statOrder(Integer.parseInt(top), graphType,field);
6.      StandardEntityCollection sec = new StandardEntityCollection();
7.      ChartRenderingInfo info = new ChartRenderingInfo(sec);
8.      String filename = ServletUtilities.saveChartAsPNG(chart,500,300,info,
    request.getSession());
9.      response.sendRedirect("admin/stat_order.jsp?filename="+filename);
10. }
```

程序说明如下。

第 2～4 行：接收参数图形类型、统计前几名、统计类型；

第 5 行：调用 OrderDaoImpl.java 中的 statOrder 方法，生成统计图形 chart；

第 6 ~ 8 行：设置图形相关信息，并将图形通过 session 写入临时文件夹；

第 9 行：页面跳转至图形显示页，并将文件名通过 URL 参数传递过去。

在生成统计图形过程中，读者会问生成的真实图片存放在什么位置？默认情况下，图片会直接保存在 tomcat 路径下的 temp 文件夹下。

步骤五： 在页面中显示统计图形。

```
1.  <div align="center"  style="margin-top: 50px;">
2.  <%  String filename = request.getParameter("filename");
3.      if(filename!=null&&filename.length()>0){
4.          String graphURL = request.getContextPath() + "/DisplayChart?filename=" + filename;
5.  %>
6.      <img src="<%=graphURL %>" width=500 height=300 border=0 usemap="#<%=filename %>">
7.  <%} %>
8.    </div>
```

程序说明如下。

第 2 行：接收 request 参数 filename；

第 3 ~ 5 行：如果 filename 不为空或空字符串的话，graphURL 的值就为当前工程根路径+"/DisplayChart?filename=" + filename；

第 6 行：在 img 标签中显示图片。

1. JFreeChartt 组件简介

JFreeChart 是 Java 平台上的一个开放的图表绘制类库。它完全使用 Java 语言编写，是为 applications、applets、servlets 以及 JSP 等使用所设计的。JFreeChart 可生成饼图（pie charts）、柱状图（bar charts）、散点图（scatter plots）、时序图（time series）、甘特图（Gantt charts）等多种图表,并且可以产生 PNG 和 JPEG 格式的输出,还可以与 PDF 和 EXCEL 关联。JFreeChart Java 图表库是一个免费的插件，使开发人员容易绘制专业质量图表显示在他们的应用程序。JFreeChart 广泛的特性包括：一致的和证据确凿的 API，支持多种图表类型；一个灵活的设计，很容易扩展，和目标服务器端和客户端应用程序；支持多种输出类型,包括 Swing 组件、图像文件（包括 PNG 和 JPEG）和矢量图形文件格式（包括 PDF、EPS 和 SVG）。

JFreeChart 主要包括如下几个方面：

pie charts (2D and 3D)：饼图（平面和立体）

bar charts (regular and stacked, with an optional 3D effect)：柱状图

line and area charts：曲线图

scatter plots and bubble charts

time series, high/low/open/close charts and candle stick charts：时序图

2. JFreeChart 核心类库介绍

jfreechart 源码主要由两个大的包组成：org.jfree.chart 和 org.jfree.data。其中前者主要与图形本身有关，后者与图形显示的数据有关。核心类主要有：

（1）org.jfree.chart.JFreeChart：图表对象，任何类型的图表的最终表现形式都是对该对象进行属性的定制。JFreeChart 引擎本身提供了一个工厂类用于创建不同类型的图表对象。

（2）org.jfree.data.category. XXXDataSet:数据集对象，用于提供显示图表所用的数据。不同类型的图表对应着很多类型的数据集对象类。

（3）org.jfree.chart.plot. XXXPlot：图表区域对象，这个对象决定着什么样式的图表，创建该对象的时候需要 Axis、Renderer 以及数据集对象的支持。

（4）org.jfree.chart.axis. XXXAxis：用于处理图表的两个轴：纵轴和横轴。

（5）org.jfree.chart.render. XXXRender：负责如何显示一个图表对象。

（6）org.jfree.chart.urls. XXXURLGenerator:用于生成 Web 图表中每个项目的鼠标单击连接。

（7）XXXXXToolTipGenerator：生成图像的帮助提示，不同类型图表对应不同类型工具提示类。

JfreeChart 折线图实现代码

```
public class LineChart {
 public static void create LineChart(){
  DefaultCategoryDataset dataset = new DefaultCategoryDataset();
  dataset.addValue(100, "测 2", "安全");
  dataset.addValue(150, "测 3", "流");
  dataset.addValue(300, "测 3", "结果");
  dataset.addValue(100, "测 4", "效益");
  //三维折线图 createLineChart3D
  JFreeChart chart = ChartFactory.createLineChart(
       "曲线图",                    // 标题
       "曲线",                      // 横坐标
       "值",                   // 纵坐标
       dataset,                     // 数据
       PlotOrientation.VERTICAL,    // 竖直图表
       true,                       // 是否显示 legend
       false,                       // 是否显示 tooltip
       false                       // 是否使用 url 链接
   );
  //设置字体
  JfreeChinese.setChineseForXY(chart);
  FileOutputStream fos = null;
  try {
     fos = new FileOutputStream("src/poly.png");
```

```
24.         ChartUtilities.writeChartAsPNG(fos, chart, 400, 300);
25.     } catch (FileNotFoundException e) {
26.      e.printStackTrace();
27.     } catch (IOException e) {
28.      e.printStackTrace();
29.     } finally {
30.        try {
31.         if(fos != null){
32.          fos.close();
33.         }
34.      } catch (IOException e) {
35.       e.printStackTrace();
36.     }
37.    }
38.   }
39.
40.   public static void main(String[] args) {
41.    LineChart.createLineChart();
42.   }
43. }
```

程序说明如下：

第 3 ~ 7 行：定义数据集并赋值；

第 9 ~ 20 行：定义图形对象，对属性赋值；

第 21 ~ 38 行：生成折线图并将图片写到 src/poly.png；

第 40 ~ 43 行：测试生成折线图的方法。

任务 9.5　应用 jspSmartUpload 实现模板文件下载

在实现商品信息的 Excel 文件批量导入之前，需要提供给用户文档的模板格式，用户才能够根据模板编辑商品数据信息。因此，需要实现文档模板的下载功能，如图 9-5-1 所示。本任务将用 jspSmartUpload 组件来实现这一功能。

图 9-5-1　下载文档模板效果页面

- 技能目标
  - ✓ 能下载并配置 jspSmartUpload 组件；
  - ✓ 能使用 jspSmartUpload 组件实现文档下载。

通过单击“模板文件下载”超链接，向 DownLoadServlet 发送请求，在 DownLoadServlet 中利用 jspSmartUpload 实现从服务器读文件并向发送请求的本地机写文件的功能。

步骤一： 下载并配置 jspSmartUpload 组件。

jspSmartUpload 是由 www.jspsmart.com 网站开发的一个可免费使用的全功能的文件上传下载组件，推荐国内网站下载，通过百度 jspSmartUpload，可以下载。

下载后将 jspSmartUpload.jar 复制粘贴到 WEB-INF/lib 文件夹下即可。

步骤二： 配置下载文件的超链接，发送请求至 DownLoadServlet。

```
<a href="<%=path %>/DownloadServlet">模板文件下载</a>
```

步骤三： 创建 DownLoadServlet 实现文档下载。

```
public class DownloadServlet extends HttpServlet {
public void doGet(HttpServletRequest request, HttpServletResponse
response)throws ServletException, IOException {doPost(request, response);
    }
public void doPost(HttpServletRequest request, HttpServletResponse
response) throws ServletException, IOException {
      response.setContentType("text/html; charset=UTF-8");
      String url = request.getSession().getServletContext().getRealPath
("")+"\template\product.xls";
      SmartUpload su = new SmartUpload();
      su.initialize(this.getServletConfig(),request,response);
      su.setContentDisposition(null);
      try {
         System.out.println(url);
         su.downloadFile(url);
      } catch (SmartUploadException e) {
       e.printStackTrace();
```

```
14.         }
15. }
16. }
```

程序说明如下。

第 5 行：获得文件的 url 访问地址；

第 6 行：创建 SmartUpload 对象 su；

第 7 行：通过当前 Servlet 上下文、request、response 初始化 su 对象，为下载做好准备；

第 8 行：设置 su 对象为不自动打开；

第 11 行：下载文件。

jspSmartUpload 组件的几个常用类

1. file 类

包装了一个上传文件的所有信息。通过 file 类，可以得到上传文件的文件名、文件大小、扩展名、文件数据等信息。File 类主要提供以下方法：

（1）saveAs

作用：将文件换名另存。

原型：public void saveAs(java.lang.String destFilePathName)

public void saveAs(java.lang.String destFilePathName, int optionSaveAs)

destFilePathName 是另存的文件名，optionSaveAs 是另存的选项，该选项有三个值，分别是 SAVEAS_PHYSICAL、SAVEAS_VIRTUAL、SAVEAS_AUTO。SAVEAS_PHYSICAL 表明以操作系统的根目录为文件根目录另存文件，SAVEAS_VIRTUAL 表明以 Web 应用程序的根目录为文件根目录另存文件，SAVEAS_AUTO 则表示让组件决定，当 Web 应用程序的根目录存在另存文件的目录时，它会选择 SAVEAS_VIRTUAL，否则会选择 SAVEAS_PHYSICAL。

例如，saveAs("/template/product.zip",SAVEAS_PHYSICAL)执行后若 Web 服务器安装在 C 盘，则另存的文件名实际是 c:\upload\sample.zip。而 saveAs("/template/product.zip",SAVEAS_VIRTUAL)执行后若 Web 应用程序的根目录是 webapps/jspsmartupload，则另存的文件名实际是 webapps/jspsmartupload/template/product.zip。saveAs("/template/product.zip",SAVEAS_AUTO)执行时若 Web 应用程序根目录下存在 upload 目录，则其效果同 saveAs("/template/product.zip", SAVEAS_VIRTUAL)，否则同 saveAs("/template/product.zip",SAVEAS_PHYSICAL)。

建议：最好使用 SAVEAS_VIRTUAL，以便移植。

（2）isMissing

作用：这个方法用于判断用户是否选择了文件，也即对应的表单项是否有值。选择了文件时，它返回 false。未选文件时，它返回 true。

原型：public boolean isMissing()。

（3）getFieldName

作用：取 HTML 表单中对应于此上传文件的表单项的名字。

原型：public String getFieldName()。

（4）getFileName

作用：取文件名（不含目录信息）。

原型：public String getFileName()。

（5）getFilePathName

作用：取文件全名（带目录）。

原型：public String getFilePathName。

（6）getFileExt

作用：取文件扩展名（后缀）。

原型：public String getFileExt()。

（7）getSize

作用：取文件长度（以字节计）。

原型：public int getSize()。

（8）getBinaryData

作用：取文件数据中指定位移处的一个字节，用于检测文件等处理。

原型：public byte getBinaryData(int index)。其中，index 表示位移，其值在 0 到 getSize()-1 之间。

2. files 类

表示所有上传文件的集合，通过 files 类可以得到上传文件的数目、大小等信息。有以下方法：

（1）getCount

作用：取得上传文件的数目。

原型：public int getCount()。

（2）getFile

作用：取得指定位移处的文件对象 File（这是 com.jspsmart.upload.File，不是 java.io.File，注意区分）。

原型：public File getFile(int index)。其中，index 为指定位移，其值在 0 到 getCount()-1 之间。

（3）getSize

作用：取得上传文件的总长度，可用于限制一次性上传的数据量大小。

原型：public long getSize()。

（4）getCollection

作用：将所有上传文件对象以 Collection 的形式返回，以便其他应用程序引用，浏览上传文件信息。

原型：public Collection getCollection()。

（5）getEnumeration

作用：将所有上传文件对象以 Enumeration（枚举）的形式返回，以便其他应用程序浏览上传文件信息。

原型：public Enumeration getEnumeration()。

3. request 类

其功能等同于 JSP 内置的对象 request。之所以提供这个类，是因为对于文件上传表单，通过 request 对象无法获得表单项的值，必须通过 jspSmartUpload 组件提供的 request 对象来获取。

该类提供如下方法：

（1）getParameter

作用：获取指定参数之值。当参数不存在时，返回值为 null。

原型：public String getParameter(String name)。其中，name 为参数的名字。

（2）getParameterValues

作用：当一个参数可以有多个值时，用此方法来取其值。它返回的是一个字符串数组。当参数不存在时，返回值为 null。

原型：public String[] getParameterValues(String name)。其中，name 为参数的名字。

（3）getParameterNames

作用：取得 Request 对象中所有参数的名字，用于遍历所有参数。它返回的是一个枚举型的对象。

原型：public Enumeration getParameterNames()

4．smartupload 类完成文件的上传和下载工作

（1）上传与下载共用的方法 initialize

作用：执行上传下载的初始化工作，必须第一个执行。

原型：有多个，主要使用下面这个：

public final void initialize(javax.servlet.jsp.PageContext pageContext)

其中，pageContext 为 JSP 页面内置对象（页面上下文）。

（2）上传文件使用的方法

① upload

作用：上传文件数据。对于上传操作，第一步执行 initialize 方法，第二步就要执行这个方法。

原型：public void upload()。

② save

作用：将全部上传文件保存到指定目录下，并返回保存的文件个数。

原型：public int save(String destPathName)

public int save(String destPathName,int option)

其中，destPathName 为文件保存目录，option 为保存选项，它有三个值，分别是 SAVE_PHYSICAL、SAVE_VIRTUAL 和 SAVE_AUTO。同 File 类的 saveAs 方法的选项之值类似，SAVE_PHYSICAL 指示组件将文件保存到以操作系统根目录为文件根目录的目录下，SAVE_VIRTUAL 指示组件将文件保存到以 Web 应用程序根目录为文件根目录的目录下，而 SAVE_AUTO 则表示由组件自动选择。

③ getSize

作用：取上传文件数据的总长度。

原型：public int getSize()。

④ getFiles

作用：取全部上传文件，以 Files 对象形式返回，可以利用 Files 类的操作方法来获得上传文件的数目等信息。

原型：public Files getFiles()。

⑤ getRequest

作用：取得 Request 对象，以便由此对象获得上传表单参数之值。

原型：public Request getRequest()

⑥ setAllowedFilesList

作用：设定允许上传带有指定扩展名的文件，当上传过程中有文件名不允许时，组件将抛出异常。

原型：public void setAllowedFilesList(String allowedFilesList)

其中，allowedFilesList 为允许上传的文件扩展名列表，各个扩展名之间以逗号分隔。如果想允许上传那些没有扩展名的文件，可以用两个逗号表示。例如：setAllowedFilesList("doc,txt,,") 将允许上传带 doc 和 txt 扩展名的文件以及没有扩展名的文件。

⑦ setDeniedFilesList

作用：用于限制上传那些带有指定扩展名的文件。若有文件扩展名被限制，则上传时组件将抛出异常。

原型：public void setDeniedFilesList(String deniedFilesList)

其中，deniedFilesList 为禁止上传的文件扩展名列表，各个扩展名之间以逗号分隔。如果想禁止上传那些没有扩展名的文件，可以用两个逗号来表示。例如：setDeniedFilesList("exe,bat,,") 将禁止上传带 exe 和 bat 扩展名的文件以及没有扩展名的文件。

⑧ setMaxFileSize

作用：设定每个文件允许上传的最大长度。

原型：public void setMaxFileSize(long maxFileSize)

其中，maxFileSize 为每个文件允许上传的最大长度，当文件超出此长度时，将不被上传。

⑨ setTotalMaxFileSize

作用：设定允许上传的文件的总长度，用于限制一次性上传的数据量大小。

原型：public void setTotalMaxFileSize(long totalMaxFileSize)

其中，totalMaxFileSize 为允许上传的文件的总长度。

（3）下载文件常用的方法

① setContentDisposition

作用：将数据追加到 MIME 文件头的 CONTENT-DISPOSITION 域。jspSmartUpload 组件会在返回下载的信息时自动填写 MIME 文件头的 CONTENT-DISPOSITION 域，如果用户需要添加额外信息，请用此方法。

原型：public void setContentDisposition(String contentDisposition)

其中，contentDisposition 为要添加的数据。如果 contentDisposition 为 null，则组件将自动添加"attachment;"，以表明将下载的文件作为附件，结果是 IE 浏览器将会提示另存文件，而不是自动打开这个文件（IE 浏览器一般根据下载的文件扩展名决定执行什么操作，扩展名为 doc 的将用 Word 程序打开，扩展名为 pdf 的将用 acrobat 程序打开等）。

② downloadFile

作用：下载文件。

原型：共有以下三个原型可用，第一个最常用，后两个用于特殊情况下的文件下载（如更改内容类型，更改另存的文件名）。

- public void downloadFile(String sourceFilePathName)

其中，sourceFilePathName 为要下载的文件名（带目录的文件全名）。

- public void downloadFile(String sourceFilePathName,String contentType)

其中，sourceFilePathName 为要下载的文件名（带目录的文件全名），contentType 为内容类型（MIME 格式的文件类型信息，可被浏览器识别）。

- public void downloadFile(String sourceFilePathName,String contentType,String destFileName)

其中，sourceFilePathName 为要下载的文件名（带目录的文件全名），contentType 为内容类型（MIME 格式的文件类型信息，可被浏览器识别），destFileName 为下载后默认的另存文件名。

用 jspSmartUpload 组件实现文件上传

图片上传页面如图 9-5-2 所示。

图书附加信息

图书名称：	
图书图片：	浏览...
图书说明：	浏览...
上传	

图 9-5-2 图片上传页面

```
UploadServlet.java
public class UploadServlet extends HttpServlet {
  public void doGet(HttpServletRequest request , HttpServletResponse response) throws ServletException , IOException { doPost(request , response);}
  public void doPost(HttpServletRequest request , HttpServletResponse response) throws ServletException , IOException {
    response.setContentType("text/html ; charset=utf-8");
    SmartUpload su=new SmartUpload();
    su.initialize(this.getServletConfig() ,request ,response);
    try {
      su.upload();
      Request suRequest = su.getRequest();
      String bookName = suRequest.getParameter("bookName");
      out.print("<br>文件名为: "+bookName);
      int count = su.save("/upload" , su.SAVE_VIRTUAL);
      System.out.println("<br>"+count+"个文件上传成功! <br>");
      for (int i=0;i<su.getFiles().getCount();i++) {
        com.jspsmart.upload.File file = su.getFiles().getFile(i);
        // 若文件不存在则继续
        if (file.isMissing()) continue;
        // 显示当前文件信息
```

```
18.         System.out.println("<br>文件长度" + file.getSize());
19.         System.out.println("<br>文件名: " + file.getFileName()+"长度:
    "+file.getSize());
20.        }
21.       if(count>0)   response.sendRedirect("QueryBookServlet");
22.       else   response.sendRedirect("error.html");
23.     } catch (SmartUploadException e) {e.printStackTrace();}
24.   }
25. }
```

程序说明如下：

第 5 行：通过 PageContext,request,response 初始化 su；

第 7 行：上传文件数据；

第 8～9 行：通过 su 对象获得其 request 对象，并且获得相应的请求信息；

第 11 行：将文件上传至服务器根目录下的 upload 文件夹；

第 13～20 行：打印输出/upload 文件夹下的文件信息。

任务 9.6　应用 POI 实现商品信息的批量导入

当商品信息数据两较大时，采用一条一条添加的方式效率较低，可以采用同过 Excel 文件批量导入的形式，用 JDBC 的批处理实现，将极大提高操作效率。

能够通过 POI 组件将 Excel 中的数据信息批量导入到数据库中。

- 技能目标
  - ✓ 能够读取 Excel 文件；
  - ✓ 能够读取行、列、单元格、能够设定单元格格式。

实现 Excel 文件批量导入到数据库中需要三个步骤：

- 首先，将 Excel 文件上传至服务器，此功能的实现需要用到 CKFinder 组件，其配置与应用已在任务 9.2 中详细讲解，在此不再赘述；
- 其次，则是本任务的重点，将 Excel 中内容循环依次读出；
- 最后，将读出的数据批量写入数据库。

因此本任务的难点在于，Excel 文件、行、列、单元格的读入以及数据库批处理操作。

将任务详细分解为四个步骤，如图 9-6-1 所示。

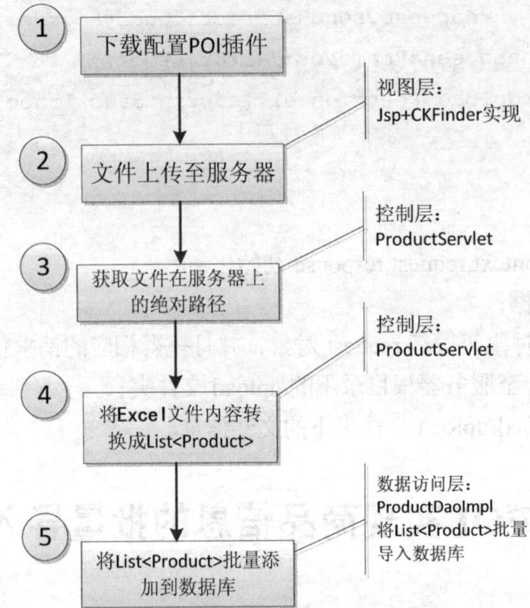

图 9-6-1　批量导入商品实现过程图

步骤一：下载与配置 POI 插件。

Apache POI 是 Apache 软件基金会的开放源码函式库，POI 提供 API 给 Java 程序对 Microsoft Office 格式档案读和写的功能。

下载地址为 http://poi.apache.org/download.html，下载界面如图 9-6-2 所示。

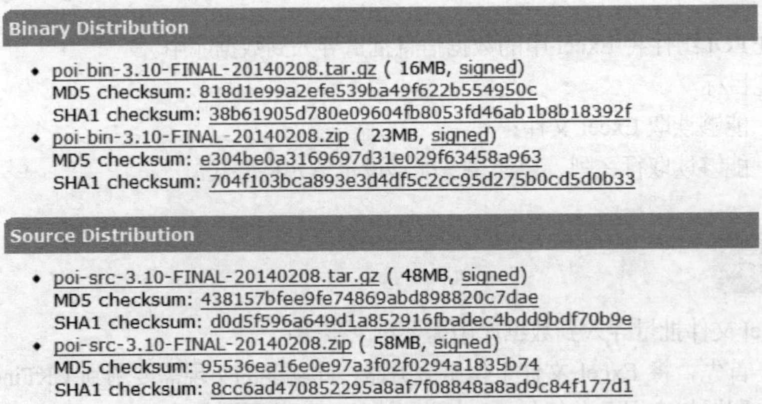

Binary Distribution

- poi-bin-3.10-FINAL-20140208.tar.gz (16MB, signed)
  MD5 checksum: 818d1e99a2efe539ba49f622b554950c
  SHA1 checksum: 38b61905d780e09604fb8053fd46ab1b8b18392f
- poi-bin-3.10-FINAL-20140208.zip (23MB, signed)
  MD5 checksum: e304be0a3169697d31e029f63458a963
  SHA1 checksum: 704f103bca893e3d4df5c2cc95d275b0cd5d0b33

Source Distribution

- poi-src-3.10-FINAL-20140208.tar.gz (48MB, signed)
  MD5 checksum: 438157bfee9fe74869abd898820c7dae
  SHA1 checksum: d0d5f596a649d1a852916fbadec4bdd9bdf70b9e
- poi-src-3.10-FINAL-20140208.zip (58MB, signed)
  MD5 checksum: 95536ea16e0e97a3f02f0294a1835b74
  SHA1 checksum: 8cc6ad470852295a8af7f08848a8ad9c84f177d1

图 9-6-2　POI 组件下载页面

POI 插件的配置：将 POI 插件复制粘贴到 WEB-INF/lib 文件夹下。

步骤二：配置 CKFinder 实现文件上传。

通过 CKFinder 实现文件上传，详细配置见任务 9.2，此处不再赘述。以下是文件上传的页面代码。

文件上传页面如图 9-6-3 所示。

选择文件
导入 重置
模板文件下载

图 9-6-3　POI 文件上传表单页面

```
1. <form name="importForm" action="./OrderAdminServlet" method="post">
2.   <input name="flag" type="hidden" value="import" />
3. <table cellspacing="0" cellpadding="0">
4.     <tr>
5.     <td class="row" >选择文件<input name="importFile" type="text"
   onclick="BrowseServer('importFile');" /></td></tr>
6.  <tr>
7.     <td class="row" ><input type="submit" value="导入"/><input type="reset"
   value="重置"/>   </td>
8. </tr>
9.   </table>
10. </form>
```

程序说明如下。

第 5 行：单击文本框时，弹出文件选择窗口，将文件上传至 Files 文件夹下，文件的路径则为：工程绝对路径/userfiles/Files/文件名。文件目录结构如图 9-6-4 所示。

图 9-6-4　userfiles 目录结构

步骤三： 在 ProductServlet 中获得文件路径。

在这一步骤中需要获得到文件的绝对路径，需要通过应用 HttpSession 对象的获得，POI 插件获取文件的路径与 URL 路径的格式有所不同，需要进行转换，URL 文件路径为“/digitalweb/userfiles/files/product.xls”，而 POI 读文件的路径则为“E：\workspace\digitalweb\userfiles\files\product.xls”，其中“\”符号，在程序中表现时需要转义符，表示为“\\”。

代码如下：

```
if(map.get("flag")[0].equals("import")){
    String filePath = "";
    String[] sf =  request.getParameter("fileName").trim().split("/");
    String pre = request.getSession().getServletContext().getRealPath("") ;
    for(int i=2;i<sf.length;i++){
        filePath = filePath + sf[i]+"\\";
    }
    filePath = pre + "\\" + filePath.substring(0 ,filePath.lastIndexOf("\\"));
```

```
9.      List<Product> pList = translate(filePath);
10.     if(pList==null||pList.size()==0){
11.         session.setAttribute("importInfo" , info);
12.         nextPage = "importProduct.jsp";
13.     }else{
14.         flag = pdi.importProduct(pList);
15.         nextPage = "ProductServlet?flag=list";
16.     }
17.         }
```

程序说明如下。

第 3 行：接收表单提交的文件名并将其用“/”符号分割成字符串数组 sf;

第 4 行：获得当前工程的绝对路径“E：\workspace\digitalweb”；

第 5～8 行：生成文件的绝对路径地址“E：\workspace\digitalweb\userfiles\files\product.xls”；

第 9 行：调用 translate 方法，将 Excel 文件内容读出，并转换成 List<Product>对象形式存储；

第 10～12 行：如果转换不成功，返回导入页面，现实错误原因；

第 13～16 行：如果转换成功，则调用 ProductDaoImpl 类中的 importProduct 方法，将数据批量导入到数据库中。

步骤四：在 ProductServlet 中定义 translate 方法。

translate 方法输入为文件路径，输出为 List<Product>，其功能是根据文件路径读 Excel 文件，并将数据转换为 List<Product>对象。在这个过程中分成这样几个关键环节：

- 打开 Excel 工作簿；
- 按行循环，读出一行数据信息 row；
- 再按列循环，读出单元格信息 cell；
- 将单元格的值按章顺序赋予 Prodcut 对象；
- 将 product 对象添加到 List<Product>对象列表中；
- 返回 List<Product>对象列表。

具体代码如下：

```
public List<Product> translate(String filePath){
    List<Product> pList = new ArrayList<Product>();
    try {
        HSSFWorkbook  workbook = new HSSFWorkbook(new
FileInputStream(filePath));
        HSSFSheet sheet = workbook.getSheetAt(0);
        HSSFRow row = null;
        int num = sheet.getPhysicalNumberOfRows();
        for(int i=1;i<num;i++){
            row = sheet.getRow(i);
            Product p = new Product();
            //获取最后一列的列数
```

```
                int num2 = row.getPhysicalNumberOfCells();
                HSSFCell cell = null;
                int j=0;
                try{
                for(;j<num2;j++){
                    cell = row.getCell(j);
                    switch(j){
                    case 0://code
                        cell.setCellType(HSSFCell.CELL_TYPE_STRING);
                        p.setCode(cell.getStringCellValue());break;
                    case 1://name
                        p.setName(cell.getStringCellValue());break;
                    case 2: //type
                        p.setType(cell.getStringCellValue());break;
                    case 3://brand
                        p.setBrand(cell.getStringCellValue());break;
                    case 4://pic
                        p.setPic(cell.getStringCellValue());break;
                    case 5://num
                        p.setNum((int)cell.getNumericCellValue());break;
                    case 6://price
                        cell.setCellType(HSSFCell.CELL_TYPE_NUMERIC);
                        p.setPrice((double)cell.getNumericCellValue());break;
                    case 7://sale
                        cell.setCellType(HSSFCell.CELL_TYPE_NUMERIC);
                        p.setSale((double)cell.getNumericCellValue());break;
                    case 8://intro
                        p.setIntro(cell.getStringCellValue());break;
                    default:break;
                    }//end of switch
                }//end of for
                }catch(Exception e){
                    e.printStackTrace();
                    info = "第"+(i+1)+"行第"+(j+1)+"列单元格格式错误";
                    pList.clear();
                   break;
                }
            pList.add(p);
            }
    } catch (FileNotFoundException e) {
        e.printStackTrace();
```

```
53.         info = "文件找不到";
54.         pList.clear();
55.     } catch (IOException e) {
56.         e.printStackTrace();
57.         info = "文件传输错误";
58.         pList.clear();
59.     }
60.     return pList;
61. }
```

程序说明如下。

第 4 行：打开 Excel 文件；

第 5 行：打开第一个工作簿；

第 7 行：获得工作簿中的数据行数；

第 8 ~ 10 行：行循环，读出行 row 的数据信息；

第 12 行：获得每一行的列数；

第 16 ~ 42 行：列循环，读出单元格 cell 信息，并将其按照顺序给 product 对象赋值，最后将 product 放入 pList 中；

第 43 ~ 59 行：异常处理，如果出现异常设置 info 的值，并将 pList 清空；

第 60 行：返回 pList。

步骤五： 在 ProductDaoImpl 中，定义 importProduct 方法，将数据批量导入数据库。

importProduct 方法输入为 List<Product>，输出为 boolean，即添加成功或是失败。这个方法与 ProductDaoImpl 中的 add 方法非常类似，不同的是 add 方法是一次添加一条记录，而 importProduct 方法是一次性添加 N 条记录，而且这里的 N 有可能会比较大，因此这里用到了 JDBC 的批处理（批处理的详细介绍见接下来的技术要点）。

代码如下：

```
public boolean importProduct(List<Product> pList) {
    sql = "insert into product_info(code ,name ,type ,brand ,pic ,num ,price ,sale ,intro)values(? ,? ,? ,? ,? ,? ,? ,? ,?)";
    try {
        con.setAutoCommit(false);
        psmt = con.prepareStatement(sql);
        for(Product p:pList){
            psmt.setString(1 , p.getCode());
            psmt.setString(2 , p.getName());
            psmt.setString(3 , p.getType());
            psmt.setString(4 , p.getBrand());
            psmt.setString(5 , p.getPic());
            psmt.setDouble(6 , p.getNum());
            psmt.setDouble(7 , p.getPrice());
```

```
14.             psmt.setDouble(8 , p.getSale());
15.             psmt.setString(9 , p.getIntro());
16.             psmt.addBatch();
17.         }
18.         int[] batchRow = psmt.executeBatch();
19.         for(int i:batchRow){    row += i;}
20.         if(row==pList.size())con.commit();
21.         con.setAutoCommit(true);
22.     }catch (SQLException e) {   e.printStackTrace();    }
23.         return row==pList.size()?true:false;
24.     }
```

程序说明如下。

第 4 行：关闭数据访问的自动提交，在任务 7.3 中已经详细阐述；

第 6～16 行：循环遍历 pList ，将对象 product 的值赋予 sql 中的？替代符；

第 17 行：添加大批处理中，暂时不执行，只是放入批处理中等待执行；

第 18 行：执行批处理，返回结果为 int 类型的数组，数组的值为执行批处理后返回的结果，如果全为 1 表示全部执行成功，否则表示没有全部执行成功；

第 19～21 行：判断是否全部执行成功，如果是则提交事物；

第 23 行：如果全部执行成功则返回 true，否则返回 false。

1．POI 组件的常用对象和方法

Apache 的 POI 组件是 Java 操作 Microsoft Office 办公套件的强大 API，其中对 Word、Excel 和 PowperPoint 都有支持，当然使用较多的还是 Excel，因为 Word 和 PowerPoint 用程序动态操作的应用较少。Office 2007 的文件结构完全不同于 Office 2003，所以对于两个版本的 Office 组件，POI 有不同的处理 API，分开使用即可。Apache POI 是 Apache 软件基金会的开放源码函式库，POI 提供 API 给 Java 程序对 Microsoft Office 格式档案读和写的功能。

结构：

HSSF － 提供读写 Microsoft Excel 格式档案的功能。

XSSF － 提供读写 Microsoft Excel OOXML 格式档案的功能。

HWPF － 提供读写 Microsoft Word 格式档案的功能。

HSLF － 提供读写 Microsoft PowerPoint 格式档案的功能。

HDGF － 提供读写 Microsoft Visio 格式档案的功能。

本部分重点讲解的是对 Office 2003 Excel 文档即以.xls 为后缀名的文件的处理实现过程。

重点方法讲解：

（1）通过文件输入流根据文件路径读文件创建 workbook，相当于 Excel 工作簿，实现代码如下：

```
HSSFWorkbook workbook = new HSSFWorkbook(new FileInputStream(filePath));
```

（2）打开 workbook 工作簿中的工作表，相当于 Excel 中的 sheet 工作表，有两种方式，第一种按照工作表的先后顺序，下标从 0 开始，实现代码如下：

```
HSSFSheet sheet = workbook.getSheetAt(0);
```

第二种，根据工作表的名称获取，实现代码如下：

```
HSSFSheet sheet = workbook.getSheetAt("product");
```

（3）获取总行数

```
int num = sheet.getPhysicalNumberOfRows();
```

（4）获取列数

```
int num2 = row.getPhysicalNumberOfCells();
```

（5）工作表 sheet 根据下标获得行

```
HSSFRow row = sheet.getRow(i);
```

（6）行 row 根据下标获得单元格

```
HSSFCell cell cell = row.getCell(j);
```

（7）获取单元格中的值

获取文本类型单元格的值

```
cell.getStringCellValue()
```

获取数值类型单元格的值，先设定为数值类型单元格，然后按照数值类型获得，有时候有的单元格设定为文本类型，但是程序中需要的值是数值型，就需要先将单元格的类型设置为数值型再来取值。

```
cell.setCellType(HSSFCell.CELL_TYPE_NUMERIC);
(double)cell.getNumericCellValue()
```

2. JDBC 批处理

需要向数据库发送多条 sql 语句时，为了提升执行效率，可以考虑采用 JDBC 的批处理机制。采用 PreparedStatement.addBatch()实现批处理优点是：发送的是预编译后的 SQL 语句，执行效率高。缺点是：只能应用在 SQL 语句相同，但参数不同的批处理中。因此此种形式的批处理经常用于在同一个表中批量插入数据，或批量更新表的数据。

JDBC 的批处理机制主要涉及 Statement 或 PreparedStatement 对象的以下方法：

- addBatch(String sql)：Statement 类的方法，多次调用该方法可以将多条 sql 语句添加到 Statement 对象的命令列表中。执行批处理时将一次性地把这些 sql 语句发送给数据库进行处理。
- addBatch()：PreparedStatement 类的方法，多次调用该方法可以将多条预编译的 sql 语句添加到 PreparedStatement 对象的命令列表中。行批处理时将一次性地把这些 sql 语句发送给数据库进行处理。
- executeBatch()：把 Statement 对象或 PreparedStatement 对象命令列表中的所有 sql 语句发送给数据库进行处理。
- clearBatch()：清空当前 sql 命令列表。

1. POI 创建 Excel

通过 POI 插件创建 Excel，并输出内容，具体代码如下：

```
public class CreateECXEL {
/** Excel 文件要存放的位置，假定在 D 盘下*/
```

```
3.  public static String excelFile="D:\\ex.xls";
4.  public static void main(String argv[]){
5.      try{
6.          HSSFWorkbook workbook = new HSSFWorkbook();
7.          HSSFSheet sheet = workbook.createSheet();
8.          HSSFRow row = sheet.createRow((short)0);
9.          HSSFCell cell = row.createCell((short) 0);
10.         cell.setCellType(HSSFCell.CELL_TYPE_STRING);
11.         cell.setCellValue("姓名");
12.         FileOutputStream fOut = new FileOutputStream(excelFile);
13.         workbook.write(fOut);
14.         fOut.flush();
15.         fOut.close();
16.         System.out.println("文件生成...");
17.         }catch(Exception e) {
18.         System.out.println("已运行 xlCreate() : " + e );
19.         }
20.     }
21. }
```

程序说明：

第 6 行：创建新的 Excel 工作簿；

第 7 行：在 Excel 工作簿中建一工作表，其名为默认值；

第 8 行：在索引 0 的位置创建行（首行）；

第 10 行：定义单元格为字符串类型；

第 11 行：在单元格中输入单元内容；

第 12 行：新建文件输出流；

第 13 行：把相应的 Excel 工作簿存盘；

第 15 行：操作结束，关闭文件。

2．POI 读写 Word 文档

通过 POI 读取 Word 文档，具体实现代码如下：

```
public class ReadWord {
public static void main(String [] args){
    FileInputStream file;
    try {
        file = new FileInputStream("d:\\a.doc");
        WordExtractor extractor;
        try {
        extractor = new WordExtractor(file);
        String st=extractor.getText();
        System.out.println(st);
        } catch (IOException e) {
```

```
12.            e.printStackTrace();
13.        }
14.    }catch(FileNotFoundException e){
15.        e.printStackTrace();
16.    }
17. }
18. }
```

程序说明：

第 5 ~ 8 行：将 D 盘的 a.doc 文档打开；

第 9 行：读取文档中的文字。

1. 配置 CKFinder 时，在 config.xml 配置文件中，哪一项是配置文件上传路径？（ ）

A. baseDir

B. baseRoot

C. baseURL

D. webRoot

2. JavaMail 是一组用于发送和接收邮件消息的 API。发送邮件使用（ ）协议，接收邮件使用（ ）协议。

A. POP3 SMTP

B. POP3 TCP

C. SMTP TCP

D. SMTP POP3

3. 声明 SmartUpload 对象的正确方法是（ ）。

A. SmartUpload su = new SmartUpload();

B. SmartUpload su = SmartUpload.newInstance()

C. SmartUpload su = SmartUpload.initialize();

D. SmartUpload 无需实例化，可直接使用

4. 思考如何通过 JavaMail 实现邮件的定时发送和批量发送？

5. 文件的上传下载本质即文件的读写，根据这一思路，思考如何设计并实现这一功能。

6. 思考如何用 POI 插件实现 Word 文档的检测评分。

PART 10 附录

附录 1 MyEclipse 快捷键

1. Ctrl+M 切换窗口的大小。
2. Ctrl+Q 跳到最后一次的编辑处。
3. F2 当鼠标放在一个标记处出现 Tooltip 的时候，按 F2 则把鼠标移开时 Tooltip 还会显示，即 Show Tooltip Description。

   F3 跳到声明或定义的地方。

   F5 单步调试进入函数内部。

   F6 单步调试不进入函数内部，如果装了金山词霸 2006，则要把“取词开关”的快捷键改成其他的。

   F7 由函数内部返回到调用处。

   F8 一直执行到下一个断点。
4. Ctrl+Pg ~ 对于 XML 文件是切换代码和图示窗口。
5. Ctrl+Alt+I 看 Java 文件中变量的相关信息。
6. Ctrl+PgUp 对于代码窗口是打开“Show List”下拉框，在此下拉框里显示有最近曾打开的文件 。
7. Ctrl+/ 在代码窗口中是//~注释。
8. Ctrl+Shift+/ 在代码窗口中是/*~*/注释，在 JSP 文件窗口中是<!--~-->。
9. Alt+Shift+O（或单击工具栏中的 Toggle Mark Occurrences 按钮）当单击某个标记时可使本页面中其他地方的此标记黄色凸显，并且窗口的右边框会出现白色的方块，单击此方块会跳到此标记处。
10. 右键单击窗口的左边框即加断点的地方选 Show Line Numbers 可以加行号。
11. Ctrl+I 格式化激活的元素 Format Active Elements。
12. Ctrl+Shift+F 格式化文件 Format Document。
13. Ctrl+S 保存当前文件。
14. Ctrl+Shift+S 保存所有未保存的文件。
15. Ctrl+Shift+M（先把光标放在需导入包的类名上）作用是加 Import 语句。
16. Ctrl+Shift+O 作用是缺少的 Import 语句被加入，多余的 Import 语句被删除。
17. Ctrl+Shift+Space 提示信息即 Context Information。
18. Ctrl+D 删除当前行。
19. 双击窗口的左边框可以加断点。

20. 在.jsp.或.java 等文件中右键选“Campare With”或“Replace With”可以找到所有操作的历史记录。

21. 在菜单中选 Window－Show View－Navigator 可调出导航功能窗。

22. Ctrl+1 快速修复。

23. Ctrl+Alt+↓ 复制当前行到下一行（复制增加）。

24. Ctrl+Alt+↑ 复制当前行到上一行（复制增加）。

25. Alt+↓ 当前行和下面一行交互位置。

26. Alt+↑ 当前行和上面一行交互位置。

27. Alt+← 前一个编辑的页面。

28. Alt+→ 下一个编辑的页面。

29. Alt+Enter 显示当前选择资源（工程或文件）的属性。

30. Shift+Enter 在当前行的下一行插入空行。

31. Shift+Ctrl+Enter 在当前行插入空行。

32. Ctrl+Q 定位到最后编辑的地方。

33. Ctrl+L 定位在某行。

34. Ctrl+M 最大化当前的 Edit 或 View。

35. Ctrl+/ 注释当前行，再按则取消注释。

36. Ctrl+O 快速显示 OutLine。

37. Ctrl+T 快速显示当前类的继承结构。

38. Ctrl+W 关闭当前 Editer。

39. Ctrl+K 参照选中的 Word 快速定位到下一个。

40. Ctrl+E 快速显示当前 Editer 的下拉列表。

41. Ctrl+/（小键盘）折叠当前类中的所有代码。

42. Ctrl+×（小键盘）展开当前类中的所有代码。

43. Ctrl+Space 代码助手完成一些代码的插入（但一般和输入法有冲突，可以修改输入法的热键，也可以暂用 Alt+/来代替）。

44. Ctrl+Shift+E 显示管理当前打开的所有的 View 的管理器。

45. Ctrl+J 正向增量查找。

46. Ctrl+Shift+J 反向增量查找。

47. Ctrl+Shift+F4 关闭所有打开的 Editer。

48. Ctrl+Shift+X 把当前选中的文本全部变为小写。

49. Ctrl+Shift+Y 把当前选中的文本全部变为小写。

50. Ctrl+Shift+F 格式化当前代码。

51. Ctrl+Shift+P 定位到对应的匹配符（譬如{}）。

附录 2 Java Web 开发常见错误与调试

（一）Java Web 开发中的常见错误

1．常见错误 1：404 错误

404 错误的出错界面如图 2-1 所示。

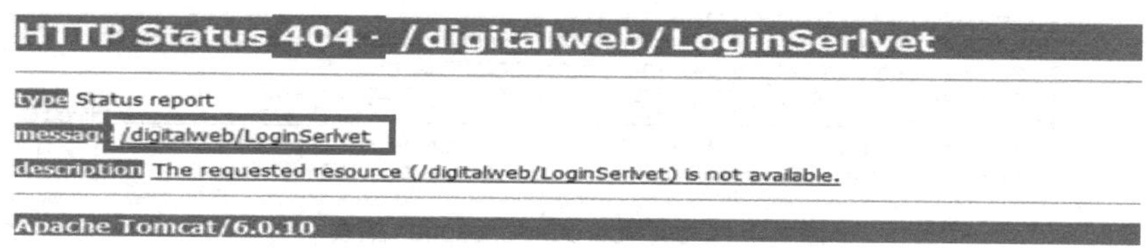

图 2-1 404 错误界面

404 错误表示：请求资源找不到。

解决办法：

如果是向 Servlet 发送请求报 404 错误，则检查项目中是否存在这个 Servlet，如果已经存在，则继续检查 WEB-INF/web.xml 是否已经对请求的 Servlet 做出正确的配置。

如果是向 JSP 发送请求报 404 错误，一般是路径名或文件名出错导致的。

2．常见错误 2：NullPointerException

NullPointerException 错误在浏览器中会报出 500 错误，代表服务器程序错误，界面如图 2-2 所示，同时会打印输出相应的错误信息，如图 2-3 所示。

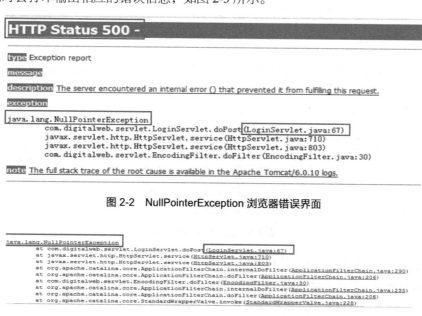

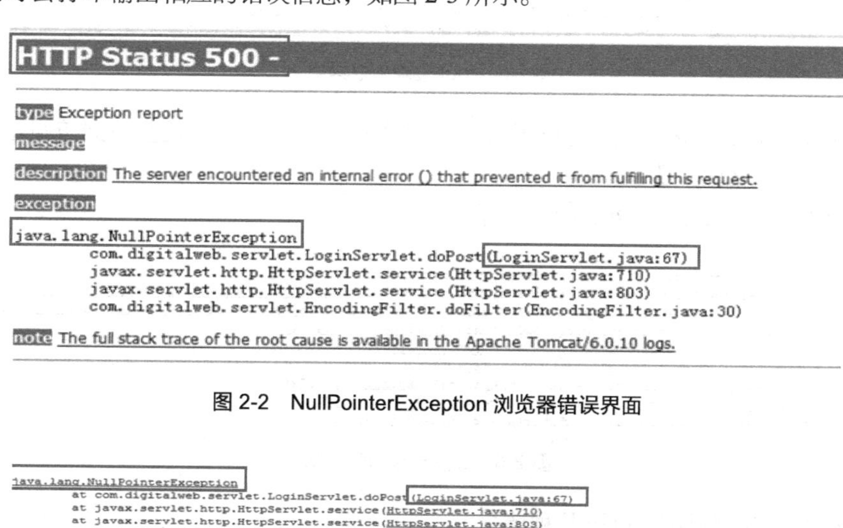

图 2-2 NullPointerException 浏览器错误界面

```
java.lang.NullPointerException
	at com.digitalweb.servlet.LoginServlet.doPost(LoginServlet.java:67)
	at javax.servlet.http.HttpServlet.service(HttpServlet.java:710)
	at javax.servlet.http.HttpServlet.service(HttpServlet.java:803)
	at org.apache.catalina.core.ApplicationFilterChain.internalDoFilter(ApplicationFilterChain.java:290)
	at org.apache.catalina.core.ApplicationFilterChain.doFilter(ApplicationFilterChain.java:206)
	at com.digitalweb.servlet.EncodingFilter.doFilter(EncodingFilter.java:30)
	at org.apache.catalina.core.ApplicationFilterChain.internalDoFilter(ApplicationFilterChain.java:235)
	at org.apache.catalina.core.ApplicationFilterChain.doFilter(ApplicationFilterChain.java:206)
	at org.apache.catalina.core.StandardWrapperValve.invoke(StandardWrapperValve.java:228)
```

图 2-3 NullPointerException 控制台错误界面

无论是浏览器中的报错页面还是控制台中打印输出的异常信息，都将错误定位到了 LoginServlet.java 代码的 67 行，这时就可以在这行代码附近找错误了。

解决办法：

NullPointerException 异常是因为要引用的变量为 Null，引用了空指针变量才报的异常，需要一一排查该代码行所涉及的变量，找到未赋值的原因再去解决。

3．常见错误 3：数据库相关异常

（1）找不到 JDBC 驱动类，如图 2-4 所示。

```
java.lang.ClassNotFoundException: com.mysql.jdbc.Driver
	at org.apache.catalina.loader.WebappClassLoader.loadClass(WebappClassLoader.java:1358)
	at org.apache.catalina.loader.WebappClassLoader.loadClass(WebappClassLoader.java:1204)
	at java.lang.Class.forName0(Native Method)
	at java.lang.Class.forName(Class.java:186)
	at com.digitalweb.connection.ConnectionManager.<init>(ConnectionManager.java:22)
	at com.digitalweb.impl.SuperOpr.<init>(SuperOpr.java:18)
	at com.digitalweb.impl.ProductDaoImpl.<init>(ProductDaoImpl.java:20)
	at org.apache.jsp.product.list_005fproduct_jsp._jspService(list_005fproduct_jsp.java:61)
	at org.apache.jasper.runtime.HttpJspBase.service(HttpJspBase.java:70)
	at javax.servlet.http.HttpServlet.service(HttpServlet.java:803)
```

图 2-4　ClassNotFoundException 错误

解决方法：将 MySQL 的驱动 jar 包 mysql-connector-java-5.1.13.jar 复制到 WEB-INF/lib 文件夹下。

（2）用户“root”登录失败，如图 2-5 所示。

```
java.sql.SQLException: Access denied for user 'root'@'localhost' (using password: YES)
	at com.mysql.jdbc.SQLError.createSQLException(SQLError.java:1075)
	at com.mysql.jdbc.MysqlIO.checkErrorPacket(MysqlIO.java:3566)
	at com.mysql.jdbc.MysqlIO.checkErrorPacket(MysqlIO.java:3498)
	at com.mysql.jdbc.MysqlIO.checkErrorPacket(MysqlIO.java:919)
	at com.mysql.jdbc.MysqlIO.secureAuth411(MysqlIO.java:4004)
	at com.mysql.jdbc.MysqlIO.doHandshake(MysqlIO.java:1284)
	at com.mysql.jdbc.ConnectionImpl.connectOneTryOnly(ConnectionImpl.java:2312)
	at com.mysql.jdbc.ConnectionImpl.createNewIO(ConnectionImpl.java:2122)
	at com.mysql.jdbc.ConnectionImpl.<init>(ConnectionImpl.java:774)
	at com.mysql.jdbc.JDBC4Connection.<init>(JDBC4Connection.java:49)
	at sun.reflect.NativeConstructorAccessorImpl.newInstance0(Native Method)
	at sun.reflect.NativeConstructorAccessorImpl.newInstance(NativeConstructorAccessorImpl.java:57)
```

图 2-5　root 登录失败异常

解决办法：出错原因一般是“root”用户的密码不能匹配，需要检查数据访问连接类中密码是否与数据库中密码一致。

（3）无法识别的数据库，如图 2-6 所示。

```
com.mysql.jdbc.exceptions.jdbc4.MySQLSyntaxErrorException: Unknown database 'dgital'
	at sun.reflect.NativeConstructorAccessorImpl.newInstance0(Native Method)
	at sun.reflect.NativeConstructorAccessorImpl.newInstance(NativeConstructorAccessorImpl.java:57)
	at sun.reflect.DelegatingConstructorAccessorImpl.newInstance(DelegatingConstructorAccessorImpl.java:45)
	at java.lang.reflect.Constructor.newInstance(Constructor.java:525)
	at com.mysql.jdbc.Util.handleNewInstance(Util.java:409)
	at com.mysql.jdbc.Util.getInstance(Util.java:384)
	at com.mysql.jdbc.SQLError.createSQLException(SQLError.java:1054)
	at com.mysql.jdbc.MysqlIO.checkErrorPacket(MysqlIO.java:3566)
	at com.mysql.jdbc.MysqlIO.checkErrorPacket(MysqlIO.java:3498)
```

图 2-6　数据无法打开异常

解决办法：出错原因有以下几种情况。

- ✓ 数据库服务器未启动，需要检查服务是否启动，保证服务启动；
- ✓ 数据库未创建或导入，创建或导入数据库；
- ✓ 数据访问类中数据库名称写错，改写数据名即可。

（4）SQL 参数设置错误，如图 2-7 所示。

```
java.sql.SQLException: No value specified for parameter 10
	at com.mysql.jdbc.SQLError.createSQLException(SQLError.java:1075)
	at com.mysql.jdbc.SQLError.createSQLException(SQLError.java:989)
	at com.mysql.jdbc.SQLError.createSQLException(SQLError.java:984)
	at com.mysql.jdbc.SQLError.createSQLException(SQLError.java:929)
	at com.mysql.jdbc.PreparedStatement.checkAllParametersSet(PreparedStatement.java:2560)
	at com.mysql.jdbc.PreparedStatement.fillSendPacket(PreparedStatement.java:2536)
	at com.mysql.jdbc.PreparedStatement.executeUpdate(PreparedStatement.java:2383)
	at com.mysql.jdbc.PreparedStatement.executeUpdate(PreparedStatement.java:2327)
	at com.mysql.jdbc.PreparedStatement.executeUpdate(PreparedStatement.java:2312)
	at com.digitalweb.impl.UserDaoImpl.add(UserDaoImpl.java:34)
```

图 2-7　SQL 参数设置异常

解决办法：图 2-7 中“No value specified for parameter 10”（第 10 个参数没有被设置），这种错误一般是在数据库操作类中，有 10 个参数，却只给前 9 个参数赋值，需要定位到“UserDaoImpl”类 34 行代码中，检查改行代码附近是否有上述问题存在。

（5）数据截断异常，如图 2-8 所示。

```
com.mysql.jdbc.MysqlDataTruncation: Data truncation: Data too long for column 'sex' at row 1
	at com.mysql.jdbc.MysqlIO.checkErrorPacket(MysqlIO.java:3564)
	at com.mysql.jdbc.MysqlIO.checkErrorPacket(MysqlIO.java:3498)
	at com.mysql.jdbc.MysqlIO.sendCommand(MysqlIO.java:1959)
	at com.mysql.jdbc.MysqlIO.sqlQueryDirect(MysqlIO.java:2113)
	at com.mysql.jdbc.ConnectionImpl.execSQL(ConnectionImpl.java:2568)
	at com.mysql.jdbc.PreparedStatement.executeInternal(PreparedStatement.java:2113)
	at com.mysql.jdbc.PreparedStatement.executeUpdate(PreparedStatement.java:2409)
	at com.mysql.jdbc.PreparedStatement.executeUpdate(PreparedStatement.java:2327)
	at com.mysql.jdbc.PreparedStatement.executeUpdate(PreparedStatement.java:2312)
	at com.digitalweb.impl.UserDaoImpl.add(UserDaoImpl.java:34)
```

图 2-8　QL 参数设置异常

解决办法：当数据内容长度大于数据库定义字段长度时会报这样的异常，两个方面解决，第一检查更新到数据库的数据是否异常信息，第二如果数据正常，则修改数据库字段长度以满足需求。

4．常见问题 4：web. xml 配置错误

当 web.xml 配置发生错误时，往往会显示图 2-9 所示的异常信息。

```
SEVERE: Error loading WebappClassLoader
  delegate: false
  repositories:
    /WEB-INF/classes/
----------> Parent Classloader:
org.apache.catalina.loader.StandardClassLoader@51ef4e
 com.digitalweb.servlet.RegistServlet1
java.lang.ClassNotFoundException: com.digitalweb.servlet.RegistServlet1
	at org.apache.catalina.loader.WebappClassLoader.loadClass(WebappClassLoader.java:1358)
	at org.apache.catalina.loader.WebappClassLoader.loadClass(WebappClassLoader.java:1204)
	at org.apache.catalina.core.StandardWrapper.loadServlet(StandardWrapper.java:1083)
	at org.apache.catalina.core.StandardWrapper.allocate(StandardWrapper.java:806)
	at org.apache.catalina.core.StandardWrapperValve.invoke(StandardWrapperValve.java:133)
	at org.apache.catalina.core.StandardContextValve.invoke(StandardContextValve.java:175)
```

图 2-9　web.xml 配置错误异常

解决办法：错误原因一般是因为 web.xml 中 Servlet 配置错误，需要检查 web.xml 文件，按照正确的路径和文件名配置 Servlet。

这里只罗列了一些常见问题和解决办法，不能涵盖所有，还是需要调试才能够发现和解决程序中出现的问题。接下来，我们看一下如何进行 Java Web 开发的调试。

（二）调试 DeBug

1．DeBug 模式启动

通过 DeBug 方式启动 Tomcat，单击 Server 视图窗口中的按钮，如图 2-10 所示。

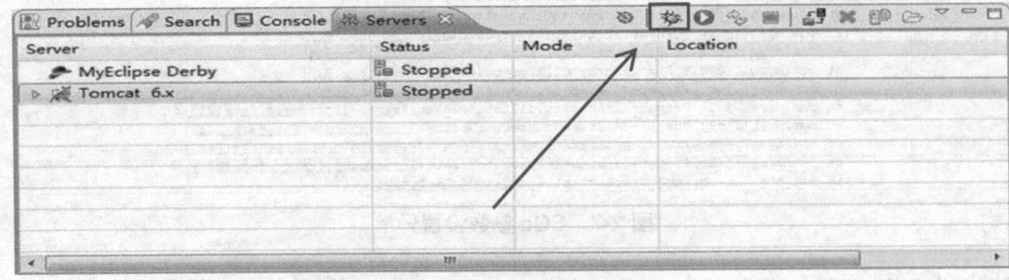

图 2-10　服务器窗口

如果当前 MyEclipse 中没有 Server 视图窗口，可以从“Window”→“Show View”→“Server”中重新打开服务器控制窗口，如图 2-11 所示。

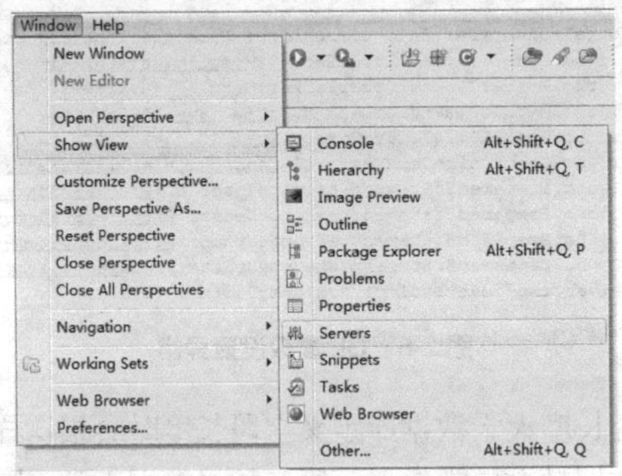

图 2-11　视图选择界面

2．设置断点

以用户登录为例，在登录相应的代码段 LoginServlet 中设置断点，双击代码左边区域，如图 2-12 所示。

LoginServlet.java

```
 * This method is called when a form has its tag value method equals to post.
 *
 * @param request the request send by the client to the server
 * @param response the response send by the server to the client
 * @throws ServletException if an error occurred
 * @throws IOException if an error occurred
 */
public void doPost(HttpServletRequest request, HttpServletResponse response)
        throws ServletException, IOException {
    response.setContentType("text/html;charset=UTF-8");
    //1.接收表单参数:用户名、密码、验证码
    HashMap<String,String[]> map = (HashMap<String,String[]>) request.getParameterMap();
    String name = request.getParameter("txtUser");// request.getParameter("txtUser");
    //方式一
//  name = new String(name.getBytes("ISO-8859-1"),"UTF-8");
    String pwd = request.getParameter("txtPassword");
    String code = request.getParameter("verifyCode");

    //2.逻辑判断，验证码: ABCD，用户名: tom，密码: 123
    //2.1 先判断验证码
    //2.2 判断用户名
    //2.3 判断密码
    UserDaoImpl ui = new UserDaoImpl();
    int flag = ui.verify(name, pwd);//重点
    HttpSession session = request.getSession();
    String vcode = (String) session.getAttribute("piccode");
```

断点

图 2-12　设置断点界面

3．运行并调试程序

打开浏览器，进行用户登录验证，程序会进入到断点位置自动停止，如图 2-13 所示。

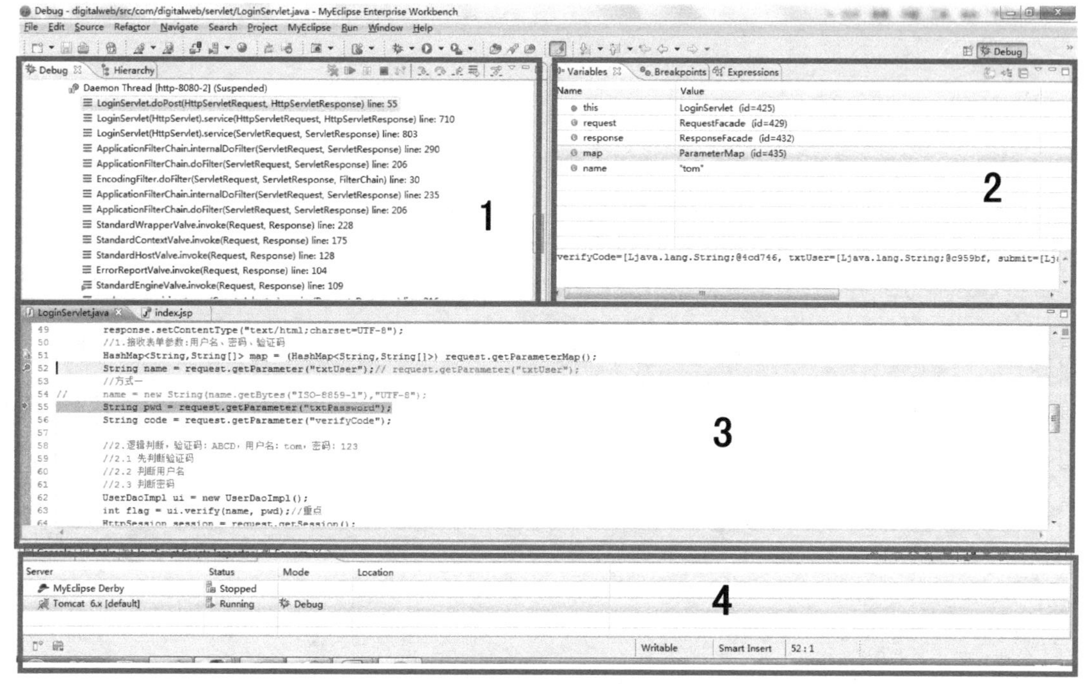

图 2-13　Java Web 程序调试界面

- 区域 1：调试执行区域，在这个区域中可以控制程序的执行方式。
  - ✓ ：继续执行到下一个断点，如果当前已经是最有一个断点，则程序执行到最后。
  - ✓ ：终止程序。
  - ✓ ：step into，进入到当前程序行中的方法内部调试。
  - ✓ ：step over，执行当前程序行返回结果。
  - ✓ ：step return，跳出当前执行程序所在的方法并返回。
- 区域 2：变量观察区，在这个区域中可以在“Variables”和“Expressions”窗口观察变量值的变化。
- 区域 3：代码区，可以观察程序执行到哪一句代码。
- 区域 4：包含“控制台”和“服务器”，可以随时观察输出结果。

掌握了以上这些调试过程及重要的按钮，接下来就需要多做多调试来累积经验了。记住，只要会调试，就不怕出错！